iOS 应用开发详解

郭宏志 编著

電子工業出版社
Publishing House of Electronics Industry
北京•BEIJING

内 容 简 介

本书主要介绍了基础语言入门（C语言特性和Objective-C）、面向对象设计思想、高级设计模式、系统类库、UI界面、数据库、网络编程、多线程、GPS定位、设备应用、图形图像、多媒体、项目案例、开发账号申请和应用发布，涵盖了iOS开发的方方面面。作为初学者，通过本书可以从头到尾系统地学习iOS开发；作为有经验的开发者，本书可以作为一本很好的参考书籍，随时查阅所要用到的知识。

图书在版编目（CIP）数据

iOS应用开发详解 / 郭宏志编著. —北京：电子工业出版社，2013.7
ISBN 978-7-121-20707-5

Ⅰ. ①i… Ⅱ. ①郭… Ⅲ. ①移动电话机－应用程序－程序设计 Ⅳ. ①TN929.53

中国版本图书馆CIP数据核字（2013）第130791号

责任编辑：葛　娜
印　　刷：北京中新伟业印刷有限公司
装　　订：三河市皇庄路通装订厂
出版发行：电子工业出版社
　　　　　北京市海淀区万寿路173信箱　邮编 100036
开　　本：787×1092　1/16　印张：23.25　字数：523千字
印　　次：2013年7月第1次印刷
印　　数：4000册　定价：59.00元

凡所购买电子工业出版社图书有缺损问题，请向购买书店调换。若书店售缺，请与本社发行部联系，联系及邮购电话：（010）88254888。

质量投诉请发邮件至 zlts@phei.com.cn，盗版侵权举报请发邮件至 dbqq@phei.com.cn。

服务热线：（010）88258888。

FOREWORD 前　言

移动互联网可以将移动通信和互联网整合在一起，这个生态圈包括了移动运营商、互联网和移动终端。移动互联网可以使终端设备随时随地地访问互联网资源和应用。移动互联网时代已经来临，一个崭新的时代开始了，有人预言移动互联网会使整个 IT 界重新洗牌，大大小小的 IT 公司纷纷开始布局移动互联网。互联网时代创造了一个经济神话，也造就了很多时代英雄，他们令人仰慕。试想：为数亿的移动用户和数亿的网民建立一个共同的平台，使其应用到企业、商业和农村之间，又会是怎样的一个惊天动地的伟业呢？新时代开始了，你愿意输在起跑线上吗？移动互联网生态圈如下：

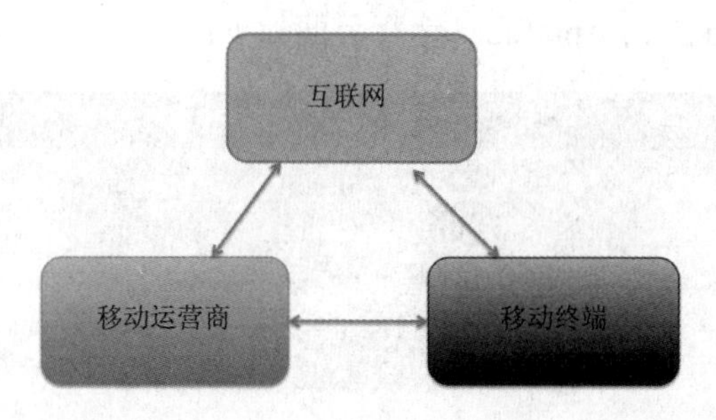

移动设备操作系统目前呈现三足鼎立的局面，Google 的 Android 后来居上，占领了绝大多数的市场份额；Apple 的 iOS 虽然没有 Android 市场份额大，但却占据了绝大多数的利润；Microsoft 的 WP8 也被看做是未来的希望；而昔日一支独大的诺基亚 Symbian 已经是昨日黄花，不再光鲜。2013 年手机操作系统市场份额如下：

Worldwide Smartphone Sales to End Users by Operating System in 1Q13 (Thousands of Units)

Operating System	1Q13 Units	1Q13 Market Share (%)	1Q12 Units	1Q12 Market Share (%)
Android	156,186.0	74.4	83,684.4	56.9
iOS	38,331.8	18.2	33,120.5	22.5
BlackBerry	6,218.6	3.0	9,939.3	6.8
Microsoft	5,989.2	2.9	2,722.5	1.9
Bada	1,370.8	0.7	3,843.7	2.6
Symbian	1,349.4	0.6	12,466.9	8.5
Others	600.3	0.3	1,242.9	0.8
Total	**210,046.1**	**100.0**	**147,020.2**	**100.0**

苹果公司经历了大起大落之后，终于修成正果，成为全球市值最高的企业。自 2012

年年底开始，苹果市值一直是全球第一，比排名第二的埃克森美孚市值多 53%。微软市值曾在 1999 年创下当时 6205.8 亿美元的最高纪录。在 IT 界苹果公司可谓是软硬通吃，有自己的操作系统 Mac 和移动设备操作系统 iOS，有自己的台式机 Mac 一体机、笔记本 MacBook 和移动设备 iPhone、iPad、iTouch。而且各个都是精品，产品质量可谓做到了极致。这就是苹果公司——那个并不完美，被“咬了一口”的苹果。苹果公司的热销产品如下：

App Store 即 Application Store，通常理解为应用商店。App Store 是一个由苹果公司为 iPhone 和 iPod Touch、iPad 以及 Mac 创建的应用程序服务平台，允许用户从 iTunes Store 或 Mac App Store 浏览和下载一些为 iOS 或 Mac 开发的应用程序。用户可以购买或免费试用，让该应用程序直接下载到 iPhone 或 iPod Touch、iPad、Mac。其中包括：应用、游戏、工具，以及许多实用的软件。iPhone 和 iPod Touch、iPad 以及 Mac 的应用程序商店有相同的名称 App Store。iPad 上的 App Store 运行界面如下：

App 成功案例

2012 年 4 月 10 日，Facebook 宣布以 10 亿美元现金加股票的方式收购在线照片共享服务商 Instagram。Instagram 是一款支持 iOS、Android 平台的移动应用，允许用户在任何环境下抓拍自己的生活记忆，选择图片的滤镜样式（Lomo/Nashville/Apollo/Poprocket 等 10 多种胶圈效果），一键分享到 Instagram、Facebook、Twitter、Flickr 或者新浪微博平台上。不仅仅是拍照，作为一款轻量级但十分有趣的 App，Instagram 在移动端融入了很多社会化元素，包括好友关系的建立、回复、分享和收藏等，这是 Instagram 作为服务存在而非应用存在最大的价值。Instagram 运行界面如下：

《愤怒的小鸟（Angry Birds）》这款游戏的故事相当有趣，为了报复偷走鸟蛋的肥猪，鸟儿以自己的身体为武器，仿佛炮弹一样去攻击肥猪们的堡垒。游戏是十分卡通的 2D 画面，看着愤怒的红色小鸟，奋不顾身地往绿色的肥猪的堡垒砸去，那种奇妙的感觉还真是令人感到很欢乐。《愤怒的小鸟》开发商 Rovio 2012 年凭借该系列游戏作品创造了营收翻番的壮举。官方数据显示，Rovio 公司 2012 年的合并营收为 1.522 亿欧元，净利润为 5550 万欧元，两项数据分别比 2011 年提升了 101%和 57%。愤怒的小鸟程序画面如下：

iOS 开发

一个熟练的 iOS 开发者，可以有以下三方面的机会。

（1）找到一份理想的工作。这可能是一个最基本的机会，也是一个没有风险的机会。

（2）自己写 App 发布到 App Store 去销售。如果你的作品很有创意，你很快也能成为百万富翁。

（3）成立团队去创业。这个有一定的风险，但是如果成功了回报也会很高，就看你如何选择了。

要想成为一个合格的iOS开发者，需要具备下列条件和技能。

（1）有一台开发设备——Apple笔记本或者Apple Mac台式机。

（2）有语言开发基础，如C语言、Objective-C语言。

（3）熟悉Apple SDK开发框架，如Foundation框架、UIKit框架等。

（4）有Apple开发账号，个人开发者每年需要99美元。

（5）最好懂一些设计知识。

内容简介

篇 名	章 名	详细内容
基础篇	第1章	本章详细讲述了Mac系统的常用操作，包括Windows操作习惯的改变、Mac系统配置，如何使用Finder、Dock启动菜单、Terminal终端、App Store、Mac常用快捷键，以及下载并安装Xcode等
	第2章	俗话说“工欲善其事，必先利其器”，Xcode是iOS开发必备的开发工具，熟练使用Xcode可以提高程序开发的效率。本章详细讲述了Xcode的使用，包括基本介绍、使用Xcode创建项目、Xcode界面纵览、使用Xcode中的Interface Builder构建界面、Xcode快捷键和Organizer组织中心等
	第3章	Hello World程序是学习任何语言都要写的第一个程序。本章详细讲述了如何编写Objective-C版本的Hello World，包括使用Xcode和命令行编辑、编译、运行Hello World，Objective-C中的注释，使用NSLog输出变量和NSLog的格式化输出
	第4章	面向对象是高级语言的必备特性，Objective-C也支持完整的面向对象特征。本章重点讲述了对象、类、Objective-C中类的定义、实例变量、实例方法、类方法、类的实例化及方法的调用、类的初始化和属性等
	第5章	为了更好地使用内存，每种语言都会定义数据类型，Objective-C中的数据类型和C语言类似，包括整型、浮点型、字符型、布尔型，以及整型修饰符short、long、signed、unsigned和特殊类型id等
	第6章	Objective-C中的运算符包括赋值运算符、算术运算符、自增自减运算符、关系运算符、逻辑运算符和位运算符
	第7章	熟悉程序的流程控制和常用数据结构是非常必要的。本章介绍了选择（if else、switch、三元运算）、循环（for、while、do while、break、continue）及常用的数据结构（数组、栈）等
	第8章	本章讲述了Objective-C语言独有的语言特性：分类和协议
	第9章	本章讲述了Objective-C的继承和多态等面向对象特性
	第10章	iOS开发可以同时使用C语言、C++和Objective-C混合编写，熟悉C语言中的特性还是非常必要的。本章讲述了C语言中的预定义、数组、指针和结构体
	第11章	在Objective-C的低版本中内存管理令初学者很头疼，但是在高版本中提供了自动内存管理机制，不过理解内存管理还是很有好处的。本章讲述了对象的引用计数、Autorelease Pool、属性的内存管理、内存的自动引用计数（ARC）和内存管理的其他注意事项

续表

篇　名	章　名	详细内容
基础篇	第 12 章	本章介绍了 NSNumber 和 NSString 这两个常用类
	第 13 章	本章讲述了集合框架的用法，包括：数组 NSArray 和 NSMutableArray、集合 NSSet 和 NSMutableSet、字典 NSDictionary 和 NSMutableDictionary
	第 14 章	本章讲述了使用 NSFileManager 管理文件和目录，以及使用 NSFileHandler 读写文件
	第 15 章	本章讲述了 Objective-C 中的对象复制，包括：对象的浅复制和深复制、NSCopying 和 NSMutableCopying 协议等
	第 16 章	本章讲述了 Objective-C 中的文件归档，包括：使用属性列表（plist）保存数据、使用 NSKeyedArchiver 归档、归档自定义类型、利用归档实现深复制
技术篇	第 17 章	本章介绍了 iOS 编程中常用的设计模式，包括：MVC、Target-Action 和代理等
	第 18 章	本章详细讲述了 iOS 用户界面，使用到的类包括：UIResponder、UIView、UILabel、UITextView、UIButton、UITextField、UISwith、UISlider、UISegmentedControl、UIProgressView、UIActivityIndicatorView、UIAlertView、UIActionSheet、UIImageView、UIScrollView、UIWebView、UIDatePicker 和 UIPickerView
	第 19 章	控制器是 iOS 程序中的重要组成部分，也是连接视图和模型的纽带。本章详细讲述了 UITabBarController、UINavigationController、UISplitViewController、UIPopoverController 和 UITableViewController 等控制器
	第 20 章	很多应用程序和游戏都有漂亮的画面与动画效果，这些都离不开图形图像和动画编程。本章内容包括：字体和颜色、绘制文本、绘制图片、画线、绘制矩形、移动动画、缩放动画和旋转动画等
	第 21 章	多媒体功能已经成为智能手机的重要功能，本章内容包括：使用 AVAudioPlayer 播放音乐、使用 AVAudioPlayerDelegate 处理播放中断及续播、使用 AVAudioRecorder 实现录音、使用 AVAudioRecorderDelegate 处理录音中断和续录、使用 MPMoviePlayerController 播放视频、捕获视频缩略图、使用 MPMediaPickerController 选择系统音乐，以及使用 UIImagePickerController 进行拍照和录像
	第 22 章	数据库可以很好地以结构化方式保存数据，本章介绍了 SQLite 数据库在 iOS 中的应用，包括：SQLite 简介、在命令行使用 SQLite、使用 SQLite 实现表的增、删、查、改，以及 SQLite 和 UITableView 的结合使用
	第 23 章	对于没有数据库使用经验的开发者来说，使用 SQLite 数据库还是有一定困难的，还好苹果公司开发了一套以面向对象方式操作数据库的接口，它就是 Core Data。本章介绍的内容包括：Core Data 简介、使用 Xcode 模板创建 Core Data 项目、使用 Core Data 实现数据的增、删、查、改，以及 Core Data 数据在 UITableView 中展现等
	第 24 章	移动互联网时代，网络无处不在，在我们的开发中更是如此。本章详细讲述了 iOS 网络编程，包括：检测网络状态、使用 NSURLConnection 从网络获取数据、使用 NSMutableURLRequest 向服务器发送数据、JSON 数据解析、XML 数据解析，以及使用开源框架 ASIHttpRequest 实现网络编程等

续表

篇　名	章　名	详细内容
技术篇	第 25 章	多线程也是 iOS 中的核心技术。本章内容包括：NSThread、Block 基础、Grand Central Dispatch（GCD）、操作对象（Operation Object）
	第 26 章	本章讲述了 iOS GPS 定位应用，内容包括：为项目添加必要的框架、使用 MKMapView 显示地图、应用 MKMapView 的代理 MKMapViewDelegate、使用 CLLocationManager 获得设备当前经纬度信息、在地图上标注位置、使用 CLGeocoder 实现位置描述和经纬度的相互转换，以及使用 Google Place API 查询周边位置信息
	第 27 章	手势处理可以很好地提高用户使用设备的体验，例如滑动、捏合、拖动手势等。本章内容包括：点击手势处理 UITapGestureRecognizer、捏合手势处理 UIPinchGestureRecognizer、旋转手势处理 UIRotationGestureRecognizer、滑动手势处理 UISwipeGestureRecognizer、拖动手势处理 UIPanGestureRecognizer 和长按手势处理 UILongPressGestureRecognizer
	第 28 章	本章讲述了 iOS 传感器编程，内容包括：传感器编程的准备工作、加速度传感器（Accelerometer）、陀螺仪传感器（Gyroscope）、磁力传感器（Magnetometer）、设备移动传感器（Device motion），以及通过加速度传感器控制小球运动
	第 29 章	本章讲述了 AddressBook 联系人管理，内容包括：读取所有联系人、添加联系人
应用篇	第 30 章	本章讲述了如何将自己的应用发布到 App Store，在 App Store 掘金，内容包括：注册开发者账号、申请成为开发者、证书申请、真机调试和应用提交
	第 31 章	本章以一个实际项目——新浪微博客户端来综合运用所学知识，内容包括：项目准备工作、搭建项目基础框架、项目功能概述、项目界面结构、获得最新微博信息和详细信息、发布微博、获得微博评论和转发、发表评论、转发微博和收藏微博

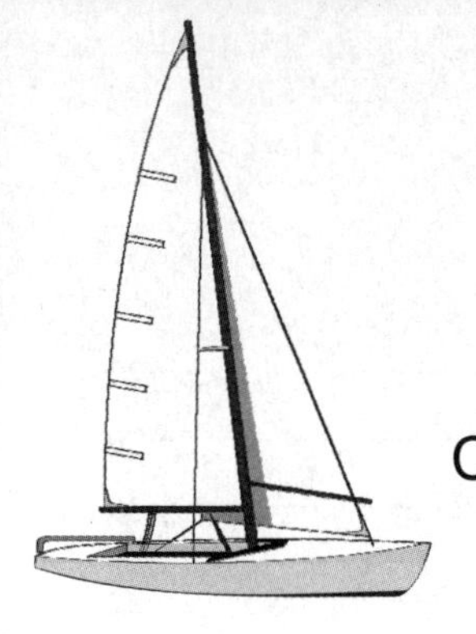

CONTENTS 目 录

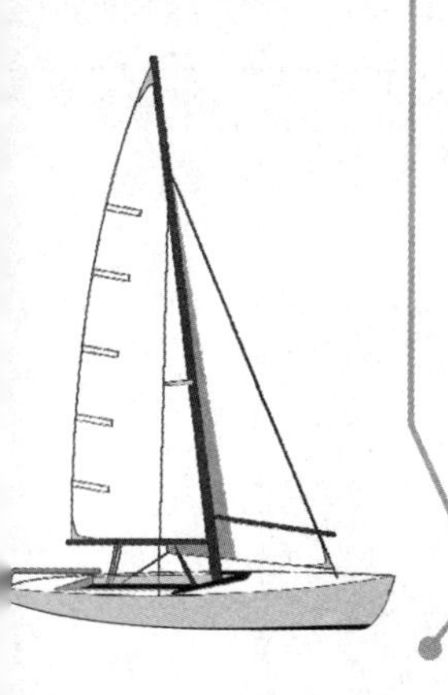

基 础 篇

第1章 Mac操作系统和开发环境

本章内容

- Mac 操作系统简介
- Windows 操作习惯的改变
- Mac 系统配置
- 使用 Finder
- Dock 启动菜单
- 使用 Terminal 终端
- 使用 App Store
- Mac 常用快捷键
- 下载并安装 Xcode

1.1 Mac 操作系统简介

Mac 操作系统是一套基于 BSD UNIX 的图形界面操作系统，它比 Linux 更人性化，比 Windows 更安全。相信大家都有 Windows 的使用经验，这里我们就以类比的方法来学习 Mac 操作系统。例如，Windows 系统中有控制面板，在 Mac 系统中对应着系统配置；Windows 系统有资源管理器，Mac 系统有 Finder。另外，如果读者有 Linux 的使用经验，那么对于了解 Mac 的文件系统结构也是很有帮助的。例如，ls、cd、cat、find 等命令在 Mac 系统中都可以使用。

学习任何操作系统不外乎要学习这些内容，包括操作界面的使用、文件管理、系统配置、软件的安装及卸载等内容。

下面我们先提前预览一下这些界面。

Mac 桌面如图 1.1 所示。

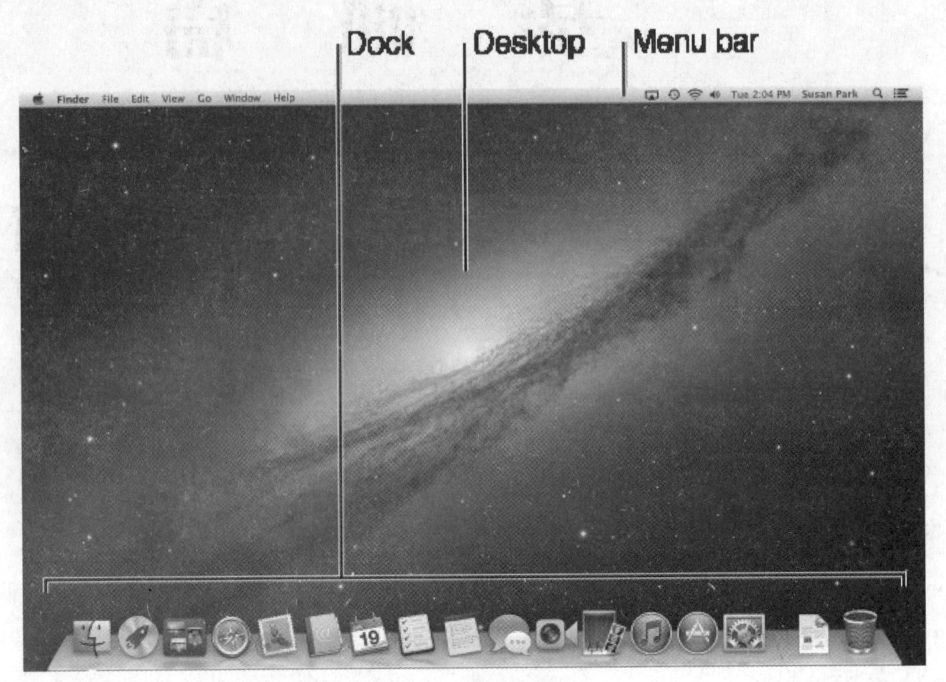

图 1.1　Mac 桌面

该界面分为如下几个部分。

（1）桌面，桌面是当前屏幕的大部分区域，桌面的上方是菜单栏，其中左边是 Apple 菜单，右边是当前应用程序关联的菜单。

（2）Mission Control 和 Dashboard，Mission Control 是当前正在运行的应用程序的面板。按快捷键 F3 切换至 Dasthboard，Dashboard 是常用应用程序的小插件。

（3）可以通过 Dock 和 Launchpad 启动所有的应用程序。Launchpad 的快捷键是 F4。

（4）Dock 是常用应用程序的快捷方式，类似 Windows 的“开始”菜单。

（5）当前活动应用程序菜单，例如，当前 Finder 应用程序被打开，桌面上方的菜单栏显示 Finder 相关操作菜单。

（6）右上部的状态栏，常用的有无线连接状态、输入法、电量、查找等图标。

（7）中间区域就是桌面了，桌面根据不同设置可能会有硬盘等图标。

1.2 Windows 操作习惯的改变

如果读者拥有 Windows 操作系统的使用经验，那么只要将 Windows 系统的操作习惯稍加改变就可以轻松使用 Mac 操作系统了。对 Windows 操作系统的改变有如下几点。

（1）Windows 系统的资源管理器对应 Mac 系统的 Finder，所有东西都能在这里找到。

（2）Windows 系统的控制面板对应 Mac 系统的系统配置，所有的系统配置都能在这里进行。

（3）Windows窗口的控制（放大、缩小、关闭）在右边，而Mac的在左边。
（4）Windows系统的命令行对应Mac系统的终端，命令行操作都在这里执行。
（5）Windows系统的可执行文件.exe对应Mac系统的.dmg文件，可以直接安装。
（6）Windows系统的Ctrl键对应Mac系统的command键。
（7）Windows系统的启动菜单对应Mac系统的Dock面板。

1.3 Mac系统配置

Windows系统有控制面板，可以对系统进行配置，而Mac系统使用系统配置。在Apple菜单中选择“System Preferences”，可以打开系统配置面板，如图1.2所示。

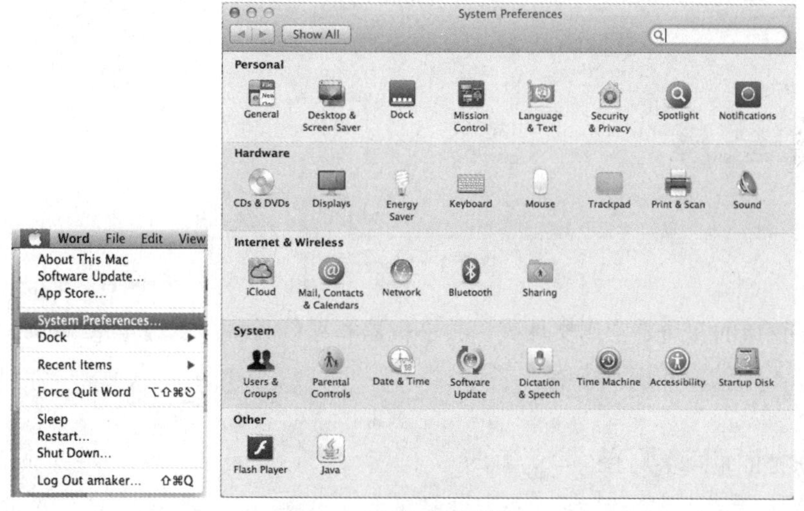

图1.2　系统配置面板

系统配置面板分为4部分，分别是Personal（个人配置）、Hardware（硬件配置）、Internet & Wireless（互联网和无线配置）、System（系统配置）以及Other（其他配置）。

- 在Personal（个人配置）中可以配置桌面、语言和Dock等。
- 在Hardware（硬件配置）中可以配置鼠标、键盘、显示器分辨率、打印机和声音等。
- 在Internet & Wireless中可以配置网络连接、无线、蓝牙和共享等。
- 在System（系统配置）中可以配置用户组、日期时间、启动盘等。
- Other（其他配置）是其他软件的配置。

1.4 使用Finder

有Windows开发经验的读者都使用过Windows系统的资源管理器，系统所有的内容都能在这里找到，例如，安装的软件、用户文件、光盘和网络上的共享等。在 Mac 系统中，和 Windows 资源管理器对应的是 Finder。

从 Finder 中可以找到任何系统的资源，而且可以以不同的格式浏览这些内容。Mac 系统启动后点击 Dock 中的 Finder 图标，就可以打开 Finder 管理器。Finder 窗口如图 1.3 所示。

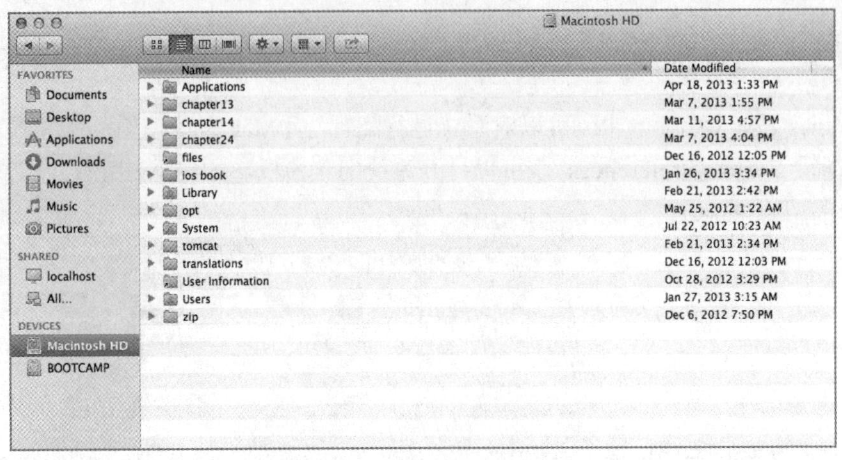

图 1.3　Finder 窗口

Finder 窗口的左边是常用文件夹、共享机器和系统设备；右边是系统文件夹，可以切换工具栏以不同的格式展示内容。

1.5 Dock 启动菜单

Dock 启动菜单类似 Windows 的启动菜单，在这里可以放置常用的软件，可以快速启动它们。在系统配置面板的“Dock”中可以配置 Dock 的显示。Dock 配置窗口如图 1.4 所示。

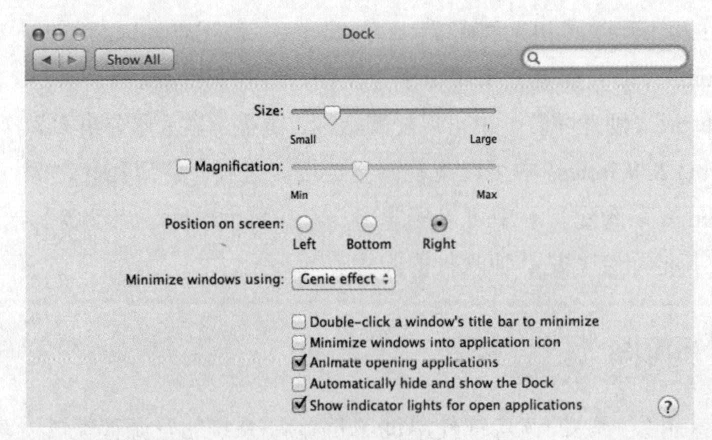

图 1.4　Dock 配置窗口

在 Dock 配置窗口中可以配置 Dock 的大小、动画效果和位置。可以将应用程序拖曳到 Dock 上添加到其中，也可以右键单击将其删除。Dock 如图 1.5 所示。

图 1.5　Dock

1.6 使用 Terminal 终端

Mac 系统基于 BSD UNIX，这样在 Mac 系统中使用 Terminal 终端的情况会更多一些，例如，查找文件、安装及卸载软件等操作都可以使用到终端。

单击菜单“Finder”→“Applications”，在“Utilities”中可以找到 Terminal 应用程序，双击可以打开该程序。Terminal 终端如图 1.6 所示。

```
amaker — bash — 80×24
Last login: Mon Apr 22 09:46:32 on console
localhost:~ amaker$ ls -l
total 56
drwxr-xr-x    8 amaker  staff    272 Dec  7 10:07 01 android_dev
drwxr-xr-x    8 amaker  staff    272 Feb 25 10:16 02 ios_dev
drwxr-xr-x    2 amaker  staff     68 Jan 23 20:55 Applications
drwx------+  32 amaker  staff   1088 Apr 19 11:54 Desktop
drwx------+  50 amaker  staff   1700 Apr 15 11:59 Documents
drwx------+ 714 amaker  staff  24276 Apr 21 21:34 Downloads
-rwxr-xr-x    1 amaker  staff   9088 Feb 27 20:40 Hello.app
-rw-r--r--    1 amaker  staff    144 Feb 27 20:35 Hello.m
drwx------@  47 amaker  staff   1598 Dec 11 11:02 Library
drwx------+   8 amaker  staff    272 Nov  5 16:17 Movies
drwx------+   5 amaker  staff    170 Oct 28 21:23 Music
drwx------+  18 amaker  staff    612 Jan 22 10:48 Pictures
drwxr-xr-x+   5 amaker  staff    170 Dec 15 20:38 Public
drwxr-xr-x    6 amaker  staff    204 Nov  9 10:51 android-sdks
-rw-r--r--    1 amaker  staff  12288 Apr 11 14:21 test.db
-rw-r--r--    1 amaker  staff      0 Mar 28 16:21 test.txt
drwxrwxrwx   14 amaker  staff    476 Mar 31 20:38 test_pic
localhost:~ amaker$ 
```

图 1.6　Terminal 终端

在这里可以使用大多数 Linux 系统命令来完成一些操作。

1.7 使用 App Store

Apple 为应用程序开发者搭建了一个在线交易软件的平台，该平台就是 App Store，在这里我们可以下载软件并进行安装。在“Applications”中双击“App Store”即可打开该应用程序，如图 1.7 所示。

可以在 App Store 应用程序中搜索系统软件，点击下载并进行安装。

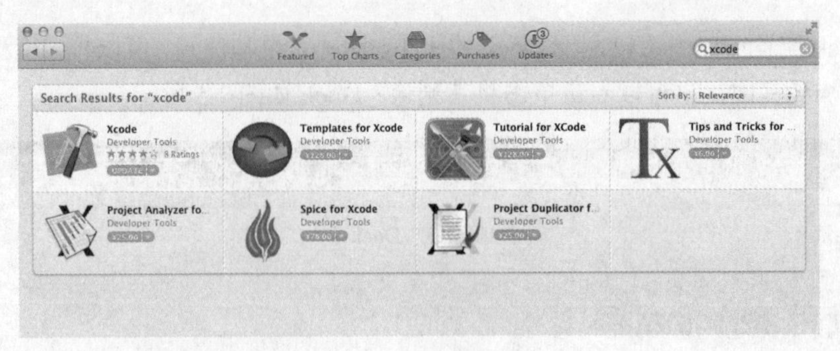

图 1.7　App Store

1.8 Mac 常用快捷键

熟悉 Mac 系统常用的快捷键，可以提高使用系统的效率。例如，可以使用“fn+F11”快捷键快速切换到桌面，使用 F3 快捷键打开“Mission Control”查看正在运行的软件，使用 F4 快捷键打开“Dashboard”查看所有系统安装的软件。

command 即苹果键，也有人称为花键，ctrl 即 control 键。escape 即键盘左上角的 esc 键。Space 是空格键。

1．屏幕捕捉快捷键

全屏捕捉-桌面：command + shift + 3
屏幕部分画面-桌面：command + shift + 4
窗口、图标-桌面：command + shift + 4 或空格键
全屏捕捉-剪贴板：control + command + shift + 3
屏幕部分画面-剪贴板：control + command + shift + 4
窗口、图标-剪贴板：control + command + shift + 4 或空格键

2．程序冻结快捷键

停止进程：command +小数点
强制退出程序：command + option + escape
强制重新启动：command + control + 电源键

3．启动时的快捷键

启动为安全模式：shift（在开机提示音后）
阻止自动登录：shift（显示进度条时）
阻止启动项目：shift（登录过程中）
从光盘启动系统：C
火线目标盘模式：T
从网络映像启动：N

选择启动磁盘：option
清除参数存储器（pram）command + option + P + R
启动为 verbose 模式：command + V
启动为单用户模式：command + S
打开主板固件：command + option + O + F

4．Finder 快捷键

隐藏 Finder：command + H
隐藏其他程序：command + option + H
清空废纸篓：command + shift + delete
清空废纸篓（不提示）：command + option + shift + delete
获取简介（静态窗口）：command + I
获取简介（动态窗口）：command + option + I
查找：command + F
弹出：command + E
显示查看选项：command + J
转到计算机：command + shift + C
转到 home：command + shift + H
转到 idisk：command + shift + I
转到应用程序目录：command + shift + A
转到个人收藏：command + shift + F
转到目录：command + shift + G
连接服务器：command + K
注销：command + shift + Q
注销（无提示）：command + option + shift + Q

5．Finder 中的图标快捷键

选择下一个图标：方向键
按首字母选择图标：字母键
选择下一个（升序）：tab
添加选择图标：shift +点击
选择连续的图标（列表模式）：shift +点击
选择不连续的图标（列表模式）：command +点击
编辑图标名称：return

6．文件及目录快捷键

拷贝项目：option +拖动项目

复制项目：command + D

创建替身（鼠标方式）：command + option + 拖动

创建替身（命令方式）：command + L

显示替身的原身：command + R

添加到个人收藏：command + T

对齐项目：command +拖动

在新窗口中打开目录：command +双击

打开项目：command +下方向键

关闭目录（并返回上层目录）：command +上方向键

打开目录（列表模式）：option +右方向键

关闭目录（列表模式）：option +左方向键

打开所选择目录中的所有目录（列表模式）：command + option +右方向键

关闭所选择目录中的所有目录（列表模式）：command + option +左方向键

删除项目：command + delete

7．窗口快捷键

新建 Finder 窗口：command + N

关闭当前窗口：command + W

最小化当前窗口：command + M

关闭所有窗口：option +点击关闭按钮 或 command + option + W

最小化所有窗口：option +点击最小化按钮

全屏：option +点击缩放按钮

隐藏当前程序：option +点击（Desktop, Dock item, ...）

移动未激活窗口：command +拖动窗口

显示为图标：command + 1

显示为列表：command + 2

显示为分栏：command + 3

显示/隐藏工具栏：command + B

查看并选择当前目录的路径：command +点击窗口标题

8．Dock 快捷键

在 Finder 中显示项目：command +点击 Dock 项目

切换 Dock：control + D

导航：左、右方向键或 tab, shift + tab

打开项目：space, return, enter

隐藏/显示 Dock：command + option + D

9．用户进程快捷键

浏览激活的应用程序：command + tab
逆向浏览：command + shift + tab

10．对话框快捷键

选择下一个区域：tab
选择默认按钮：return 或 enter
关闭对话框：esc 或 command +小数点
选择上层/下层目录（保存、打开对话框）：上、下方向键
向上滚动（列表方式）：page up
向下滚动（列表方式）：page down
输入光标移动到行首：上方向键
输入光标移动到行末：下方向键

11．全键盘操作

打开完全键盘操作：control + F1
任意控制对话框及窗口：control + F7
高亮下一个控制：tab
高亮下一个控制（文本框）：control + tab
高亮下一个窗口：command +‘
高亮项目、表单或菜单：方向键
移动滚动条及按钮：方向键
高亮控制相邻的文本框：control +方向键
选择高亮项目：空格键
默认点击动作：return 或 enter
点击取消按钮：esc
不选择项目关闭窗口：esc
反转高亮移动顺序：shift + "key"

1.9 下载并安装 Xcode

Xcode 是 Mac 和 iOS 应用程序的集成开发工具，熟练使用 Xcode 是任何一个 iOS 开发者必须掌握的技能之一。使用 Xcode 之前必须下载并安装 Xcode。

Xcode 的下载很简单，可以直接在 App Store 中搜索 Xcode，点击下载即可，如图 1.8 所示。

也可以到苹果的官方网站下载，地址是：https://developer.apple.com/xcode/index.php。

这里推荐使用 App Store 进行下载并安装。

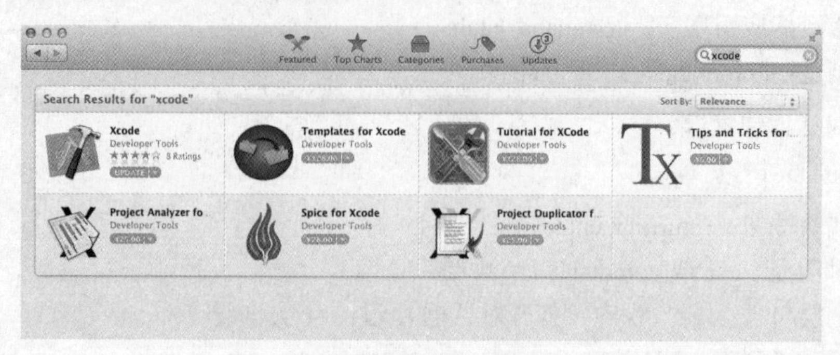

图 1.8　下载 Xcode

安装过程很简单，安装后将 Xcode 拖放到 Applications 文件夹中即可。Xcode 启动界面如图 1.9 所示。

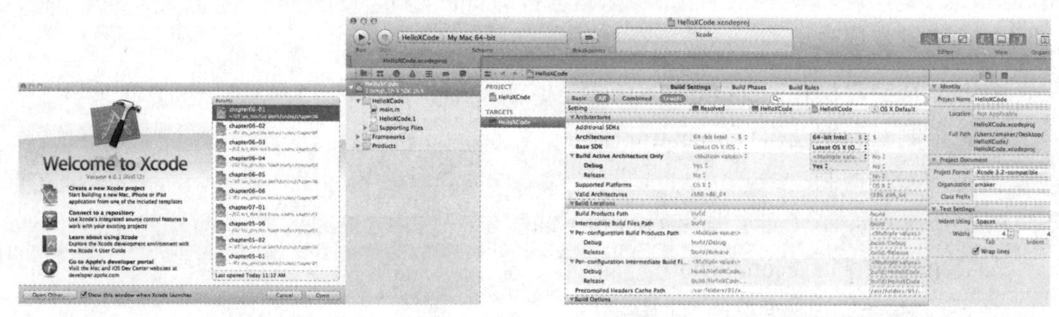

图 1.9　Xcode 启动界面

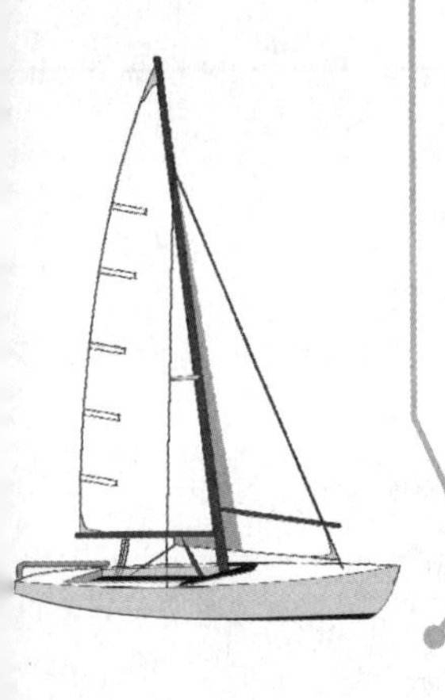

第 2 章　Xcode 的使用

本章内容

- Xcode 简介
- 使用 Xcode 创建项目
- Xcode 界面纵览
- 使用 Xcode 中的 Interface Builder 构建界面
- Xcode 快捷键
- Organizer 组织中心

2.1 Xcode 简介

Xcode 是一个用来开发 Mac 和 iOS 应用程序的集成开发环境。Xcode 提供了几个编辑器来编码和设计界面，例如源码编辑器、User Interface 界面编辑器等。Xcode 支持代码的自动提示、语法着色显示、编辑、编译、调试及运行于一体的集成开发环境。

如图 2.1 所示是一张 Xcode 预览图。

2.2 使用 Xcode 创建项目

首次启动 Xcode 会出现如图 2.2 所示的启动界面，该界面提供了一些创建项目的快捷选项，包括：创建新项目、连接到版本控制器仓库、学习 Xcode，以及跳转到苹果开发中心。界面右边是一些最近打开的项目，可以方便地打开它们。

新建项目，我们选择“Create a new Xcode project”，跳转到新建项目模板界面，如图 2.3 所示。该界面左边分为两个部分，上面是创建 iOS 项目模板，下面是创建 Mac 项目模板。在学习 Objective-C 基础时，我们选择 Mac 项目中的“Command Line Tool”选项即可创建命令行项目；在学习 iOS 高级开发部分时，可以使用 iOS 项目模板。

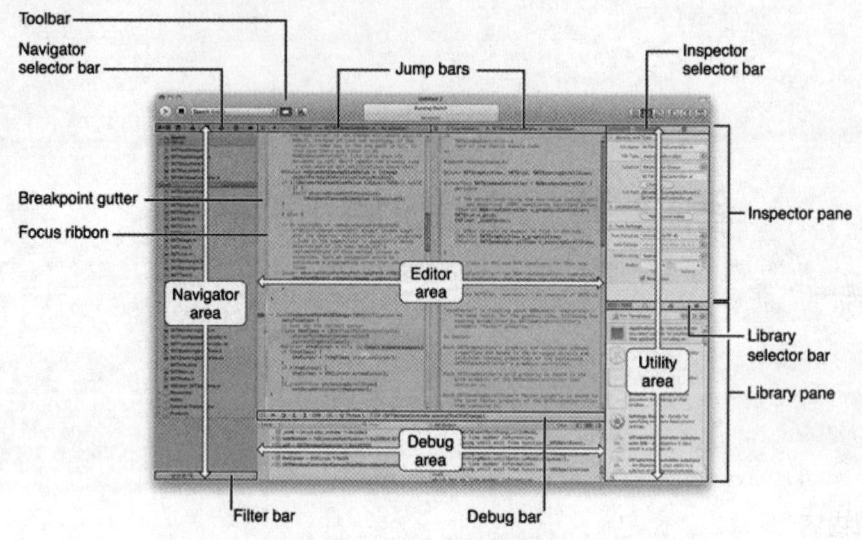

图 2.1 Xcode 预览图

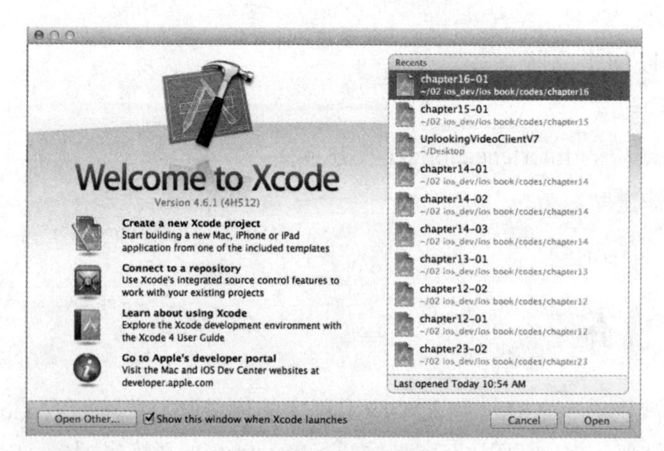

图 2.2 Xcode 启动界面

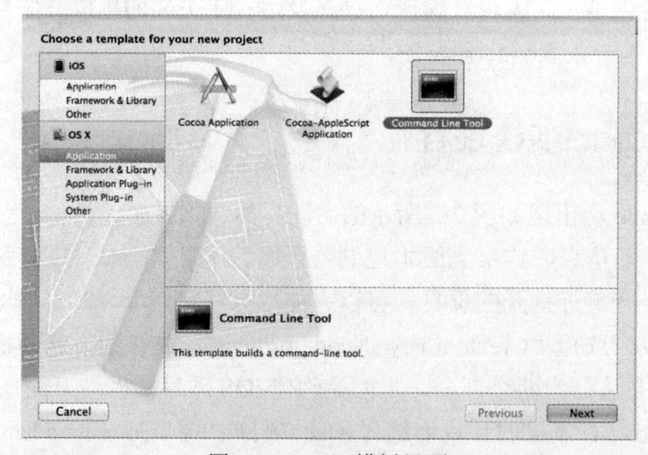

图 2.3 Xcode 模板界面

选择“Command Line Tool”选项后，单击“Next”，如图 2.4 所示，进入项目信息界面。该界面中要输入项目名称、公司名称和公司标识、框架类型和是否使用内存的自动引用计数等选项，如图 2.4 所示。

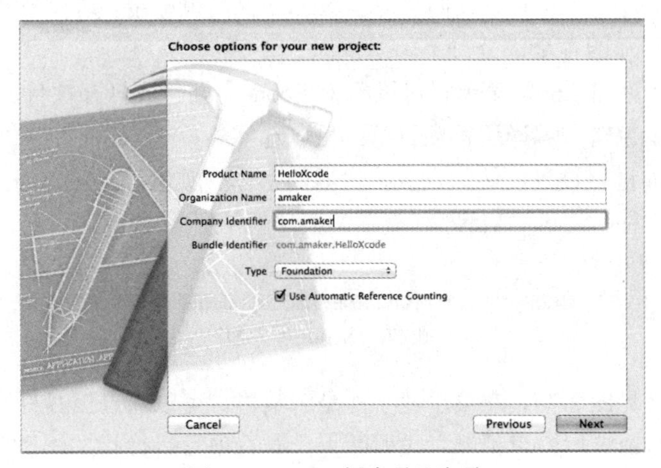

图 2.4　Xcode 创建项目选项

单击“Next”按钮后，进入 Xcode 开发界面，如图 2.5 所示。该界面大致被分为上、下、左、右和中间 5 个区域，其中上面是菜单栏和工具栏，左边是项目导航栏，中间是编辑区，右边是工具区，下面是调试区。

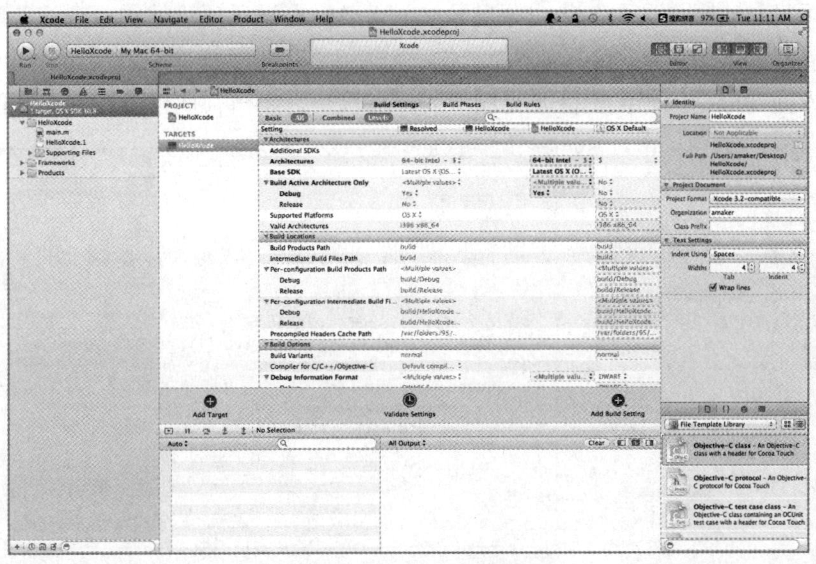

图 2.5　Xcode 开发界面

单击工具栏中的▶（运行）按钮，或者使用快捷键“command+r”运行项目，在调试区输出“Hello World!”字样。

2.3 Xcode 界面纵览

上一节通过创建一个项目，我们学习了 Xcode 的简单应用。这一节我们要庖丁解牛地讲述 Xcode 操作界面的各个部分。

（1）菜单栏（见图 2.6）。菜单栏可以配置 Xcode、创建或打开项目、编辑代码、显示/隐藏视图、导航及编辑、编译运行项目等。可以选择菜单“Xcode”→“Preferences”，打开 Xcode 配置界面进行设置，例如设置编辑器的字体、颜色等。可以通过“File”（文件）菜单创建或打开文件，通过“View”（视图）菜单显示/隐藏视图。

Xcode File Edit View Navigate Editor Product Window Help

图 2.6　Xcode 菜单栏

（2）工具栏（见图 2.7）。在菜单栏下面是工具栏，可以通过工具栏运行、停止项目，切换要运行的项目或使用的模拟器，设置断点，查看项目运行状态，切换编辑器和视图，以及打开组织中心。

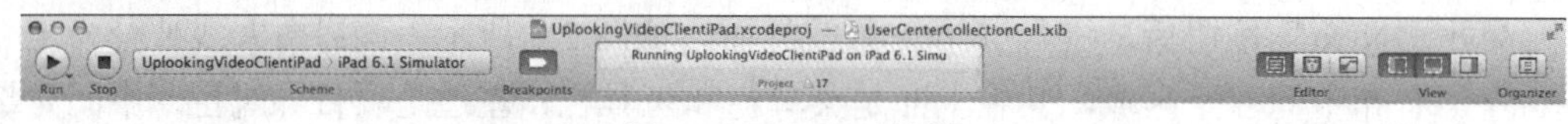

图 2.7　Xcode 工具栏

（3）项目导航区（见图 2.8）。项目导航区主要用来显示项目结构、查找、错误信息、调试、断点和日志等信息。

（4）中间部分是代码编辑区（见图 2.9），可以快速编辑代码以及在代码之间导航。

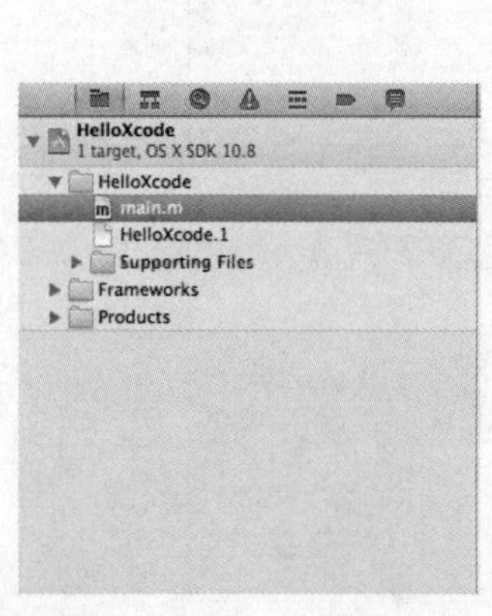

图 2.8　Xcode 导航区

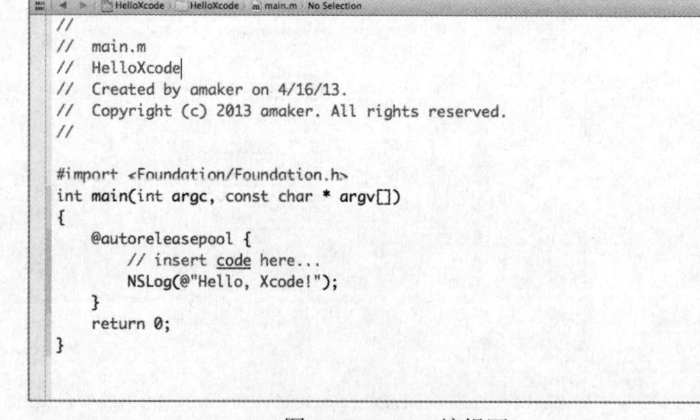

图 2.9　Xcode 编辑区

（5）工具区（见图 2.10）。工具区可以设置一些类的属性，快速创建类、代码片段和视图。

（6）调试区（见图 2.11）。可以在调试区显示程序输出结果，也可以跟踪调试程序。

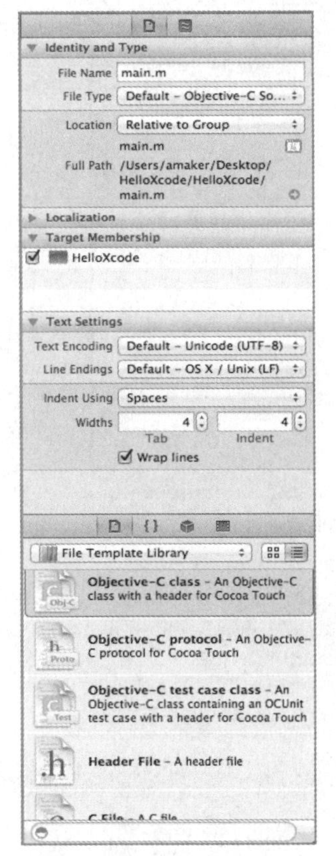

图 2.10　Xcode 工具区

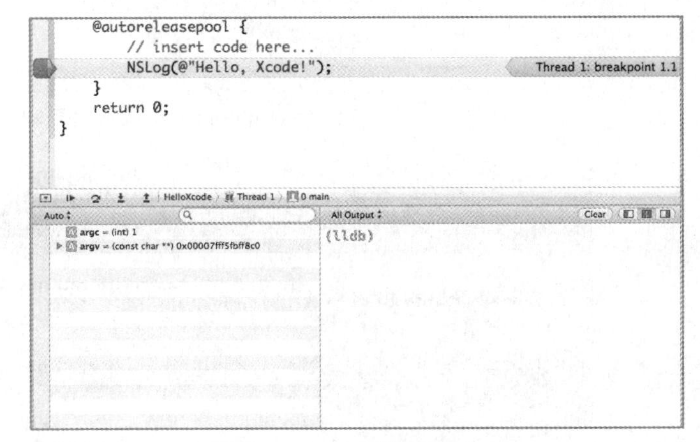

图 2.11　Xcode 调试区

2.4 使用 Xcode 中的 Interface Builder 构建界面

在 iOS 开发中界面设计是其中最重要的部分，好的界面设计会让用户眼前一亮。Xcode 中提供了一个叫做 Interface Builder 的组件来开发用户界面，项目中的 xib 文件就可以使用 Interface Builder 打开编辑。Interface Builder 是一个可视化界面，最终生成一个 XML 格式的配置文件，该配置文件很少直接编辑。绝大部分操作都是通过界面完成的，例如组件大小、对齐方式等。如图 2.12 所示是一个使用 Interface Builder 打开的 xib 文件，我们可以通过拖曳的方式添加组件，并设置属性和对齐方式。

结合助手编辑器，还可以根据界面上的组件自动生成代码，例如组件属性、事件方法等。可以将编辑器视图切换到助手编辑器，按住 control 键，并选中要生成的组件，拖曳到编辑区即可自动生成代码，如图 2.13 所示。

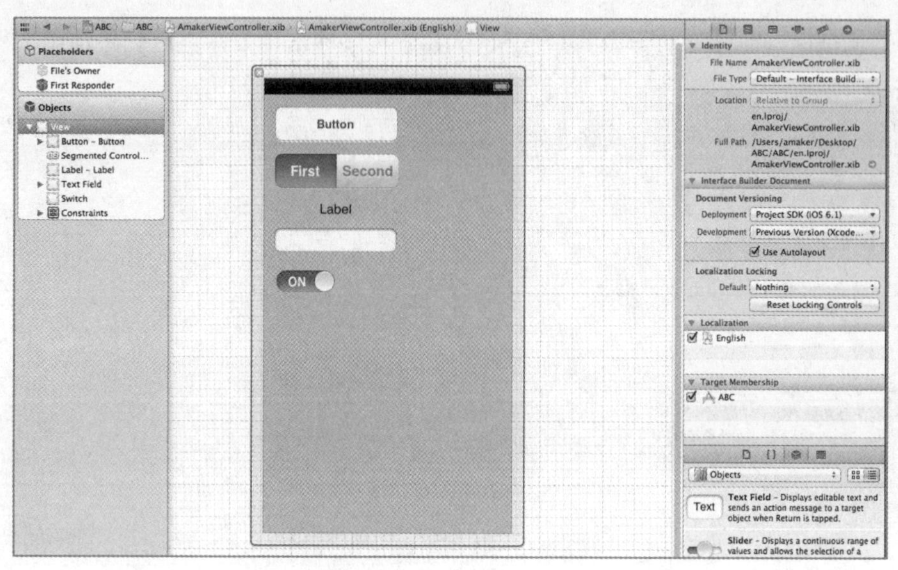

图 2.12　通过 Interface Builder 打开的 xib 文件

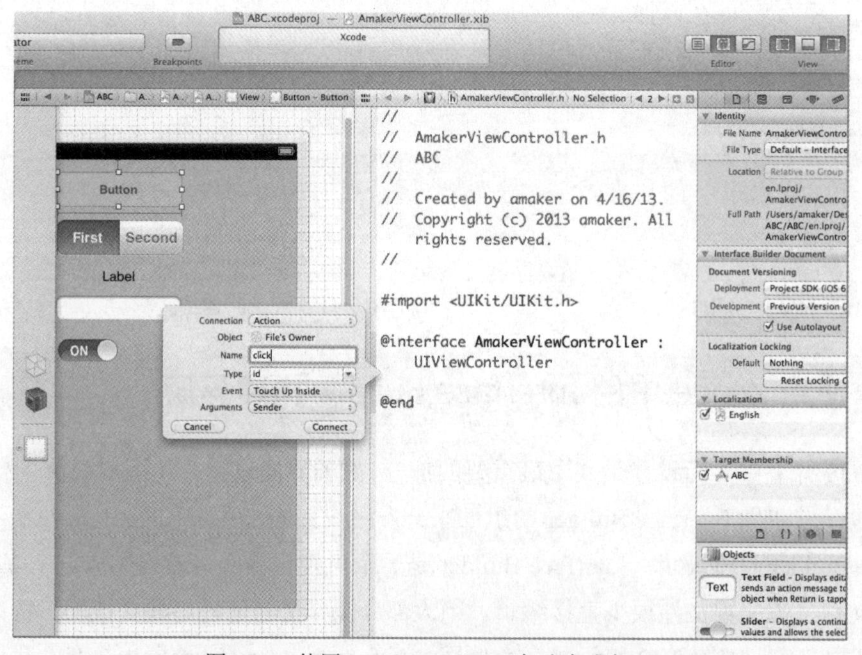

图 2.13　使用 Interface Builder 自动生成代码

2.5 Xcode 快捷键

熟悉一些常用的 Xcode 快捷键，对于提高程序的开发效率是很有帮助的。我们可以在 Xcode 菜单栏中看到一些常用的快捷键。下面是一些常用的快捷键，如表 2.1 所示。

表 2.1　Xcode常用快捷键

快　捷　键	描　　述
control+command+向上箭头	在.h 和.m 文件之间切换
command + [	左移代码块
command +]	右移代码块
tab	接受代码提示
esc	显示代码提示菜单
ctrl + .	循环浏览代码提示
shift + control + .	反向循环浏览代码提示
control + /	移动到代码提示中的下一个占位符
control + F	前移光标
control + B	后移光标
control + P	移动光标到上一行
control + N	移动光标到下一行
control + A	移动光标到本行行首
control + E	移动光标到本行行尾
control + T	交换光标左右两边的字符
control + D	删除光标右边的字符
control + K	删除本行

2.6 Organizer 组织中心

在 Xcode 的右上角有一个打开 Organizer 组织中心的按钮，单击该按钮进入组织中心，在该中心可以管理设备、项目和查看帮助文档，如图 2.14 所示。

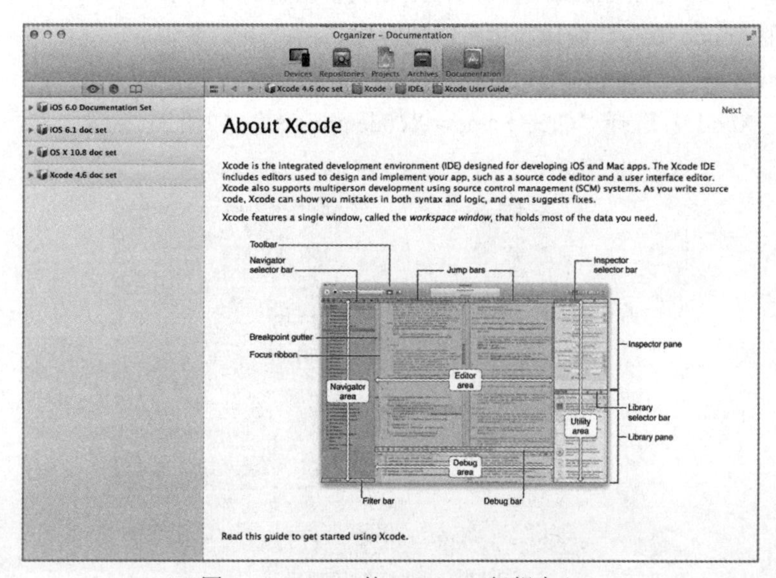

图 2.14　Xcode 的 Organizer 组织中心

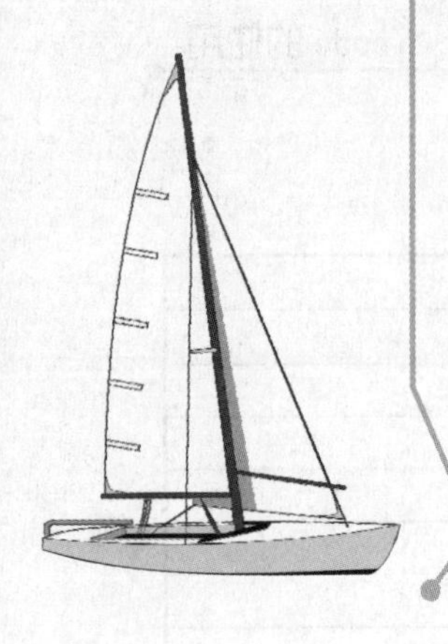

第 3 章　Hello World Objective-C

本章内容

- 使用 XCode 编辑、编译和运行 Hel1o World
- 使用命令行编辑、编译并运行 Hello World
- Objective-C 中的注释
- 使用 NSLog 输出变量
- NSLog 的格式化输出

3.1 使用 Xcode 编辑、编译和运行 Hello World

上一章中我们学习了 Xcode 的使用，本章我们将讲述如何编写简单的 Objective-C 程序，熟悉使用 Xcode 编写、编译和运行应用程序。

使用 Xcode 编写“Hello World”应用程序需要执行如下几个步骤。

① 启动 Xcode，选择“Create a new Xcode project”，如图 3.1 所示。

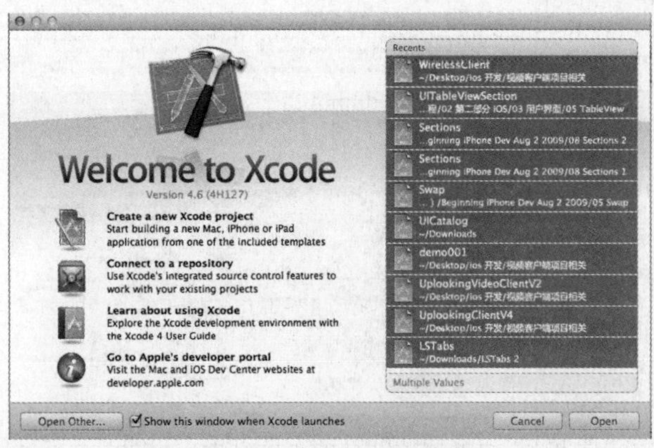

图 3.1　选择创建项目

② 选择 OS X 中的“Application”→“Command Line Tool”，如图 3.2 所示。

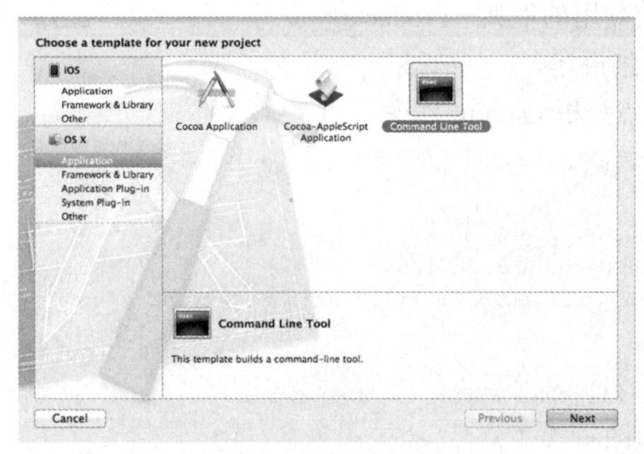

图 3.2 选择“Command Line Tool”

③ 进入下一步界面，输入项目详细信息，如图 3.3 所示。

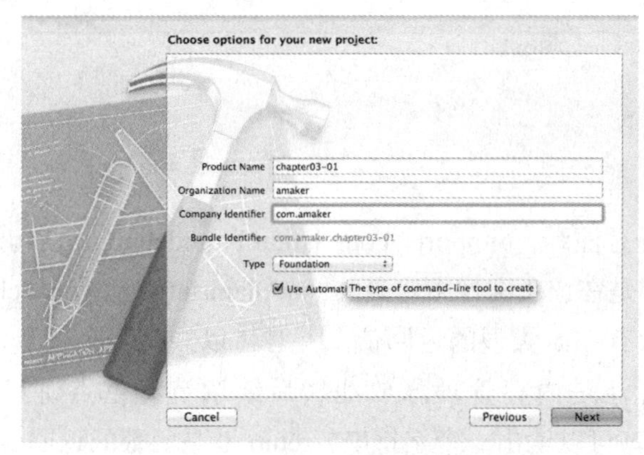

图 3.3 输入项目详细信息

④ 进入下一步界面，选择项目保存路径，生成的项目结构如图 3.4 所示。

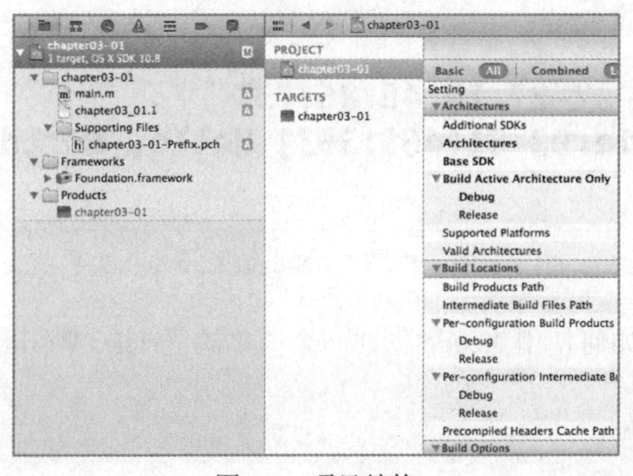

图 3.4 项目结构

其中，左边的 chapter03-01 是项目源码，Supporting Files 里面是一个预编译文件，Frameworks 中是系统使用的框架，Products 中是项目的可执行文件；而右边是项目的配置信息，后面我们将详细讲述。

⑤ 下面我们重点分析 main.m 程序。

```
//  main.m
//  chapter03-01
//
//  Created by amaker on 2/27/13.
//  Copyright (c) 2013 amaker. All rights reserved.
//
// 导入包
#import <Foundation/Foundation.h>
// 入口函数，程序从这里开始执行
int main(int argc, const char * argv[])
{
    // 内存管理块
    @autoreleasepool {
        // 输出语言
        NSLog(@"Hello, World!");
    }
    // 函数返回值
    return 0;
}
```

以“//”打头的是行注释，#import <Foundation/Foundation.h>语句用来导入所需要的头文件，因为 NSLog 类是在该头文件中定义的。int main(int argc, const char * argv[])语句是主函数的定义，该函数有 int 类型的返回值，并且可以接收两个参数，函数体由{}包含，@autoreleasepool{}标注是内存管理释放池（后续章节将重点讲述），NSLog(@"Hello, World!");是输出语句，可以输出一个字符串。return 0 是函数的返回值。

⑥ 单击工具栏中的运行按钮，或者按“command+R”键运行程序，输出结果如图 3.5 所示。

图 3.5　输出结果

上述步骤演示了如何使用 Xcode 创建一个简单的“Hello World”应用程序的过程。

3.2 使用命令行编辑、编译并运行 Hello World

为了进一步深入了解 Objective-C 程序的编译、运行过程，这里我们使用文本编辑器 vi 和命令行编译器 gcc 来编辑、编译并运行一个简单的 Objective-C 程序。实现步骤如下。

① 配置命令行工具套件。在“Xcode”菜单中选择“Preferences”，在弹出的对话框中选择“Components”，再选择“Command Line Tools”，进行下载并安装。

② 打开终端（Terminal）程序，使用 vi 编辑程序源码，如图 3.6 所示。

```
amaker — bash — 80×24
Last login: Wed Feb 27 18:53:56 on console
localhost:~ amaker$ vim Hello.m
```

图 3.6　使用 vi 编辑程序源码

③ 打开 vi 后，输入 i 切换为插入模式，并输入如下代码，如图 3.7 所示。

```
#import <Foundation/Foundation.h>
int main(int argc, const char * argv[])
{
    // 内存管理块
    @autoreleasepool {
        // 输出语言
        NSLog(@"Hello, World!");
    }
    // 函数返回值
    return 0;
}
```

图 3.7　输入代码

④ 按 esc 键退出插入模式，进入命令模式，输入:wq，保存并退出 vi，如图 3.8 所示。

```
amaker — vim — 80×24
#import <Foundation/Foundation.h>
int main(int argc, const char * argv[])
{
    // 内存管理块
    @autoreleasepool {
        // 输出语言
        NSLog(@"Hello, World!");
    }
    // 函数返回值
    return 0;
}
~
~
~
~
~
~
~
~
~
~
~
~
~
:wq
```

图 3.8　命令模式

⑤ 使用下面命令来编译上述文件，如图 3.9 所示。

```
localhost:~ amaker$ gcc Hello.m -framework Foundation -o Hello.app
localhost:~ amaker$ 
```

图 3.9　编译文件

⑥ 运行程序，如图 3.10 所示。

```
localhost:~ amaker$ gcc Hello.m -framework Foundation -o Hello.app
localhost:~ amaker$ ./Hello.app
2013-02-27 20:41:51.621 Hello.app[700:707] Hello, World!
localhost:~ amaker$ 
```

图 3.10　运行程序

3.3 Objective-C 中的注释

Objective-C 中的注释本质上和 C 语言中的注释是相同的，分为行注释和块注释。行注释以“//”开头，块注释是“/* 块注释内容*/”。例如：

```
// 这是行注释
/*内容比较多时使用块注释*/
```

程序中的注释会被编译器忽略。

3.4 使用 NSLog 输出变量

NSLog 是一个常用的输出函数，该函数的参数是可变参数，可以格式化输出一个或多个参数。函数定义如下：

```
void NSLog(NSString *format,…);
```

下面程序定义了三个 int 类型、float 类型和 NSString 类型的变量，并且使用 NSLog 将其输出。

```
#import <Foundation/Foundation.h>
int main(int argc, const char * argv[])
{
    @autoreleasepool {
        // 定义 int 类型变量
        int i = 100;
        // 定义 float 类型变量
        float pi = 3.14;
        // 定义字符串类型变量
        NSString *s = @"iOS 应用开发详解";
        NSLog(@"i=%d",i);
        NSLog(@"pi=%f",pi);
        NSLog(@"s=%@",s);
    }
```

```
    return 0;
}
```

下一节我们将详细讲述NSLog的格式化输出。

3.5 NSLog的格式化输出

NSLog定义在NSObjCRuntime.h中，函数格式为：

```
void NSLog(NSString *format, …);
```

NSLog很像printf，同样会在console中输出显示结果。不同的是，传递进去的格式化字符是NSString对象，而不是chat *这种字符串指针。

为了方便读者使用，这里列出了常用的NSLog格式化输出标识符，如表3.1所示。

表3.1 常用NSLog格式化输出标识符

输出标识符	描 述
%@	输出Objective-C对象，例如NSString等
%d,%D	输出int类型数
%u,%U	输出无符号int类型（unsigned int）数
%x,%	输出十六进制int类型数
%o,%O	输出八进制int类型数
%f	输出浮点类型数
%e,%E	输出科学计数法格式浮点类型数
%c,%C	输出单个字符
%s,%S	输出C语言字符串

另外，还有一下长度修饰符，例如，l标识长整型等。下面通过一段代码来展示NSLog格式化输出标识符的使用。

```
#import <Foundation/Foundation.h>

int main(int argc, const char * argv[])
{

    @autoreleasepool {
        // 输出一个字符串
        NSLog(@"This is a NString");
        // 输出一个对象
        NSObject *obj = [[NSObject alloc]init];
        NSLog(@"obj=%@",obj);
        // 输出一个整型变量
        int i = 100;
        NSLog(@"i=%d",i);
        // 输出一个长整型变量
        long l = 123456;
```

```
        NSLog(@"l=%ld",l);
        // 输出一个无符号长整型变量
        unsigned long ul = 98765;
        NSLog(@"ul=%lu",ul);
        // 输出一个 NSInteger 数
        NSInteger ld = 98765;
        NSLog(@"ld=%ld",ld);
        // 输出一个 NSUInteger 数
        NSUInteger ul2 = 98765;
        NSLog(@"ul2=%lu",ul2);
        // 输出八进制整型数
        int o = 123;
        NSLog(@"o=%o",o);
        // 输出十六进制整型数
        int i16 = 1234;
        NSLog(@"i16=%x",i16);
        // 输出一个浮点型数
        float f = 3.14;
        NSLog(@"f=%f",f);
        // 以科学计数法输出
        float f2 = 314.2345;
        NSLog(@"f2=%E",f2);
        // 输出单个字符
        char c = 'A';
        NSLog(@"c=%c",c);
        // 输出 C 语言字符串
        char *str = "Hello World";
        NSLog(@"str=%s",str);

    }
    return 0;
}
```

程序输出结果如图 3.11 所示。

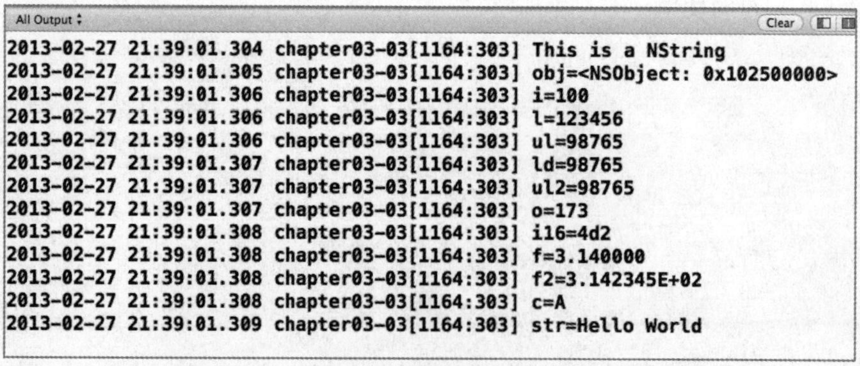

```
All Output                                                    Clear
2013-02-27 21:39:01.304 chapter03-03[1164:303] This is a NString
2013-02-27 21:39:01.305 chapter03-03[1164:303] obj=<NSObject: 0x102500000>
2013-02-27 21:39:01.306 chapter03-03[1164:303] i=100
2013-02-27 21:39:01.306 chapter03-03[1164:303] l=123456
2013-02-27 21:39:01.306 chapter03-03[1164:303] ul=98765
2013-02-27 21:39:01.307 chapter03-03[1164:303] ld=98765
2013-02-27 21:39:01.307 chapter03-03[1164:303] ul2=98765
2013-02-27 21:39:01.307 chapter03-03[1164:303] o=173
2013-02-27 21:39:01.308 chapter03-03[1164:303] i16=4d2
2013-02-27 21:39:01.308 chapter03-03[1164:303] f=3.140000
2013-02-27 21:39:01.308 chapter03-03[1164:303] f2=3.142345E+02
2013-02-27 21:39:01.308 chapter03-03[1164:303] c=A
2013-02-27 21:39:01.309 chapter03-03[1164:303] str=Hello World
```

图 3.11　输出结果

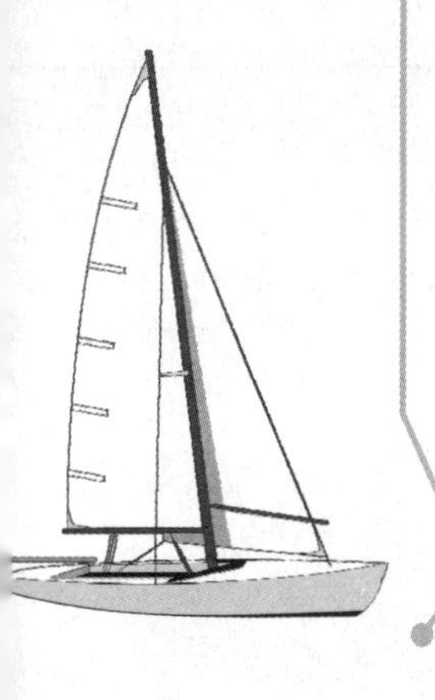

第 4 章　Objective-C 中的面向对象

本章内容

- 对象和类简介
- Objective-C 中类的定义
- 实例变量、实例方法、类方法
- 类的实例化及方法的调用
- 类的初始化
- 属性

4.1 对象和类简介

任何面向对象的计算机语言都离不开讨论类和对象的概念，这也是初学者学习面向对象语言的一个屏障。有了对基本概念的理解，才能深入面向对象的精髓。

类是同一类型的抽象，例如，房子、汽车。有句话这样讲："物以类聚"，类是一个静态概念，是一种自定义变量类型。类一般由属性、初始化方法和普通方法组成。

而对象是类的一个具体实现，例如，我家的房子和我家的汽车就是房子和汽车类的对象。类和对象的关系是，类是对象的一个模板，而对象是类的一个实例。

4.2 Objective-C 中类的定义

Objective-C 中类的定义分为两个部分：声明部分和实现部分，并且一般分为两个文件，分别是.h 文件和.m 文件。下面是一个 Person 类的定义。

Person.h：

```
#import <Foundation/Foundation.h>
@interface Person : NSObject
@end
```

Person.m：

```
#import "Person.h"
@implementation Person

@end
```

在 Person.h 头文件中，#import <Foundation/Foundation.h>是导入头文件语句，因为这里使用的 NSObject 类在该头文件中。关键字@interface 和@end 表示声明的开始和结尾，中间可以定义属性和方法。Person 是类名称，:表示继承关系，这里继承 NSObject。

在 Person.m 实现文件中，@implementation 和@end 是实现文件的开始和结尾，中间部分是方法的实现。

下面代码定义了一个 Person 类，它有两个实例变量和一个方法。

```
#import <Foundation/Foundation.h>
@interface Person : NSObject
{
    int age;
    NSString *name;
}
-(void)printMsg;
@end
```

```
#import "Person.h"
@implementation Person
-(void)printMsg{
    NSLog(@"%@,%d",name,age);
}
@end
```

4.3 实例变量、实例方法、类方法

在类中定义的变量可以分为实例变量、类变量和局部变量。每个对象的实例变量都是不同的，例如，我的姓名和你的姓名是不同的。类变量是所有对象共享的。局部变量在方法中声明或者是函数的参数。

在类中定义的方法分为类方法和实例方法。类方法以“+”号开始，实例方法以“-”号打头。类方法无须实例化，通过类名称可以直接调用。实例方法必须实例化类后才能调用。

下面代码定义了两个实例变量，并定义了一个实例方法和一个类方法。

Employee.h：

```
#import <Foundation/Foundation.h>
```

```
@interface Employee : NSObject
{
    // 实例变量员工编号
    int eid;
    // 实例变量员工姓名
    NSString *name;
}
// 实例方法
-(void)instanceMethod;
// 类方法
+(void)classMethod;
@end
```

Employee.m：

```
#import "Employee.h"
@implementation Employee
-(void)instanceMethod{
    NSLog(@"This is a instance method...");
}
+(void)classMethod{
    NSLog(@"This is a class method...");
}
@end
```

测试文件 main.m：

```
#import <Foundation/Foundation.h>
#import "Employee.h"
int main(int argc, const char * argv[])
{
    @autoreleasepool {
        Employee *emp = [[Employee alloc]init];
        // 必须实例化才能调用
        [emp instanceMethod];
        // 通过类名称就可以调用
        [Employee classMethod];
    }
    return 0;
}
```

4.4 类的实例化及方法的调用

类的实例化是由类创建对象的过程，由一个类可以创建若干个对象。实例化一个类可以使用 NSObject 的 new 关键字，也可以使用 NSObject 的 alloc 和 init。使用 new 方法实例化对象几乎很少用到；而 alloc 表示分配内存区域，init 表示初始化，例如，给实例变量赋值。

关于 Objective-C 中方法的调用和其他编程语言有所不同，Objective-C 中方法的调用使用[]语法格式。下面我们定义一个 Student 类，实例化两个学生，并调用它们的赋值和取值方法。

Student.h

```
#import <Foundation/Foundation.h>
@interface Student : NSObject
{
    // 实例变量学生编号
    int sid;
    // 实例变量学生姓名
    NSString *name;
}
// 赋值方法，传递 int 类型的参数 mySid
-(void)setSid:(int)mySid;
// 取值方法，返回 int 类型的学生编号
-(int)sid;
// 赋值方法，传递 NSString 类型的参数 myName
-(void)setName:(NSString*)myName;
// 取值方法，返回 NSString 类型的学生姓名
-(NSString*)name;
@end
```

Student.m：

```
#import "Student.h"
@implementation Student
// 实现姓名的赋值方法
-(void)setName:(NSString *)myName{
    name = myName;
}
// 实现姓名的取值方法
-(NSString*)name{
    return name;
}
// 实现 sid 的赋值方法
-(void)setSid:(int)mySid{
    sid = mySid;
}
// 实现 sid 的取值方法
-(int)sid{
    return sid;
}
@end
```

方法调用：

```
// 实例化第一个学生
Student *s1 = [[Student alloc]init];
// 调用赋值方法赋值
[s1 setSid:1];
[s1 setName:@"tom"];
// 调用取值方法取值
int sid1 = [s1 sid];
NSString *name1 = [s1 name];
// 输出 sid 和 name
```

```
    NSLog(@"%d,%@",sid1,name1);

    // 实例化第二个学生
    Student *s2 = [[Student alloc]init];
    [s2 setSid:2];
    [s2 setName:@"kite"];

    NSLog(@"%d,%@",[s2 sid],[s2 name]);
```

多参数方法的定义和调用，与无参数、单参数方法的定义和调用有所不同。下面看一个例子。

```
// 多参数方法的定义
-(void)setSid:(int)mySid andName:(NSString*)myName;
```

这里 setSid 和 andName 组合形成方法名称，而 mySid 和 myName 是参数，:将方法名称和参数名称分隔开来，空格分隔多个不同参数。调用方法如下：

```
// 多参数方法的调用
Student *s3 = [[Student alloc]init];
[s3 setSid:3 andName:@"rose"];
```

4.5 类的初始化

类似于其他面向对象语言，例如，C++、Java 都有构造方法，该方法一般在实例化对象时调用，作用是初始化实例化变量。Objective-C 也有对应的概念，那就是初始化 init 方法。

init 方法是 NSObject 对象的方法，一般我们自己定义的类都要通过覆盖该方法来实现对实例变量的初始化。下面定义一个客户类 Customer，该类有三个实例变量，分别是 cid、name 和 email。我们通过覆盖 init 方法初始化这几个变量。

Customer.h：

```
#import <Foundation/Foundation.h>
@interface Customer : NSObject
{
    // 实例变量 cid、name 和 email
    int cid;
    NSString *name;
    NSString *email;
}
// 打印客户信息
-(void)printMsg;
@end
```

Customer.m：

```
@implementation Customer
// 打印信息
-(void)printMsg{
    NSLog(@"%d,%@,%@",cid,name,email);
```

```
}
// 初始化方法
-(id)init{
    // 调用父类的初始化方法
    self = [super init];
    // 如果父类初始化成功
    if (self) {
        // 初始化子类
        cid = 1;
        name = @"tom";
        email = @"tom@gmail.com";
    }
    return self;
}
@end
```

这里覆盖 init 方法，该方法返回 id 类型。我们先调用父类的 init 方法，如果父类初始化成功，再初始化子类，并且返回 self（self 代表当前对象）。

我们也可以定义带参数的初始化方法，在实例化时动态初始化对象。

```
// 多参数初始化方法的定义
-(id)initWithCid:(int)myCid andName:(NSString*)myName andEmail:(NSString*)myEmail;
// 多参数初始化方法的实现
-(id)initWithCid:(int)myCid andName:(NSString *)myName andEmail:(NSString *)myEmail{
    self = [super init];
    if (self) {
        cid = myCid;
        name = myName;
        email = myEmail;
    }
    return self;
}
```

初始化方法调用：

```
// 多参数初始化方法
Customer *c = [[Customer alloc]initWithCid:1 andName:@"tom" andEmail:@"tom@gmail.com"];
[c printMsg];
```

4.6 属性

当在类中定义了实例变量之后，我们经常需要定义针对这些实例变量的赋值和取值方法。这些方法的定义是一致的，而且枯燥乏味。所以，Objective-C 定义了@property 标记来动态生产赋值和取值方法，而且可以使用@synthesize 标记来生产赋值和取值方法的实现。下面代码定义了一个 Teacher 类，并定义了三个实例变量和三个属性，而且通过@synthesize 生产赋值和取值方法的实现。

```
@interface Teacher : NSObject
{
```

```
    // 实例变量
    int tid;
    NSString *name;
    int age;
}
// 属性，生产赋值和取值方法
@property(nonatomic)int tid;
@property(nonatomic,strong)NSString *name;
@property(nonatomic)int age;
@end
```

```
#import "Teacher.h"

@implementation Teacher
// 生产赋值和取值方法
@synthesize tid;
@synthesize name;
@synthesize age;
@end
```

我们看到在属性声明的括号中有 nonatomic 和 strong 等关键字。这里 nonatomic 表示线程非安全的，strong 表示强引用（这和内存管理有关，后续章节将详细讲述）。括号中可以出现的关键字及其表示的含义如下。

- assign：直接赋值。
- atomic：线程安全的。
- copy：赋值时拷贝对象。
- readonly：属性是只读的（没有 set 方法）。
- readwrite：读写的（默认）。
- retain：保留引用，引用计数+1。
- strong：强引用，同 retain。
- weak：弱引用，应用在循环引用中。
- unsafe_unretained：非安全引用。

另外，我们可以通过点操作法来访问属性。例如：

```
Teacher *t = [[Teacher alloc]init];
t.tid = 1;
t.name = @"kite";
t.age = 30;

NSLog(@"%d,%@,%d",t.tid,t.name,t.age);
```

第 5 章　Objective-C 中的数据类型

本章内容

- 整型
- 浮点类型
- 字符型（char）
- 布尔类型
- 整型修饰符（short, long, signed, unsigned）
- 特殊类型（id）

5.1 整型

整型是一个或多个数字序列，有正负之分，可以表示为八进制和十六进制，八进制前面加 0，十六进制前面加 0x。

整型的长度根据不同的机器有所不同，一般是 32 位，可以使用 sizeof 函数测试整型的长度。

我们可以使用 NSInteger 表示长整型，使用 NSUInteger 表示无符号长整型。

```
typedef long NSInteger;
typedef unsigned long NSUInteger;
```

下面是一些整型的定义及 NSLog 输出格式。

```
#import <Foundation/Foundation.h>
int main(int argc, const char * argv[])
{

    @autoreleasepool {
```

```
        // 有符号整型
        int test1 = -100;
        NSLog(@"%d",test1);
        // 无符号整型
        unsigned int test2 = 200;
        NSLog(@"%u",test2);
        //八进制整型
        int test3 = 0123;
        NSLog(@"%o",test3);
        // 十六进制整型
        int test4 = 0x127ff;
        NSLog(@"%x",test4);
        int test5 = 0xffff;

        NSLog(@"%x",test5);
        // 测试整型长度
        int size = sizeof(test1);
        NSLog(@"size=%d",size);
        //NSInteger 表示长整型
        NSInteger i = 1234;
        NSLog(@"%ld",i);
        // NSUInteger 表示无符号长整型
        NSUInteger j = 5678;
        NSLog(@"%lu",j);
    }
    return 0;
}
```

上述代码的输出结果为：

```
2013-03-02 10:47:01.313 chapter05[395:303] -100
2013-03-02 10:47:01.314 chapter05[395:303] 200
2013-03-02 10:47:01.315 chapter05[395:303] 123
2013-03-02 10:47:01.315 chapter05[395:303] 127ff
2013-03-02 10:47:01.315 chapter05[395:303] ffff
2013-03-02 10:47:01.315 chapter05[395:303] size=4
2013-03-02 10:47:01.316 chapter05[395:303] 1234
2013-03-02 10:47:01.316 chapter05[395:303] 5678
```

5.2 浮点类型

浮点类型是带有小数点的数据类型。浮点类型可以分为单精度 float 类型和双精度 double 类型。一般双精度类型的长度是单精度的两倍，表示的数据更精确。

浮点类型可以省略小数点前或后面的数字，例如，.123 或者 123。NSLog 输出使用%f，可以使用科学计数法表示，例如，1.8e4 等价于 1.8 乘以 10 的 4 次方。

下面是一些有关浮点类型的定义和 NSLog 输出。

```
#import <Foundation/Foundation.h>
int main(int argc, const char * argv[])
```

```
{
    @autoreleasepool {
        // float 类型
        float pi = 3.14;
        NSLog(@"pi=%f",pi);
        // float 类型的长度
        int size = sizeof(pi);
        NSLog(@"size=%d",size);
        // double 类型
        double d = 3.14159;
        NSLog(@"d=%f",d);
        // double 类型的长度
        size = sizeof(d);
        NSLog(@"size=%d",size);
        // 科学计数法表示
        double test = 0.31e2;
        NSLog(@"test=%f",test);
    }
    return 0;
}
```

上述代码的输出结果为：

```
2013-03-02 11:06:17.966 chapter05-02[515:303] pi=3.140000
2013-03-02 11:06:17.967 chapter05-02[515:303] size=4
2013-03-02 11:06:17.968 chapter05-02[515:303] d=3.141590
2013-03-02 11:06:17.968 chapter05-02[515:303] size=8
2013-03-02 11:06:17.968 chapter05-02[515:303] test=31.000000
```

5.3 字符型（char）

字符型（char）表示一个单个字符，使用单引号括起来，例如，char c = 'A'，char c1 = '*'，char c2 ='\n'。NSLog 输出格式为%c。表 5.1 中列出了常用的转义字符。

表 5.1 转义字符

转义字符	表达意义
\a	声音警告
\b	退格
\n	换行
\r	回车
\t	水平制表符
\v	垂直制表符
\\	反斜杠
\”	双引号
\’	单引号

另外，char 类型和 int 类型可以相互转换。下面是一些 char 类型的定义和 NSLog 输出。

```
#import <Foundation/Foundation.h>
int main(int argc, const char * argv[])
{
    @autoreleasepool {
        // char 类型
        char c = 'A';
        NSLog(@"%c",c);
        // int 类型和 char 类型可以相互转换
        int i = c;
        NSLog(@"i=%d",i);
        // 转义字符
        char x = '\r';
        NSLog(@"Hello%cWorld",x);
    }
    return 0;
}
```

5.4 布尔类型

在 Objective-C 中的布尔类型其实是无符号 char 的 1 和 0。typedef signed char BOOL;，使用 BOOL 来定义，一般赋值为 YES 或 NO。下面是 YES 和 NO 的定义。

```
#define YES (BOOL)1
#define NO  (BOOL)0
```

下面是布尔类型的定义和输出。

```
#import <Foundation/Foundation.h>
int main(int argc, const char * argv[])
{
    @autoreleasepool {
        // 布尔类型
        BOOL isLoop = YES;
        NSLog(@"isLoop=%d",isLoop);
        isLoop = NO;
        NSLog(@"isLoop=%d",isLoop);
    }
    return 0;
}
```

上述代码的输出结果为：

```
2013-03-02 11:38:04.474 chapter05-04[662:303] isLoop=1
2013-03-02 11:38:04.475 chapter05-04[662:303] isLoop=0
```

5.5 整型修饰符（short, long, signed, unsigned）

一般人们会认为 short、long 等是一种数据类型，其实这是错误的，其实 short, long, singed, unsigned 都是整型修饰符。例如，short int 表示短整型，一般简写为 short；long int 表示长整型，一般简写为 long；而 signed 表示有符号整型，unsigned 表示无符号整型。换句话说，long 和 short 表示扩大或缩小数值范围，unsigned 和 signed 表示有无符号。

看如下代码。

```
#import <Foundation/Foundation.h>
int main(int argc, const char * argv[])
{
    @autoreleasepool {
        // 长整型
        long int test1 = 1;
        // 缩写
        long test2 = 1;
        int size = sizeof(test2);
        NSLog(@"size=%d",size);
        // 无符号整型
        unsigned int test3= 1;
        // 缩写
        int test4 = 1;
        // 短整型
        short int test5 = 1;
        // 缩写
        short test6 = 1;
        size = sizeof(test6);
        NSLog(@"size=%d",size);
    }
    return 0;
}
```

上述代码的输出结果是：

```
2013-03-02 11:51:44.683 chapter05-05[702:303] size=8
2013-03-02 11:51:44.685 chapter05-05[702:303] size=2
```

5.6 特殊类型（id）

在 Objective-C 面向对象的概念中，id 类型可以表示任意的对象类型，也就是说，我们可以将任何的对象赋值给 id 类型。一般当某个方法无法明确返回值类型时，我们可以指定返回 id 类型，例如，NSObject 的初始化方法 init。下面是一下 id 类型的声明方法。

```
#import <Foundation/Foundation.h>
int main(int argc, const char * argv[])
{
```

```
    @autoreleasepool {
        // 实例化 NSObject 对象赋值给 id 类型
        id obj = [[NSObject alloc]init];
        // 实例化数组赋值给 id 类型
        id array = [[NSArray alloc]init];
        // 字符串赋值给 id 类型
        id str = @"Hello World";
        // NSObject init 方法的定义
        // - (id)init;
    }
    return 0;
}
```

第 6 章　Objective-C 中的运算符

本章内容

- 赋值运算
- 算术运算
- 自增自减
- 关系运算
- 逻辑运算
- 位运算

6.1 赋值运算

赋值是用等号运算符（=）进行的，它的意思是“取得右边的值，把它复制到左边”，右边的值可以是任何常数、变量或者表达式，只要能产生一个值就行，但左边的值必须是一个明确的、已命名的变量。也就是说，它必须有一个物理空间来保存右边的值。下面通过一个案例来演示赋值运算。该案例演示了常量赋值、变量赋值、表达式赋值、函数赋值以及引用类型赋值。

```
#import <Foundation/Foundation.h>
#import "Person.h"

// 求和函数
int sumFun(int a,int b){
    return a+b;
}
// 求平均数函数
int avgFun(int a,int b){
    return (a+b)/2;
}
```

```
int main(int argc, const char * argv[])
{
    @autoreleasepool {
        /******赋值运算********/
        // 常量赋值
        int age = 20;
        NSString *name = @"tom";
        char c = 'A';
        BOOL b = YES;
        // 变量赋值
        int myAge = age;
        NSString *myName = name;
        char myChar = c;
        BOOL myBoolean = b;
        // 表达式赋值
        int x = 1+2;
        int i =1,j = 2;
        int sum = i+j;
        // 函数返回值赋值
        int mySum = sumFun(1,2);
        int myAvg = avgFun(2,4);

        // 引用类型赋值
        id obj = [[NSObject alloc]init];
        NSArray *array = [NSArray arrayWithObjects:@"ios", @"Android",nil];

        Person *p1 = [[Person alloc]init];
        // 地址传递
        Person *p2 = p1;

    }
    return 0;
}
```

6.2 算术运算

程序中的算术运算和数学中的算术运算基本相似，有加号（+）、减号（-）、乘号（*）、除号（/）以及模数（%，取余）等。下面代码演示了算术运算的用法。

```
#import <Foundation/Foundation.h>
int main(int argc, const char * argv[])
{
    @autoreleasepool {
        // 获得随机数
        int r = arc4random();
        // 余 100
        int i = r%100;
        // 获得随机数
        r = arc4random();
        // 余 100
```

```
        int j = r%100;
        // 计算结果
        int result;
        // 加运算
        result = i+j;
        NSLog(@"%d+%d=%d",i,j,result);
        // 减运算
        result = i-j;
        NSLog(@"%d-%d=%d",i,j,result);
        // 乘运算
        result = i*j;
        NSLog(@"%d*%d=%d",i,j,result);
        // 除运算
        result = i/j;
        NSLog(@"%d/%d=%d",i,j,result);
    }
    return 0;
}
```

6.3 自增自减

所谓自增自减，就是在原有基础上加 1 或者减 1，使用++或者--。需要注意的是，++i（--i）中的++（--）在前时，先自增（自减），后运算；i++（i--）中的++（--）在后时，先运算，后自增（自减）。下面代码演示了++和--的用法。

```
#import <Foundation/Foundation.h>
int main(int argc, const char * argv[])
{
    @autoreleasepool {
        // 声明 int 类型变量
        int i = 200;
        // 打印
        NSLog(@"i=%d",i);
        // 先自增，后运算
        NSLog(@"++i=%d",++i);
        // 先运算，后自增
        NSLog(@"i++=%d",i++);
        // 打印 i
        NSLog(@"i=%d",i);
        // 先自减，后运算
        NSLog(@"--i=%d",--i);
        // 先运算，后自减
        NSLog(@"i--=%d",i--);
        // 打印 i
        NSLog(@"i=%d",i);
    }
    return 0;
}
```

程序运行结果如下：

```
2013-04-22 10:35:26.573 chapter06-03[572:303] i=200
2013-04-22 10:35:26.575 chapter06-03[572:303] ++i=201
2013-04-22 10:35:26.575 chapter06-03[572:303] i++=201
2013-04-22 10:35:26.575 chapter06-03[572:303] i=202
2013-04-22 10:35:26.575 chapter06-03[572:303] --i=201
2013-04-22 10:35:26.576 chapter06-03[572:303] i--=201
2013-04-22 10:35:26.576 chapter06-03[572:303] i=200
```

6.4 关系运算

关系运算用来比较两个变量或表达式的大小，运算符有：小于（<）、大于（>）、小于或等于（<=）、大于或等于（>=）、等于（==）以及不等于（!=）。关系运算的比较结果是布尔值，即真或假。下面代码演示了关系运算的用法。

```
#import <Foundation/Foundation.h>
int main(int argc, const char * argv[])
{
    @autoreleasepool {
        // 获得随机值
        int r = arc4random();
        // 取余
        int i = r%100;
        // 获得随机值
        r = arc4random();
        // 余 100
        int j = r%100;
        // 声明计算结果
        NSString  *result;
        // 判断 i 是否大于 j，并打印结果
        result = i>j?@"YES":@"NO";
        NSLog(@"%d>%d=%@",i,j,result);
        // 判断 i 是否大于或等于 j，并打印结果
        result = i>=j?@"YES":@"NO";
        NSLog(@"%d>=%d=%@",i,j,result);
        // 判断 i 是否小于 j，并打印结果
        result = i<j?@"YES":@"NO";
        NSLog(@"%d<%d=%@",i,j,result);
        // 判断 i 是否小于或等于 j，并打印结果
        result = i<=j?@"YES":@"NO";
        NSLog(@"%d<=%d=%@",i,j,result);
        // 判断 i 是否等于 j，并打印结果
        result = i==j?@"YES":@"NO";
        NSLog(@"%d==%d=%@",i,j,result);
        // 判断 i 是否不等于 j，并打印结果
        result = i!=j?@"YES":@"NO";
        NSLog(@"%d!=%d=%@",i,j,result);
    }
    return 0;
}
```

代码运行结果如下：

```
2013-04-22 10:47:49.442 chapter06-04[634:303] -85>-4=NO
2013-04-22 10:47:49.444 chapter06-04[634:303] -85>=-4=NO
2013-04-22 10:47:49.444 chapter06-04[634:303] -85<-4=YES
2013-04-22 10:47:49.445 chapter06-04[634:303] -85<=-4=YES
2013-04-22 10:47:49.445 chapter06-04[634:303] -85==-4=NO
2013-04-22 10:47:49.445 chapter06-04[634:303] -85!=-4=YES
```

6.5 逻辑运算

逻辑运算符 AND（&&）、OR（||）以及 NOT（!）能生成一个布尔值（true 或 false），以自变量的逻辑关系为基础。进行逻辑运算时，需要注意的一种情况是短路运算，短路运算是指如果当前能判断结果，那么剩余部分将不再计算。下面代码演示了逻辑运算的用法。

```
#import <Foundation/Foundation.h>
int main(int argc, const char * argv[])
{
    @autoreleasepool {
        // 声明三个变量i, j, k
        int i=1,j=2,k=3;
        // 进行逻辑运算（短路与运算）
       BOOL r = (i>j)&&(++i<k);
       NSLog(@"r=%@",r?@"YES":@"NO");
        NSLog(@"i=%d",i);

        NSLog(@"---------------");

       r = (i>j)&(++i<k);
       NSLog(@"r=%@",r?@"YES":@"NO");
        NSLog(@"i=%d",i);

       NSLog(@"--------------");

       if((i>j)&&(++i<k))
          NSLog(@"i=%d",i);
    }
    return 0;
}
```

程序运行结果如下：

```
2013-04-22 10:58:46.612 chapter06-05[687:303] r=NO
2013-04-22 10:58:46.614 chapter06-05[687:303] i=1
2013-04-22 10:58:46.614 chapter06-05[687:303] ---------------
2013-04-22 10:58:46.615 chapter06-05[687:303] r=NO
2013-04-22 10:58:46.615 chapter06-05[687:303] i=2
2013-04-22 10:58:46.615 chapter06-05[687:303] --------------
```

6.6 位运算

位运算是二进制整数按位进行计算。位运算包括：与、或、非和异或运算。运算规则如表 6.1 所示。

表 6.1　位运算规则

位　运　算	运 算 规 则
与	若两个输入位都是 1，则按位 AND（运算符是&），在输出位里生成 1；否则生成 0
或	若两个输入位里至少有一个是 1，则按位 OR（运算符是|），在输出位里生成 1；只有在两个输入位都是 0 的情况下，它才会生成 0
异或	若两个输入位的某一个是 1，但不全都是 1，那么按位 XOR（运算符是^），在输出位里生成 1
非	按位 NOT（运算符是～），生成与输入位相反的值——若输入 0，则输出 1；若输入 1，则输出 0

下面是位运算的用法。

```
#import <Foundation/Foundation.h>
int main(int argc, const char * argv[])
{
   @autoreleasepool {
     int i = 5; // 0101
     int j = 9; // 1001
     int a = 2; // 0010
     int b = 8; // 1000
     int k = 0;
     k = i&j; // 0001
     NSLog(@"k=%d",k);
     k = i|j; // 1101
     NSLog(@"k=%d",k);
     k = ~i; // 0110
     NSLog(@"k=%d",k);
     k = a<<2; // 1000
     NSLog(@"k=%d",k);
     k = b>>2; // 0010
     NSLog(@"k=%d",k);
   }
   return 0;
}
```

程序运行结果如下：

```
2013-04-22 11:08:48.875 chapter06-06[708:303] k=1
2013-04-22 11:08:48.876 chapter06-06[708:303] k=13
2013-04-22 11:08:48.877 chapter06-06[708:303] k=-6
2013-04-22 11:08:48.877 chapter06-06[708:303] k=8
2013-04-22 11:08:48.877 chapter06-06[708:303] k=2
```

第 7 章　Objective-C 流程控制、数据结构

本章内容

- 选择（if else、switch、三元运算）
- 循环（for、while、do、while、break、continue）
- 常用的数据结构：数组、栈

7.1 选择（if else、switch、三元运算）

选择又称条件，即根据条件来更改程序的执行流程，如果条件成立，则执行 A 语句；否则执行 B 语句。条件语句一般有三种格式，即 if、if else、if…else if…else。格式如下：

```
if (布尔表达式) {
        语句或块;
}

if (条件为真)  {
        语句或块;
} else if  {
        语句或块;
} else
{
语句或块;
}
```

下面通过一个案例来演示条件语句的用法。使用 arc4random 函数随机生成 0～100 之间的随机数，使用条件语句判断两个数字的大小，并输出结果。

```
void test1(){
    // 使用 arc4random 函数随机生成 0~100 之间的随机数
    int i = arc4random()%100;
```

```
        int j = arc4random()%100;
        // 输出当前随机数
        NSLog(@"i=%d",i);
        NSLog(@"j=%d",j);
        // 判断大小
        if (i>j) {
            NSLog(@"i>j");
        }else if(i==j){
            NSLog(@"i==j");
        }else{
            NSLog(@"i<j");
        }
    }
```

和所有的其他编程语言一样，Objective-C 中也有程序流程控制，包括顺序执行、选择和循环。

如果判断条件比较多，那么 if else 结构很烦琐，这样可以使用另外一种判断结构——switch 结构进行条件判断。switch 结构如下：

```
    switch (表达式 0) {
            case 表达式 1:
            语句;
            break;
            case 表达式 2:
            语句;
            break;
            default:
            语句;
            break;
    }
```

该结构条件判断中表达式 1、表达式 2 和表达式 0 比较，如果匹配，则执行相应的语句。注意：表达式 1 和表达式 2 不能重复。程序遇见 break 语句即刻退出。注意：如果没有 break 语句，程序将继续执行。下面通过一个案例来演示 switch 语句的用法，这里模拟一个游戏精灵随机运动方向。

```
    #define UP 1
    #define DOWN 2
    #define LEFT 3
    #define RIGHT 4
    void test2(){
        // 随机产生 1～4 之间的方向值
        int direction = arc4random()%4+1;
        // 输出当前方向
        NSLog(@"direction=%d",direction);
        // 通过 switch 判断当前方向
        switch (direction) {
            case UP:
                NSLog(@"Move UP");
                break;
```

```
        case DOWN:
            NSLog(@"Move DOWN");
            break;
        case LEFT:
            NSLog(@"Move LEFT");
            break;
        case RIGHT:
            NSLog(@"Move RIGHT");
            break;
        default:
            NSLog(@"ERROR...");
            break;
    }
}
```

除了 if else 和 switch 结构的条件判断外，还有一个简洁的条件判断结构，被称为三元运算，结构如下：

```
关系表达式 ? 表达式1 : 表达式2
```

下面通过比较两个数和三个数的大小来演示三元运算的用法。

```
void test3(){
    // 声明两个整数
    int a = 1,b = 2;
    // 使用三元运算判断两个数的大小
    int max = a>b?a:b;
    // 输出比较结果
    NSLog(@"a=%d,b=%d,max=%d",a,b,max);
    // 声明三个数
    int x = 50,y = 70,z = 30;
    // 通过嵌套三元运算比较三个数的大小
    max = x>y?(x>z?x:z):(y>z?y:z);
    // 输出比较结果
    NSLog(@"x=%d,y=%d,z=%d,max=%d",x,y,z,max);
}
```

7.2 循环（for、while、do while、break、continue）

所谓循环就是重复多次执行某件事情。Objective-C 中提供的循环包括 for 循环、while 循环、do while 循环和增强型 for 循环。

如果明确知道循环的次数，则使用 for 循环；如果并不清楚循环的次数，则一般使用 while 循环和 do while 循环。do while 循环至少执行一次，而 while 循环有可能一次都不执行。增强型 for 循环一般用在不需要使用索引的集合对象中，例如数组、字典等。

for 循环的结构如下：

```
for (初始条件; 布尔表达式; 改变表达式) {
        语句块;
}
```

首先声明初始条件值，初始条件只执行一次，然后重复计算布尔表达式和改变条件的值，如果布尔表达式的结果为假，则退出循环。下面代码使用循环计算 1 到 10 的和。

```
void test1(){
    // 定义求和结果
    int sum = 0;
    // 从 1 开始循环 10 次
    for (int i=1; i<=10; i++) {
        // 累加结果
        sum+=i;
    }
    NSLog(@"sum=%d",sum);

}
```

复杂的循环可以嵌套若干层，这里使用两层循环嵌套来打印一个乘法口诀表。

```
void test2(){
    // 循环 1 到 9
    for (int i=1; i<=9; i++) {
        // 根据外层循环来循环
        for (int j=1; j<=i; j++) {
            // 打印输出
            printf("%d*%d=%d ",j,i,i*j);
        }
        // 换行
        printf("\n");
    }
}
```

还可以使用增强型 for 循环来遍历一些不需要使用索引的集合对象，例如数组、字典等数据结构。

下面代码使用增强型 for 循环遍历数组中的元素。

```
void test3(){
    // 定义数组
    NSArray *array = @[@"Java",@"c++",@"c#",@"php"];
    // 增强型 for 循环
    for(NSString *item in array){
        // 输出
        NSLog(@"item=%@",item);
    }
}
```

如果循环次数并不明确，我们可以使用 while 循环和 do while 循环。下面是 while 循环和 do while 循环的结构。

```
while (布尔表达式) {
      语句或块;
}
```

```
do {
    语句或块;
} while (布尔测试)
```

看下面两个程序，一个使用 while 循环实现 1 到 10 的累加，另一个使用 do while 循环每隔 1 秒输出一个递增数字。

```
void test5(){
    // 每隔 1 秒输出
    int i = 1;
    while (i<10) {
        NSLog(@"i=%d",i++);
        [NSThread sleepForTimeInterval:1];
    }
}
void test4(){
    // 求和结果
    int sum = 0;
    // 计数值
    int i = 1;
    // 循环条件
    while (i<=10) {
        // 累加
        sum = sum+i;
        // 循环条件自增
        i++;
    }
    NSLog(@"sum=%d",sum);
}
```

在循环结构中，我们经常会根据某些条件结束某次循环或退出整个循环。这样可以使用 break 和 continue 来实现，continue 表示结束本次循环，进行下一次循环，break 表示退出整个循环。

下面代码演示了当 i 为 4 或 7 时，退出本次循环，进行下一次循环。

```
// 使用 continue
void test6(){
    for(int i=1;i<=10;i++){
        if(i==4 || i==7){
            continue;
        }
        NSLog(@"i=%d",i);
    }
}
```

当变量 i 为 5 时，退出整个循环。

```
// 使用 break
void test7(){
    for(int i=1; i<=10; i++){
        if(i==5)break;
```

```
        NSLog(@"i=%d",i);
    }
}
```

7.3 常用的数据结构：数组、栈

和 C 语言相似，我们可以在 Objective-C 中使用数组、栈、队列、链表、树等数据结构。本书不是专门讲解数据结构的书籍，所以这里讲解两种常用的数据结构：数组和栈。

对数据结构的操作和数据库类似，可以实现数据的增加、删除、修改和查询等操作。

下面演示数组数据结构的操作。首先定义数组的大小，然后根据大小声明数组，并为数组赋值。这个过程也可以叫做添加。

```
// 数组大小
int size = 10;
// 索引
int i;
// 声明数组
int array[size];
// 给数组赋值
array[0]=10;
array[1]=8;
array[2]=9;
array[3]=6;
array[4]=7;
array[5]=4;
array[6]=3;
array[7]=1;
array[8]=2;
array[9]=5;
// 显示数组中的元素
 for (i=0; i<size; i++) {
     printf("%d ", array[i]);
 }
 printf("\n");
```

下面演示搜索功能。根据给定的 key 循环搜索该值，如果找到了，则显示；如果未找到，则提示未找到。

```
// 要搜索的 key
 int searchKey =5;
// 是否搜索到了
 BOOL isSearch = NO;
// 循环判断
 for (i=0; i<size; i++) {
     // 如果找到
     if (array[i]==searchKey) {
         // 显示索引
```

```
            printf("%d at index %d",searchKey,i);
            isSearch = YES;
            break;
        }
    }
    if (!isSearch) {
        printf("not found!");
    }
```

删除操作的基本思路是，首先查找到该元素，然后从该元素的索引位置向前覆盖其他元素，最后数组大小减 1，这样达到删除效果。

```
    int deleteItem = 6;
    for (i=0; i<size; i++) {
        if (array[i]==deleteItem) {
            break;
        }
    }
    for (int k = i; k<size; k++) {
        //向前覆盖
        array[k]=array[k+1];
    }
    // 大小减 1
    size--;
    // 显示
    for (i = 0; i<size; i++) {
        printf("%d ",array[i]);
    }
```

修改操作的基本思路是，首先查找到该对象，然后重新给该元素赋值，达到修改目的。

```
    // 要修改的元素
    int searchItem = 6;
    // 修改成 100
    int updatedItem = 100;
    // 修改前
    printf("before:");
    displayArray(array,size);
    // 查找并修改
    for (i=0; i<size; i++) {
        if (array[i]==searchItem) {
            array[i]=updatedItem;
            break;
        }
    }
    // 修改后
    printf("after:");
    displayArray(array,size);
```

除了数组，另一个常用的数据结构是栈（stack），栈这种数据结构的特点是，后进先出（Last In First Out，LIFO）。下面我们定义一个栈结构，并对其中的数据进行维护。

```
int stackSize=5;
int stackArray[];
int stackTop=-1;

// 入栈/压栈
void push(int a){
    if (stackTop<stackSize-1) {
        stackArray[++stackTop]=a;
    }else{
        printf("stack full.\n");
    }
}
// 出栈
int pop(){
    int temp = stackArray[stackTop--];
    stackArray[stackTop]=0;
    return temp;
}
// 取栈顶元素
int peek(){
    return stackArray[stackTop];
}
// 是否为空
bool isEmpty(){
    return (stackTop==-1);
}
// 是否为满
bool isFull(){
    return (stackTop==stackSize-1) ;
}
```

第 8 章　Objective-C 分类和协议

本章内容

- 分类的概念
- 分类的用法
- 协议的概念
- 协议的用法

8.1 分类的概念

Objective-C 中有一个新的语法特性——分类（Category），分类可以在不创建子类的情况下，向已经存在的类中添加新方法。在很多情况下，分类是比创建子类更优的选择。新添加的方法同样也会被被扩展类的所有子类自动继承。

和子类不同的是，分类不能用于向被扩展类添加实例变量。分类通常作为一种组织框架代码的工具来使用。

分类的用途可以归结为以下几点。

（1）在不创建继承类的情况下实现对已有类的扩展。

（2）简化类的开发工作。例如，当一个类需要多个程序员协同开发时，分类可以将同一个类根据用途分别放在不同的源文件中，从而便于程序员独立开发相应的方法集合。

（3）将常用的相关方法分组。

（4）在没有源代码的情况下可以用来修复 bug。

8.2 分类的用法

分类大概分为两种：第一种是在原有类的基础上添加新方法；第二种是将相同方法归类，使用更方便。下面通过一个案例来演示第一种分类的用法。

① 定义一个 MyClass 类，其中有 method1 和 method2 两个方法，这两个方法简单地输出方法名称。

```
#import <Foundation/Foundation.h>
@interface MyClass : NSObject
-(void)method1;
-(void)method2;
@end

#import "MyClass.h"

@implementation MyClass
-(void)method1{
    NSLog(@"method1...");
}
-(void)method2{
    NSLog(@"method2...");
}
@end
```

② 创建一个分类类，该分类的文件命名格式是：原有类名称+分类名称，例如 MyClass+MyCategory.h，类名称格式是：原有类（分类名称），例如@interface MyClass (MyCategory)。

```
#import "MyClass.h"
@interface MyClass (MyCategory)
// 添加两个新方法
-(void)method3;
-(void)method4;
@end

#import "MyClass+MyCategory.h"
@implementation MyClass (MyCategory)
-(void)method3{
    NSLog(@"method3...");
}
-(void)method4{
    NSLog(@"method4...");
}
@end
```

③ 测试分类运行结果。

```
#import <Foundation/Foundation.h>
#import "MyClass+MyCategory.h"
int main(int argc, const char * argv[])
{
    @autoreleasepool {
        // 实例化
        MyClass *mc = [[MyClass alloc]init];
        // 原有方法
```

```
            [mc method1];
            [mc method2];
            // 新添加方法
            [mc method3];
            [mc method4];
        }
        return 0;
    }
```

第二种分类的用途是归类，一般是在同一个文件中定义所有的方法。在系统类中也有大量的案例，例如，NSArray 数组类的定义。

```
    @interface NSArray : NSObject <NSCopying, NSMutableCopying, NSSecureCoding,
NSFastEnumeration>
    - (NSUInteger)cout;
    - (id)objectAtIndex:(NSUInteger)index;

    @end

    @interface NSArray (NSExtendedArray)
    - (NSArray *)arrayByAddingObject:(id)anObject;
    - (NSArray *)arrayByAddingObjectsFromArray:(NSArray *)otherArray;
    @end

    @interface NSArray (NSArrayCreation)
    + (id)array;
    + (id)arrayWithObject:(id)anObject;
    @end

    @interface NSArray (NSDeprecated)
    - (void)getObjects:(id __unsafe_unretained [])objects;
    @end

    /****************Mutable Array    ****************/

    @interface NSMutableArray : NSArray
    - (void)addObject:(id)anObject;
    - (void)insertObject:(id)anObject atIndex:(NSUInteger)index;
    @end

    @interface NSMutableArray (NSExtendedMutableArray)
    - (void)addObjectsFromArray:(NSArray *)otherArray;
    - (void)exchangeObjectAtIndex:(NSUInteger)idx1 withObjectAtIndex:(NSUInteger)idx2;
    @end

    @interface NSMutableArray (NSMutableArrayCreation)
    + (id)arrayWithCapacity:(NSUInteger)numItems;
    - (id)initWithCapacity:(NSUInteger)numItems;
    @end
```

下面我们自己定义一个分类，实现步骤如下。

① 在同一个文件中定义一个类、两个分类，将方法分为三组。

```
#import <Foundation/Foundation.h>
// 原有方法
@interface MyClass2 : NSObject
-(void)method1;
-(void)method2;
@end
// 第一组分类
@interface MyClass2(MyCategory2)
-(void)method3;
-(void)method4;
@end
// 第二组分类
@interface MyClass2(MyCategory3)
-(void)method5;
-(void)method6;
@end
```

② 方法实现。

```
#import "MyClass2.h"
@implementation MyClass2
// 原有类方法实现
-(void)method1{
    NSLog(@"method1...");
}
-(void)method2{
    NSLog(@"method2...");
}
// 第一分组实现
-(void)method3{
    NSLog(@"method3...");
}
-(void)method4{
    NSLog(@"method4...");
}
// 第二分组实现
-(void)method5{
    NSLog(@"method5...");
}
-(void)method6{
    NSLog(@"method6...");
}
@end
```

③ 测试程序。

```
MyClass2 *mc2 = [[MyClass2 alloc]init];
// 原有方法
[mc2 method1];
[mc2 method2];
// 第一组分类
```

```
[mc2 method3];
[mc2 method4];
// 第二组分类
[mc2 method5];
[mc2 method6];
```

使用分类注意事项如下。

（1）分类用于大型类有效分解。通常一个大型类的方法可以根据某种逻辑或相关性分解为不同的组，一个类的代码量越大，将这个类分解到不同的文件中就显得越有用，每个文件中分别是这个类的某些相关方法的集合。

当有多个开发者共同完成一个项目时，每个人所承担的是单独分类的开发和维护，这样版本控制就简单了，因为开发人员之间的工作冲突少了。

（2）如何在分类和子类之间选择，并没有界限分明的判定标准作为指导。但是有以下两个指导性建议。

- 如果需要添加一个新的变量，则需要添加子类。
- 如果只是添加一个新方法，则用分类是比较好的选择。

8.3 协议的概念

Objective-C 中有一个概念叫协议（Protocol），协议和类的定义类似，但是协议里面只定义了方法的声明，而没有实现。这很像 Java 语言中的接口，只定义做什么，而没有实现怎么做。这更有利于接口和实现的分离，程序的耦合性更低。

任何类都可以实现一个协议，实现协议时一定要实现该协议必须实现的方法。协议定义的关键字是 protocol，其结构和类定义相似。例如，如下代码定义了一个协议。

```
#import <Foundation/Foundation.h>
// USB 协议
@protocol USB <NSObject>
// 读数据方法
-(void)read;
// 写数据方法
-(void)write;
@end
```

我们也可以使用预编译指令@required 或@optional 来指定该方法是必须实现的方法，还是可选实现的方法。

8.4 协议的用法

本节我们通过几个案例来讲述如何定义协议，如何实现协议，一个类实现多个协议的用法，以及协议实现代理的用法。

下面定义一个协议，并定义一个实现类来实现该协议。该案例中我们定义了一个 USB 协议，该接口中定义两个方法，分别用于读写数据。

① 定义 USB 协议。

```
#import <Foundation/Foundation.h>
// USB 协议
@protocol USB <NSObject>
// 读数据方法
-(void)read;
// 写数据方法
-(void)write;
@end
```

② 定义一个移动设备类 Mobile 实现该协议，可以实现读写数据。实现协议的语法格式是继承类后面加<协议名称>。

```
#import <Foundation/Foundation.h>
#import "USB.h"
@interface Mobile : NSObject<USB>
@end
```

```
#import "Mobile.h"
@implementation Mobile
// 读数据方法实现
-(void)read{
   NSLog(@"from mobile read...");
}
// 写数据方法实现
-(void)write{
   NSLog(@"write to mobile...");
}
@end
```

一个类可以实现多个协议，在后续章节中我们使用到的 UITableView 经常要实现两个以上协议，例如 UITableViewDataSource 和 UITableViewDelegate。我们自己定义的类也可以实现多个协议。下面案例定义了 USB 和 Media 两个协议，Mobile 类同时实现这两个协议，分别用来读写数据和播放多媒体文件。

① 定义 USB 和 Media 协议。

```
#import <Foundation/Foundation.h>
@protocol Media <NSObject>
// 播放音乐
-(void)playMusic;
// 播放视频
-(void)playVideo;
@end
```

② Mobile 类同时实现 USB 和 Media 协议。

```
#import <Foundation/Foundation.h>
#import "USB.h"
#import "Media.h"
// 同时实现 USB 和 Media 协议
@interface Mobile : NSObject<USB,Media>
@end
```

③ Mobile 类的实现如下。

```
#import "Mobile.h"
@implementation Mobile
// 读数据方法实现
-(void)read{
    NSLog(@"from mobile read...");
}
// 写数据方法实现
-(void)write{
    NSLog(@"write to mobile...");
}
// 播放音乐
-(void)playMusic{
    NSLog(@"playMusic...");
}
// 播放视频
-(void)playVideo{
    NSLog(@"playVideo...");
}
@end
```

另外，代理常用来实现代理设计模式，协议经常用来实现委托对象。一个委托对象是一种用来协同或者代表其他对象的特殊对象。

下面通过一个现实生活中的例子来理解代理。在 IBM 笔记本电脑风靡的年代，全世界有大量的 IBM 代理商为 IBM 代理销售笔记本电脑。通过这个例子可以很好地理解代理设计模式。实现步骤如下。

① 创建一个 IBM 代理类 IBMDelegate，并添加一个销售方法 sale。

```
@protocol IBMDelegate <NSObject>
// 销售电脑
-(void)sale;
@end
```

② 创建一个 IBM 类，该类实现 IBMDelegate 协议，并添加该协议属性。

```
// 实现代理协议
@interface IBM : NSObject<IBMDelegate>
// 生产电脑方法
-(void)produce;
// 代理属性
@property(nonatomic,strong)id<IBMDelegate> delegate;
@end
```

③ 实现 IBM 类，在初始化方法中指定代理，并实现 produce 和 sale。

```
@implementation IBM
// 初始化方法
- (id)init
{
    self = [super init];
    if (self) {
        // 指定代理
        self.delegate = self;
    }
    return self;
}
// 生产电脑方法
-(void)produce{
    NSLog(@"生产电脑...");
}
// 销售电脑
-(void)sale{
    NSLog(@"销售电脑...");
}
```

④ 在 main 方法中测试。

```
#import <Foundation/Foundation.h>
#import "IBM.h"
int main(int argc, const char * argv[])
{
    @autoreleasepool {
        // 实例化
        IBM *ibm = [[IBM alloc]init];
        // 生产方法
        [ibm produce];
        // ibm 代理的 sale 方法
        [ibm.delegate sale];
    }
    return 0;
}
```

上述代理模式就实现了 IBM 生产电脑、IBM 代理来销售电脑的代码分离，降低了程序的耦合性。

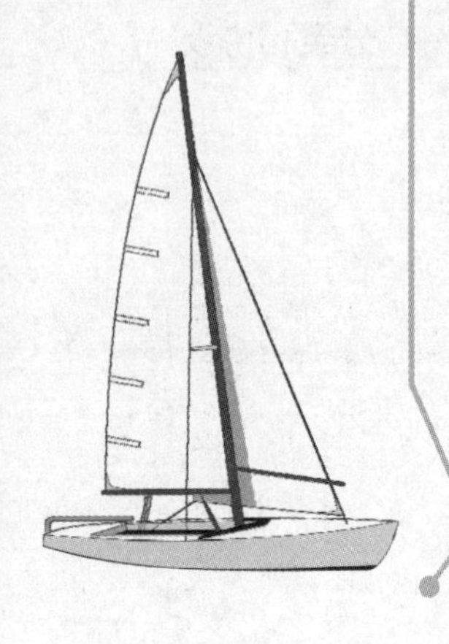

第 9 章 Objective-C 继承和多态

本章内容

- 继承和组合
- OCP 设计原则及多态

9.1 继承和组合

在任何面向对象语言中继承和组合都是最常用的代码重用方法，Objective-C 也不例外。我们首先应该正确区分何时使用继承，何时使用组合。

要区分继承和组合，应该使用经典的“is a”或“has a”判断方法——如果一个对象是另外一个对象，那么使用“is a”关系，则使用继承；如果一个对象包含另外一个对象，那么使用“has a”关系，则使用组合。

首先我们来讨论继承。继承类和被继承类之间也存在父子类关系，子类可以继承父类的所有属性和方法。图 9.1 显示了动物（Animal）、猫（Cat）和狗（Dog）之间的继承关系。

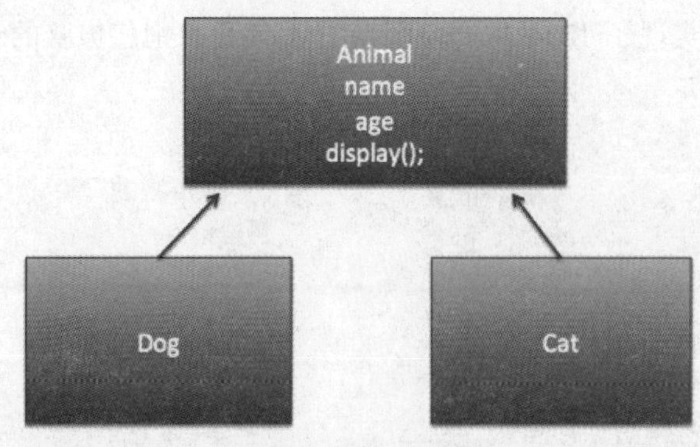

图 9.1 继承关系

下面通过代码来演示这三个类之间的关系。

① 定义一个 Animal 类，该类有一个 name 属性和一个 age 属性，还有一个 display 方法，用来显示 name 和 age。

```
#import <Foundation/Foundation.h>
@interface Animal : NSObject
// 名字属性
@property(nonatomic,strong) NSString *name;
// 年龄属性
@property(nonatomic)int age;
// 显示名字和年龄方法
-(void)display;
@end
```

② Animal 类的实现代码如下。实现 display 方法输出 name 和 age 信息，在 init 初始化方法中初始化 name 和 age。

```
#import "Animal.h"
@implementation Animal
// 显示名字和年龄方法
-(void)display{
    NSLog(@"name=%@,age=%d",self.name,self.age);
}
- (id)init
{
    self = [super init];
    if (self) {
        self.name = @"动物";
        self.age = 1;
    }
    return self;
}
@end
```

③ 定义 Dog 类和 Cat 类，分别继承 Animal 类。

```
#import <Foundation/Foundation.h>
#import "Animal.h"
@interface Dog : Animal
@end
```

```
#import <Foundation/Foundation.h>
#import "Animal.h"
@interface Cat : Animal
@end
```

④ 测试程序，输出结果，可以看到我们并没有在 Dog 和 Cat 中定义任何属性和方法，使用到的方法完全继承自 Animal.。

```
#import <Foundation/Foundation.h>
#import "Animal.h"
```

```
#import "Dog.h"
#import "Cat.h"
int main(int argc, const char * argv[])
{
    @autoreleasepool {
        // 实例化 Cat
        Cat *cat = [[Cat alloc]init];
        // 实例化 Dog
        Dog *dog = [[Dog alloc]init];
        // 设置 cat 属性
        cat.name = @"花花";
        cat.age = 2;
        // 显示名字和年龄
        [cat display];

        // 设置 dog 属性
        dog.name = @"黑豹";
        dog.age = 3;
        // 显示名字和年龄
        [dog display];
    }
    return 0;
}
```

下面我们来看一个组合关系的例子。例如，电脑和 CPU 以及内存之间的关系就是组合关系，因为它们之间的关系是电脑中有 CPU 和内存。其实，在实际程序开发中组合关系要远多于继承关系。

图 9.2 描述了电脑、CPU 和内存之间的组合关系。

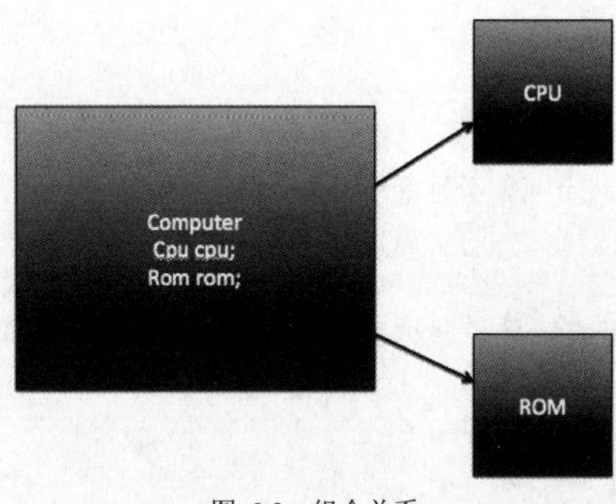

图 9.2 组合关系

下面通过代码演示这种组合关系。

① 创建两个类 CPU 和 ROM，并添加 name 属性。

```
@interface CPU : NSObject
// CPU 名称
```

```
@property(nonatomic,strong)NSString *name;
@end
```

```
#import <Foundation/Foundation.h>
@interface ROM : NSObject
// 内存名称
@property(nonatomic,strong)NSString *name;
@end
```

② 创建一个电脑类 Computer，为该类指定 name 属性，并关联 CPU 类和 ROM 类。

```
#import <Foundation/Foundation.h>
#import "CPU.h"
#import "ROM.h"
@interface Computer : NSObject
// 电脑名称
@property(nonatomic,strong)NSString *name;
// 关联 CPU 类
@property(nonatomic,strong)CPU *cpu;
// 关联 ROM 类
@property(nonatomic,strong)ROM *rom;
-(void)displayMsg;
@end
```

③ Computer 类的实现如下。在初始化方法中设置 name、cpu 和 rom 属性，并实现 displayMsg 方法。

```
#import "Computer.h"
@implementation Computer
- (id)init
{
    self = [super init];
    if (self) {
        // 指定电脑名称
        self.name = @"Apple";
        // 初始化 CPU
        self.cpu = [[CPU alloc]init];
        // 设置 CPU 名称
        self.cpu.name = @"英特尔";
        // 初始化 ROM
        self.rom = [[ROM alloc]init];
        // 指定 ROM 名称
        self.rom.name = @"金士顿";
    }
    return self;
}
-(void)displayMsg{
    // 显示电脑名称
    NSLog(@"computer's name=%@",self.name);
    // 显示 CPU 名称
    NSLog(@"cpu's name=%@",self.cpu.name);
    // 显示 ROM 名称
```

```
    NSLog(@"rom's name=%@",self.rom.name);
}
@end
```

④ 测试代码。

```
// 实例化 Computer
Computer *cmp = [[Computer alloc]init];
// 显示信息
[cmp displayMsg];
```

9.2 OCP 设计原则及多态

所谓 OCP 就是 Open Close Principle，即开闭原则，是指软件的结构对扩展是开放的，对修改是关闭的。现有的软件结构可以无限度地扩展，而不能修改现有结构。

为了使软件达到 OCP 设计原则，就要将软件抽象，把软件的公共部分抽象出接口，然后其他类可以实现或依赖该接口。

多态有多个称呼，可以叫向上类型转换、方法动态绑定或一个方法多种实现等。继承和接口实现都具有多态性。

下面我们还是通过案例来演示 OCP 设计原则和多态。首先看一个 OCP 设计原则的例子。一个人要养很多宠物，我们如何设计软件结构达到 OCP 设计原则呢？人和宠物是直接的关联关系还是抽象出一个接口，让宠物类实现该接口，人关联这个抽象类。要符合 OCP 设计原则，应该选择第二种设计。

设计图如图 9.3 所示，在第一种设计中，如果要增加一个宠物，则必须修改 Person 类；而在第二种设计中，只要添加一个新宠物类就可以了，原有的代码并不需要修改。

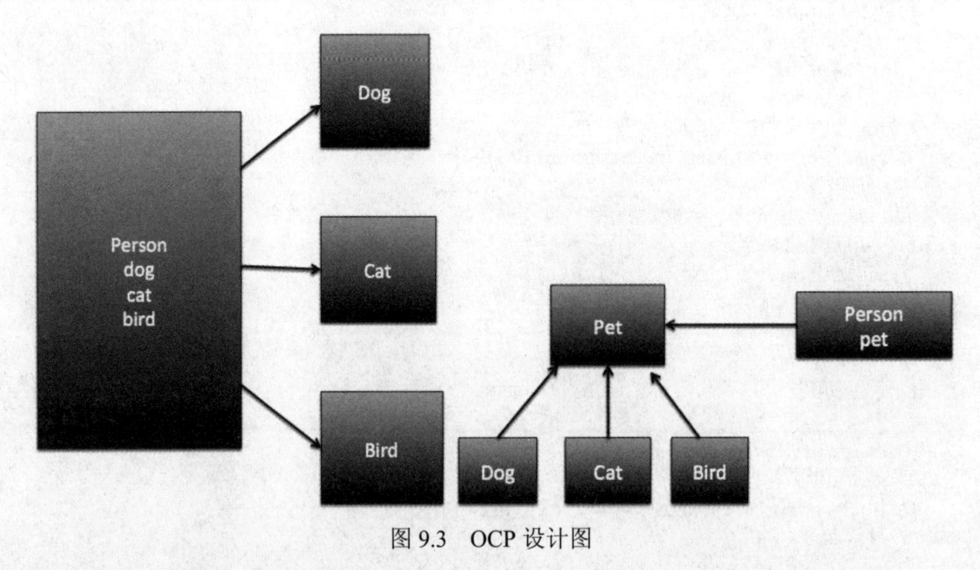

图 9.3　OCP 设计图

下面是代码的实现。首先看第一种实现方法。

① 分别创建 Dog、Cat 和 Bird 类，并添加 name 属性。

```
@interface Dog : NSObject
@property(nonatomic,strong)NSString *name;
@end

@interface Cat : NSObject
@property(nonatomic,strong)NSString *name;
@end

@interface Bird : NSObject
@property(nonatomic,strong)NSString *name;
@end
```

② 创建一个 Person 类，添加 name 属性，关联 Dog、Cat 和 Bird 类，并添加一个 display 方法。

```
@interface Person : NSObject
// 姓名
@property(nonatomic,strong)NSString *name;
// 关联 Dog 类
@property(nonatomic,strong)Dog *dog;
// 关联 Cat 类
@property(nonatomic,strong)Cat *cat;
// 关联 Bird 类
@property(nonatomic,strong)Bird *bird;
-(void)display;
@end
```

③ Person 类的 display 方法实现。

```
@implementation Person
// 显示信息
-(void)display{
    NSLog(@"%@养了:",self.name);
    NSLog(@"一条%@",self.dog.name);
    NSLog(@"一只%@",self.cat.name);
    NSLog(@"一只%@",self.bird.name);
}
```

④ 测试程序。

```
#import <Foundation/Foundation.h>
#import "Person.h"
#import "Dog.h"
#import "Cat.h"
#import "Bird.h"

int main(int argc, const char * argv[])
{
    @autoreleasepool {
```

```
        // 实例化 Person
        Person *per = [[Person alloc]init];
        per.name = @"张三";
        // 实例化 Dog
        Dog *dog = [[Dog alloc]init];
        // 为 dog 属性 name 赋值
        dog.name = @"招财狗";
        // 为 person 属性 dog 赋值
        per.dog = dog;
        // 实例化 Cat
        Cat *cat = [[Cat alloc]init];
        cat.name = @"幸福猫";
        per.cat = cat;

        Bird *bird = [[Bird alloc]init];
        bird.name = @"报喜鸟";
        per.bird = bird;

        [per display];

    }
    return 0;
}
```

结果如下：

```
013-04-18 10:17:08.315 chapter09-03[461:303] 张三养了：
2013-04-18 10:17:08.317 chapter09-03[461:303] 一条招财狗
2013-04-18 10:17:08.317 chapter09-03[461:303] 一只幸福猫
2013-04-18 10:17:08.317 chapter09-03[461:303] 一只报喜鸟
```

下面我们遵循 OCP 设计原则来改进上述代码，步骤如下。

① 抽象出一个协议 Pet，并添加 name 属性。

```
@protocol Pet <NSObject>
@property(nonatomic,strong)NSString *name;
@end
```

② 使得 Dog、Pet、Bird 都实现该协议。

```
#import "Pet.h"
// 实现 Pet 协议
@interface Cat : NSObject<Pet>
@property(nonatomic,strong)NSString *name;
@end
```

```
#import <Foundation/Foundation.h>
#import "Pet.h"
// 实现 Pet 协议
@interface Dog : NSObject<Pet>
@property(nonatomic,strong)NSString *name;
@end
```

```
#import <Foundation/Foundation.h>
#import "Pet.h"
// 实现 Pet 协议
@interface Bird : NSObject<Pet>
@property(nonatomic,strong)NSString *name;
@end
```

③ 使得 Person 依赖宠物集合数组。

```
@interface Person : NSObject
// 名字
@property(nonatomic,strong)NSString *name;
// 宠物集合数组
@property(nonatomic,strong)NSMutableArray *pets;
-(void)display;
@end
```

④ Person 的实现类，display 方法实现。

```
#import "Person.h"
@implementation Person
// 显示信息
-(void)display{
    NSLog(@"%@养了:",self.name);
    for(id<Pet> pet in self.pets){
        NSLog(@"%@",pet.name);
    }
}
@end
```

⑤ 程序测试。

```
#import <Foundation/Foundation.h>
#import "Pet.h"
#import "Person.h"
#import "Dog.h"
#import "Bird.h"
#import "Cat.h"
int main(int argc, const char * argv[])
{
    @autoreleasepool {
        id<Pet> dog = [[Dog alloc]init];
        dog.name = @"招财狗";
        id<Pet> cat = [[Cat alloc]init];
        cat.name = @"幸福猫";
        id<Pet> bird = [[Bird alloc]init];
        bird.name = @"报喜鸟";

        Person *per = [[Person alloc]init];
        per.name = @"Tom";
        NSMutableArray *pets = [NSMutableArray arrayWithCapacity:2];
        [pets addObject:dog];
```

```
        [pets addObject:cat];
        [pets addObject:bird];

        per.pets = pets;
        [per display];

    }
    return 0;
}
```

结果如下：

```
2013-04-18 10:41:55.168 chapter09-04[664:303] Tom 养了:
2013-04-18 10:41:55.170 chapter09-04[664:303] 招财狗
2013-04-18 10:41:55.170 chapter09-04[664:303] 幸福猫
2013-04-18 10:41:55.171 chapter09-04[664:303] 报喜鸟
```

下面来看看什么是多态，大家如果没有面向对象的基础理解多态是很困难的。我们举个现实生活中的例子来帮助理解多态。我们说“白马、黑马都是马。”这句话应该没有错误，其实程序中的多态就是这个意思，也就是任何子类都可以当父类使用。这种关系也叫做向上类型转换。多态特征如图 9.4 所示。

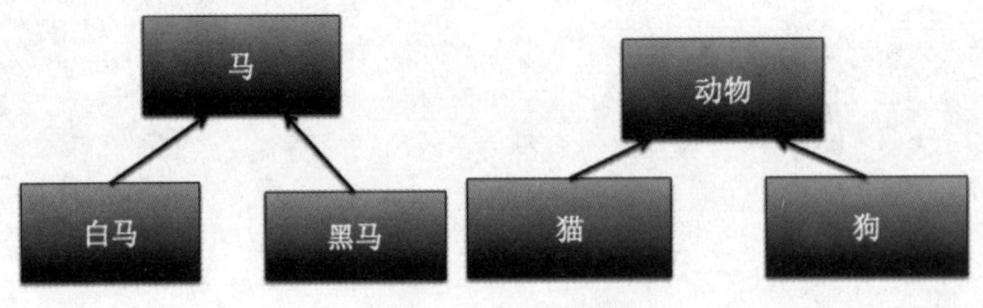

图 9.4　多态特性

有时候也把多态特性叫做针对抽象编程，也就是说，我们所依赖或继承的类是一个抽象的类或接口，而不是依赖具体的哪个类，在程序运行中编译器会动态决定调用哪个对象的实际方法。其实，在“OCP 设计原则”部分我们已经使用到了多态。下面我们以人使用交通工具为例来演示多态的用法。

人可以骑自行车，也可以驾驶汽车，还可以开游轮，那么可以将自行车、汽车和游轮抽象成交通工具。人依赖抽象的交通工具，这样人既可以骑自行车，也可以驾驶汽车，还可以开游轮。这样的设计符合 OCP 设计原则，程序具有多态性。实现步骤如下。

① 创建一个父类——交通工具类 Vehicle，并添加 run 方法。

```
@interface Vehicle : NSObject
-(void)run;
@end
```

② 分别创建自行车 Bicycle、游轮 Steamship 和汽车 Car 类，这些类都继承 Vehicle 类。

```
@interface Bicycle : Vehicle
```

```
@end

@interface Steamship : Vehicle
@end

@interface Car : Vehicle
@end
```

③ 定义一个 Person 类，定义一个 use 方法。

```
@interface Person : NSObject
-(void)use:(Vehicle*)v;
@end
```

④ Person 的实现类。

```
@implementation Person
-(void)use:(Vehicle*)v{
    [v run];
}
@end
```

⑤ 测试程序。

```
int main(int argc, const char * argv[])
{
    @autoreleasepool {
        // 实例化 Bicycle
        Bicycle *b = [[Bicycle alloc]init];
        // 实例化 Steamship
        Steamship *ss = [[Steamship alloc]init];
        // 实例化 Car
        Car *car = [[Car alloc]init];
        // 实例化 Person
        Person *per = [[Person alloc]init];
        // 使用自行车
        [per use:b];
        // 使用游轮
        [per use:ss];
        // 使用汽车
        [per use:car];
    }
    return 0;
}
```

运行结果如下：

```
2013-04-18 11:29:47.577 chapter09-05[839:303] Bicycle is running!
2013-04-18 11:29:47.579 chapter09-05[839:303] Steamship is running!
2013-04-18 11:29:47.579 chapter09-05[839:303] Car is running!
```

该案例中使用了向上类型转换、方法动态绑定和依赖抽象等思想。

第 10 章　C 语言特性在 Objective-C 中的应用

本章内容

- 预处理
- 数组
- 指针
- 结构体

10.1 预处理

预处理由很多预处理命令组成，这些命令在编译之前处理，故称为“预处理”。预处理功能包括三种：宏定义、文件包含和条件编译。

1．宏定义

宏定义又称宏替换，是将定义的标识符替换成后面的字符串。宏定义语法格式如下：

```
#define 标识符 字符串
```

例如，#define PI 3.14，在程序中会自动把出现 PI 的地方替换为 3.14。下面代码定义了一个 PI 宏，并且在计算面积时使用它。

```
// 宏定义
#define PI 3.14
float area(float r){
    // 宏替换
    float area = PI*r*r;
    return area;
}
```

宏定义是可以嵌套的，即一个宏引用另一个宏。例如：

```
// 宏定义的嵌套
#define W  10
#define H  (W+10)
#define AREA  (W*H)
```

除了基本的宏定义外，还有参数宏，参数宏很像函数，可以为其传递参数。参数宏的语法格式如下：

```
#define 宏名称 （参数表）表达式
```

例如，下面两个宏分别定义了求平方和求和。

```
// 求平方
#define SQUARE(x) (x)*(x)
// 求和
#define SUM(a,b) (a)+(b)
int s = SUM(1, 2);
NSLog(@"sum=%d",s);

int sq = SQUARE(5);
NSLog(@"sq=%d",sq);
```

2．文件包含

文件包含指可以在一个文件中包含另外一个定义好的文件，这样可以将两个文件的内容合并在一起。语法格式如下

```
#include(文件名称)
```

下面定义了一个头文件，并在另外一个文件中包含它。

```
//
//  Test.h
//  chapter10-0
//
//  Created by amaker on 5/14/13.
//  Copyright (c) 2013 amaker. All rights reserved.
//

#define TEST1 123
#define SUM1(a,b) (a)+(b)
```

```
// 文件包含
#include "Test.h"
```

这样在包含文件中就可以使用 TEST1 宏和 SUM1 宏了。

3．条件编译

条件编译是对编译的源码进行控制。可以像使用条件语句语法一样使用条件编译语

法，根据不同的条件来控制参加编译的内容，因此，称为“条件编译”。

语法格式如下：

```
#ifdef  标识符
程序段 1
#else
程序段 2
#endif
```

下面的例子演示了如果是 iPad，那么定义屏幕宽度为 768，否则定义屏幕宽度为 320。

```
// 条件编译
#define iPad TRUE

#ifdef iPad
#define SIZE  768
#else
#define SIZE  320
#endif
```

10.2 数组

所谓数组，就是内存中一块连续的存储单元，数据存储在这些单元中。和变量一样，使用数组前需要声明数组，声明数组需要指定数组中保存的数据类型，数组的大小一旦确定就不可修改。

1. 数组声明

数组声明的语法格式如下：

```
数据类型 数组名称[大小]
```

例如，int array[5], char array2[3]等。还可以在声明时直接赋值，例如，int array3[] = {1,2,3}。

2. 数组初始化

数组中每个变量称为数组的元素，可以通过下标的方式来访问数组中的元素。通过这种方式可以给数组赋值，并且可以访问数组中的元素值。

```
void initArray(){
    // 定义数组并初始化，大小为 5
    int array[5];
    array[0]=1;
    array[1]=2;
    array[2]=3;
    array[3]=4;
    array[4]=5;
    // 访问数组中的元素
    NSLog(@"array[0]=%d",array[0]);
```

```
    NSLog(@"array[1]=%d",array[1]);
    // 定义数组并初始化，大小为 4
    int array2[] = {100,200,300,400};
    NSLog(@"array2[0]=%d",array2[0]);
}
```

3. 遍历数组

我们经常可以循环地访问数组中的元素，这就是遍历数组，可以通过 for 循环的方式来遍历数组中的元素。例如，下面代码定义了一个数组，通过循环的方式为数组赋值，并通过循环的方式访问数组中的元素。

```
void loopArray(){
    // 定义数组大小
    int size = 5;
    // 根据大小定义数组
    int array[size];
    // 循环初始化数组
    for (int i=0; i<size; i++) {
        array[i]=i+1;
    }
    // 遍历数组
    for (int i=0; i<size; i++) {
        NSLog(@"array[%d]=%d",i,array[i]);
    }
}
```

10.3 指针

指针是 C 语言中非常重要的概念，理解了指针对理解程序和内存有很大的帮助。另外，指针也很复杂，详细地讲述超出了本书的范围，故此处不再细讲。

简单地理解，指针就是保存变量地址的变量，通过这个地址我们可以找到该变量。就像家庭住址，我们把它告诉好友，好友就可以通过它找到家了。

定义一个指针变量要在前面加*，取一个变量的地址要使用&符号。下面代码就定义了一个 int 类型变量，并取变量的地址赋值给指针变量 p。*p 代表指针指向的变量值，赋值给变量 j。

```
#import <Foundation/Foundation.h>
void testPoint(){
    // 定义一个 int 类型变量
    int i = 100;
    // 取 i 的地址赋值给指针变量 p
    int *p = &i;
    // *p 代表指针指向的变量值，赋值给变量 j
    int j = *p;
    NSLog(@"i=%d",*p);
    NSLog(@"j=%d",j);
}
```

```
int main(int argc, const char * argv[])
{
    @autoreleasepool {
        testPoint();
    }
    return 0;
}
```

程序输出结果如图 10.1 所示。

```
No Selection
tput ÷
-05-14 17:14:32.557 chapter10-03[2395:303] i=100
-05-14 17:14:32.559 chapter10-03[2395:303] j=100
```

图 10.1　程序输出结果

10.4 结构体

我们可以将描述某个事物的一组变量定义为结构体。和数组类似，结构体也是集合变量，不同的是，结构体可以定义不同类型的变量。例如，我们可以定义一个人结构体 Person，该结构体变量中可以定义 int 类型的年龄、字符串类型的姓名和布尔类型的婚否等。

结构体的语法结构如下：

```
struct 结构体名称{
    变量列表;
};
```

下面代码定义了一个点结构体 Point 和一个矩形结构体 Rect，矩形结构体 Rect 嵌套点结构体 Point，并声明点结构体 Point 和矩形结构体 Rect，为其赋值，并输出结果。

```
#import <Foundation/Foundation.h>

// 定义一个点结构体，有两个坐标 x,y
struct MyPoint{
    int x;
    int y;
};

// 定义一个矩形结构体，嵌套
struct MyRect{
    // 左顶点坐标
    struct MyPoint point;
    // 宽
    int w;
    // 高
    int h;
};
// 声明一个点
```

```
struct MyPoint point;
// 声明一个矩形
struct MyRect rect;
// 测试，给结构体赋值
void testStruct(){
    point.x = 1;
    point.y = 2;
    rect.point = point;
    rect.w = 200;
    rect.h = 150;
    NSLog(@"x=%d,y=%d,w=%d,h=%d",point.x,point.y,rect.w,rect.h);
}

int main(int argc, const char * argv[])
{
    @autoreleasepool {
        testStruct();
    }
    return 0;
}
```

第 11 章 Objective-C 内存管理

本章内容

- 对象的引用计数
- Autorelease Pool
- 属性的内存管理
- 内存的自动引用计数（ARC）
- 内存管理的其他注意事项

11.1 对象的引用计数

在 Objective-C 中所有的引用类型都被声明为指针类型，指针类型在内存中占用若干地址空间，如果对象内存使用不当，则会造成内存溢出，甚至程序崩溃的严重后果。

在其他语言中有内存自动回收的，例如 Java 语言，有需要自动释放的，例如 C++语言。在 Objective-C 2.0 之前，内存是需要手动管理的，在 2.0 版本之后提供了内存自动管理机制 ARC。

在新版本的 Objective-C 中我们很少关心内存管理了，但是了解之前的内存管理机制对于程序开发是非常必要的。

在 Objective-C 中如何判断一个对象何时分配内存，又何时释放内存呢？Objective-C 提供了对象的引用计数法则。对于每个对象都有一个 retainCount 属性，当属性值为 0 时，系统会自动释放内存；当 retainCount 值大于 0 时，对象将不会被释放。

下面代码演示了对象的引用计数属性的变化情况。

```
#import <Foundation/Foundation.h>
#import "Person.h"
int main(int argc, const char * argv[])
{
    @autoreleasepool {
```

```
        // 实例化 Person
        Person *p1 = [[Person alloc]init];
        // 获得 p1 的引用计数
        NSUInteger retainCount = [p1 retainCount];
        // 输出 p1 的引用计数
        NSLog(@"实例化后引用计数为：%ld",retainCount);
        // p1 保留引用计数
        [p1 retain];
        // 获得 p1 的引用计数
        retainCount = [p1 retainCount];
        // 输出 p1 的引用计数
        NSLog(@"调用 retain 后引用计数为：%ld",retainCount);
        // 是否 p1
        [p1 release];
        // 获得 p1 的引用计数
        retainCount = [p1 retainCount];
        // 输出 p1 的引用计数
        NSLog(@"调用 release 后引用计数为：%ld",retainCount);
    }
    return 0;
}
```

Person 对象的释放方法：

```
@implementation Person
// 对象被释放
-(void)dealloc{
    [super dealloc];
    NSLog(@"dealloc...");
}
@end
```

程序的输出结果如下：

```
2013-04-23 16:55:06.134 chapter11-01[3028:303] 实例化后引用计数为：1
2013-04-23 16:55:06.136 chapter11-01[3028:303] 调用 retain 后引用计数为：2
2013-04-23 16:55:06.136 chapter11-01[3028:303] 调用 release 后引用计数为：1
2013-04-23 16:55:06.137 chapter11-01[3028:303] dealloc...
```

从上述代码我们可以看到，当调用 alloc 创建一个对象时，对象的引用计数为 1；当调用对象的 retain 方法时，对象的引用计数加 1；当调用对象的 release 方法时，对象的引用计数减 1；当对象的引用计数为 0 时，对象自动被释放。

11.2 Autorelease Pool

Autorelease Pool（自动释放池）是专门用来释放标识为 autorelease 的对象的。如果一个方法需要返回一个对象，那么在该方法中生成的对象不能立刻释放，需要标识为自动释放。例如，一个人养了一个宠物，在 Person 类中有一个返回宠物 Dog 的方法。代码如下：

```
#import "Person.h"
@implementation Person
-(Dog*)getDog{
    Dog *dog = [[[Dog alloc]init]autorelease];
    return dog;
}
@end
```

```
#import <Foundation/Foundation.h>
#import "Person.h"
#import "Dog.h"

int main(int argc, const char * argv[])
{
    @autoreleasepool {
        Person *per = [[Person alloc]init];
        Dog *dog = [per getDog];
        dog = nil;
    }
    return 0;
}
```

在上述代码中我们使用了@autoreleasepool {}块指令，也可以使用 NSAutoreleasePool 类来实现。

```
NSAutoreleasePool * pool = [[NSAutoreleasePool alloc] init];
Person *per = [[Person alloc]init];
Dog *dog = [per getDog];
dog = nil;
[pool release];
```

11.3 属性的内存管理

在程序中需要 get 和 set 方法时，我们经常来声明属性，使用属性会自动生成 get 和 set 方法。那么，在 set 赋值方法中引用变量的内存管理是怎样的呢？看下面的一段代码。

```
@interface Person : NSObject
// 直接赋值
@property(nonatomic,assign)NSString *pid;
// name 引用计数加 1
@property(nonatomic,retain)NSString *name;
// 拷贝，如果属性是可变属性，例如 NSMutableArray 或者 NSMutableString 等
@property(nonatomic,copy)NSString *email;
// strong 和 weak 用在 ARC 的情况下，strong = retain
// 强引用
@property(nonatomic,strong)NSString *firstName;
// 弱引用，避免循环引用
@property(nonatomic,weak)NSString *lastName;
@end
```

上述代码中我们使用了 assign、retain、copy、strong 和 weak 等关键字，下面分别解释一下。

（1）assign

直接赋值，set 方法的默认实现如下：

```
-(void)setPid:(NSString *)pid{
    self.pid = pid;
}
```

引用类型的 assign 很少用到，一般基本类型使用 assign，例如，int、long 等。

（2）retain

retain 会使实例变量的引用计数加 1，默认实现如下：

```
-(void)setName:(NSString *)name{
    if (name!=self.name) {
        [self.name release];
        self.name = [name retain];
    }
}
```

引用类型中常用 retain。

（3）copy

copy 一般用在可变的引用类型中，例如，NSMutableArray、NSMutableString 等。拷贝的默认实现如下：

```
-(void)setEmail:(NSString *)email{
    if (self.email!=email) {
        [self.email release];
        self.email = [email copy];
    }
}
```

（4）strong

在使用自动引用计数时，strong 代替 retain。

（5）weak

在使用自动引用计数时，为了防止循环引用可以使用 weak，例如，客户引用订单，订单又引用客户。

11.4 内存的自动引用计数（ARC）

ARC（Automatic Reference Counting）是 iOS 5 推出的新功能。简单地说，就是代码中自动加入了 retain/release，原先需要手动添加的用来处理内存管理的引用计数的代码可以自动地由编译器完成了。

该机制从 iOS 5/ Mac OS X 10.7 开始导入，利用 Xcode 4.2 可以使用该机制。简单地理解，ARC 就是通过指定的语法，让编译器（LLVM 3.0）在编译代码时，自动生成实例的引用计数管理部分代码。

下面是使用自动引用计数（ARC）的规则。

（1）代码中不能使用 retain, release, retain, autorelease。

（2）不重载 dealloc 函数（如果是释放对象内存以外的处理，则可以重载该函数，但是不能调用[super dealloc]）。

（3）不能使用 NSAllocateObject, NSDeallocateObject。

（4）不能在 C 结构体中使用对象指针。

（5）id 与 void*之间如果需要转换，则要用特定的方法（__bridge 关键字）。

（6）不能使用 NSAutoReleasePool，而需要使用@autoreleasepool 块。

（7）不能使用“new”开始的属性名称 （如果使用则会有这样的编译错误：Property's synthesized getter follows Cocoa naming convention for returning 'owned' objects）。

在使用 Xcode 创建项目时，可以选择是否使用 ARC 特性，如图 11.1 所示。

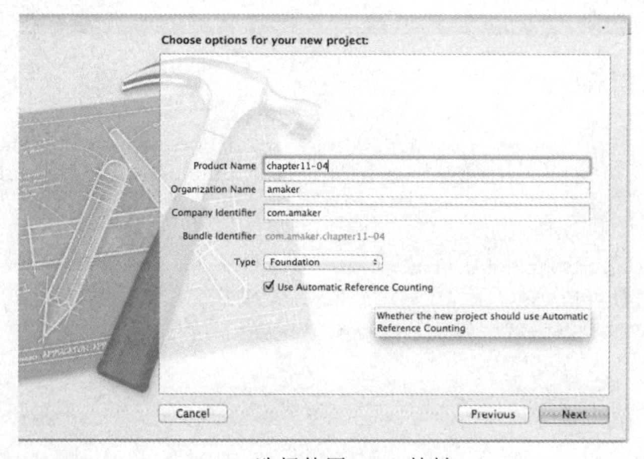

11.1 选择使用 ARC 特性

在使用 ARC 的项目中，如果某些类不支持 ARC 特性，则需要进行如图 11.2 所示的设置。

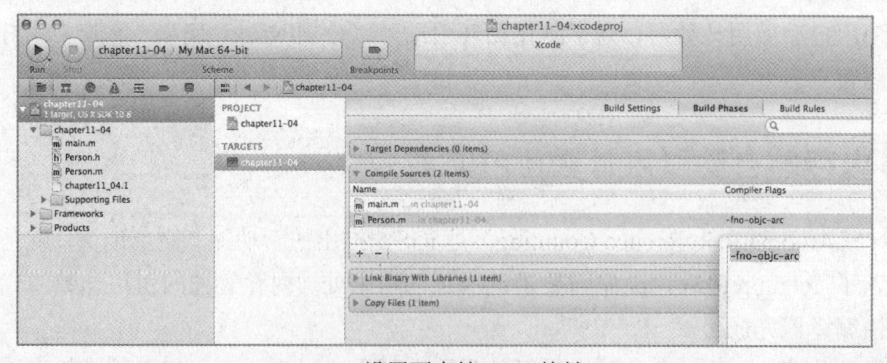

11.2 设置不支持 ARC 特性

也可以将一个不支持 ARC 特性的项目转换为支持 ARC，在 Xcode 中进行如图 11.3 所示的设置。

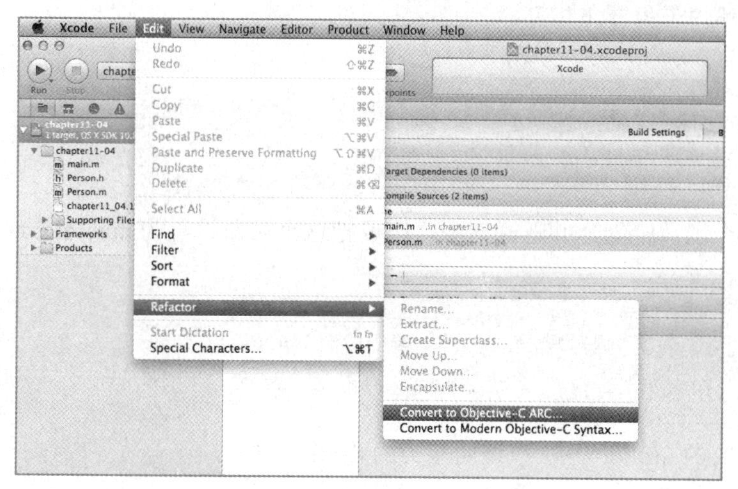

11.3　设置支持 ARC 特性

11.5 内存管理的其他注意事项

1．口诀

（1）谁创建，谁释放。如果你通过 alloc、new 或 copy 创建了一个对象，那么你必须调用 release 或 autorelease 来解放。换句话说，不是你创建的，就不用你去释放。

例如，在一个函数中 alloc 一个对象，且这个对象只在这个函数中被使用，那么必须在这个函数中调用 release 或 autorelease。如果在一个 class 的某个方法中 alloc 一个成员对象，且没有调用 autorelease，那么需要在这个类的 dealloc 方法中调用 release；如果调用了 autorelease，那么在 dealloc 方法中什么都不需要做。

（2）除了 alloc、new 或 copy 之外的方法创建的对象都被声明了 autorelease。

（3）谁 retain，谁 release。只要你调用了 retain，无论这个对象是如何生成的，你都要调用 release。

2．范式

（1）创建一个对象。

```
ClassA *obj1 = [[ClassA alloc] init];
```

（2）创建一个 autorelease 的对象。

```
ClassA *obj1 = [[[ClassA alloc] init] autorelease];
```

（3）release 一个对象后，立即把指针清空。（顺便说一句，release 一个空指针是合法的，但不会发生任何事情。）

```
[obj1 release];
obj1 = nil;
```

（4）指针赋值给另一个指针。

```
ClassA *obj2 = obj1;
[obj2 retain];
//do something
[obj2 release];
obj2 = nil;
```

（5）在一个函数中创建并返回对象，需要把这个对象设置为 autorelease。

```
ClassA *Func1()
{
  ClassA *obj = [[[ClassA alloc]init]autorelease];
  return obj;
}
```

（6）在子类的 dealloc 方法中调用基类的 dealloc 方法。

```
-(void) dealloc
{
    …
    [super dealloc];
}
```

（7）在一个 class 中创建和使用 property。

- 声明一个成员变量。

```
ClassB *objB;
```

- 声明 property，加上 retain 参数。

```
@property (retain) ClassB* objB;
```

- 实现 property。

```
@synthesize objB;
```

- 除了 dealloc 方法以外，始终用.操作符的方式来调用 property。

```
self.objB
```

或者

```
objA.objB
```

- 在 dealloc 方法中 release 这个成员变量。

```
[objB release];
```

第12章 NSNumber和NSString

本章内容

- NSNumber
- NSString（字符串）
- NSMutableString（可变字符串）

12.1 NSNumber

Objective-C 中有很多基本数据类型，例如 int、float、double 等。有时候我们需要将这些基本类型转换为类类型，这里就用到了 NSNumber。NSNumber 可以实现基本类型和类类型之间的相互转换。

要将基本类型转换为 NSNumber 类型，使用的方法是 NSNumber 中的类方法 numberWithxxx，xxx 表示数据类型；相反，将 NSNumber 类型转换为基本类型，一般使用方法 xxxValue，xxx 表示数据类型。如表 12.1 和表 12.2 所示是常用的转换方法列表。

表 12.1 将基本类型转换为NSNumber类型方法列表

方法名称	方法描述
numberWithChar	根据给定的字符，创建一个 NSNumber 对象
numberWithUnsignedChar	根据给定的无符号字符，创建一个 NSNumber 对象
numberWithShort	根据给定的短整型，创建一个 NSNumber 对象
numberWithUnsignedShort	根据给定的无符号短整型，创建一个 NSNumber 对象
numberWithInteger	根据给定的长整型，创建一个 NSNumber 对象
numberWithUnsignedInteger	根据给定的无符号长整型，创建一个 NSNumber 对象
numberWithInt	根据给定的整型，创建一个 NSNumber 对象
numberWithUnsignedInt	根据给定的无符号整型，创建一个 NSNumber 对象
numberWithLong	根据给定的长整型，创建一个 NSNumber 对象

续表

方 法 名 称	方 法 描 述
numberWithUnsignedLong	根据给定的无符号长整型，创建一个 NSNumber 对象
numberWithFloat	根据给定的单精度浮点，创建一个 NSNumber 对象
numberWithDouble	根据给定的双精度浮点，创建一个 NSNumber 对象
numberWithBool	根据给定的布尔类型，创建一个 NSNumber 对象

表 12.2 将NSNumber类型转换为基本类型方法列表

方 法 名 称	方 法 描 述
charValue	获得 NSNumber 对象的字符基本类型
unsignedCharValue	获得 NSNumber 对象的无符号字符基本类型
shortValue	获得 NSNumber 对象的短整型基本类型
unsignedShortValue	获得 NSNumber 对象的无符号短整型基本类型
integerValue	获得 NSNumber 对象的长整型基本类型
unsignedIntegerValue	获得 NSNumber 对象的无符号长整型基本类型
intValue	获得 NSNumber 对象的整型基本类型
unsignedIntValue	获得 NSNumber 对象的无符号整型基本类型
longValue	获得 NSNumber 对象的长整型基本类型
unsignedLongValue	获得 NSNumber 对象的无符号长整型基本类型
floatValue	获得 NSNumber 对象的单精度浮点基本类型
doubleValue	获得 NSNumber 对象的双精度浮点基本类型
boolValue	获得 NSNumber 对象的布尔基本类型

下面通过一个案例来演示 NSNumber 类型和基本类型之间的相互转换。

① 定义一个类和三个方法，分别实现 NSNumber 和基本类型之间的相互转换、将 NSNumber 对象转换为字符串和 NSNumber 的比较。

```
@interface NSNumberTest : NSObject
// NSNumber 和基本类型之间的相互转换
-(void)convert1;
// 将 NSNumber 对象转换为字符串
-(void)convert2;
// 比较
-(void)compare;
@end
```

② 实现 NSNumber 和基本类型之间的相互转换。

```
// NSNumber 和基本类型之间的相互转换
-(void)convert1{
    // 1. 使用静态方法创建 NSNumber 对象，该过程是将基本类型转换为 NSNumber 类型
    // 布尔类型 BOOL
    BOOL b = YES;
    NSNumber *myBoolNumber = [NSNumber numberWithBool:b];
```

```
// 字符类型 char
char c = 'A';
NSNumber *myCharNumber = [NSNumber numberWithChar:c];
// 双精度浮点类型
double d = 3.1415;
NSNumber *myDoubleNumber = [NSNumber numberWithDouble:d];
// 单精度浮点类型
float f = 3.14;
NSNumber *myFloatNumber = [NSNumber numberWithFloat:f];
// 整型
int i = 100;
NSNumber *myIntNumber = [NSNumber numberWithInt:i];
// NSInteger
NSInteger integer = 100;
NSNumber *myIntegerNumber = [NSNumber numberWithInteger:integer];
// 长整型
long int l = 123456;
NSNumber *myLongNumber = [NSNumber numberWithLong:l];
// long long 类型
long long int lli = 12345678;
NSNumber *myLongLongNumber = [NSNumber numberWithLongLong:lli];
// 短整型
short int si = 1;
NSNumber *myShortNumber = [NSNumber numberWithShort:si];
// 无符号 char
unsigned char uc = 'x';
NSNumber *myUnsignedChar = [NSNumber numberWithUnsignedChar:uc];
// 无符号整型
unsigned int ui = 135;
NSNumber *myUnsignedInt = [NSNumber numberWithUnsignedInt:ui];
// NSUInteger
NSUInteger ui2 = 123;
NSNumber *myNSUInteger = [NSNumber numberWithUnsignedInteger:ui2];
// unsigned long int
unsigned long int uli = 123;
NSNumber *myUnsignedLongInt = [NSNumber numberWithUnsignedLong:uli];
// unsigned long long int
unsigned long long int ulli = 123;
NSNumber *myUnsignedLongLongInt = [NSNumber numberWithUnsignedLongLong:ulli];
// unsigned short
unsigned short int usi = 1;
NSNumber *myUnsignedShortInt = [NSNumber numberWithUnsignedShort:usi];


// 2. 将 NSNumber 类型转换为基本类型
// BOOL
b = [myBoolNumber boolValue];
NSLog(@"b=%d",b);
// char
c = [myCharNumber charValue];
```

```
    NSLog(@"c=%c",c);
    // double
    d = [myDoubleNumber doubleValue];
    NSLog(@"d=%f",d);
    // float
    f = [myFloatNumber floatValue];
    NSLog(@"d=%f",f);
    // int
    i = [myIntNumber intValue];
    NSLog(@"i=%d",i);
    // NSInteger
    integer = [myIntegerNumber integerValue];
    NSLog(@"integer=%ld",integer);
    // long
    l = [myLongNumber longValue];
    NSLog(@"l=%ld",l);
    // long long
    lli = [myLongLongNumber longLongValue];
    NSLog(@"lli=%lli",lli);
    // short int
    si = [myShortNumber shortValue];
    NSLog(@"si=%d",si);
    // unsigned char
    uc = [myUnsignedChar unsignedCharValue];
    NSLog(@"uc=%c",uc);
    // unsigned int
    ui = [myUnsignedInt unsignedIntValue];
    NSLog(@"ui=%ud",ui);
    // NSUInteger
    ui2 = [myNSUInteger unsignedIntegerValue];
    NSLog(@"ui2=%lu",(unsigned long)ui2);
    // unsigned long int
    uli = [myUnsignedLongInt unsignedLongValue];
    NSLog(@"uli=%lu",uli);
    // unsigned long long int
    ulli = [myUnsignedLongLongInt unsignedLongLongValue];
    NSLog(@"ulli=%llu",ulli);
    // unsigned short
    usi = [myUnsignedShortInt unsignedShortValue];
    NSLog(@"usi=%u",usi);
}
```

③ 实现将 NSNumber 对象转换为字符串方法。

```
// 将 NSNumber 对象转换为字符串
-(void)convert2{
    // 将 NSNumber 对象转换为字符串
    NSNumber *n = [NSNumber numberWithDouble:3.14];
    NSString *s = [n stringValue];
    NSLog(@"s=%@",s);
```

```
    // 将字符串转换为 int 类型
    NSString *snumber = @"100";
    int num = [snumber intValue];
    NSLog(@"num=%d",num);
}
```

④ 实现 NSNumber 的比较方法，比较结果是 NSComparisonResult 枚举类型，它有三个常量：NSOrderedAscending（升序）、NSOrderedSame（相等）、NSOrderedDescending（降序）。

```
// 比较两个 NSNumber 的大小
-(void)compare{
    NSNumber *num1 = [NSNumber numberWithInt:200];
    NSNumber *num2 = [NSNumber numberWithInt:200];
    // 比较
    NSComparisonResult result = [num1 compare:num2];
    // 判断大小
    if (result==NSOrderedAscending) {
        NSLog(@"num1<num2");
    }else if(result==NSOrderedDescending){
         NSLog(@"num1>num2");
    }else{
        NSLog(@"num1==num2");
    }
}
```

12.2 NSString（字符串）

字符串是一个字符序列，用来表示一些文本内容。Objective-C 中的字符串包括不可变字符串（NSString）和可变字符串（NSMutableString）。下面我们先来看 NSString 的常用方法。

（1）NSString 初始化。

初始化一个 NSString 类可以直接进行赋值，例如 NSString *str = @"Hello World！"，可以使用已有的一个字符串初始化，例如- (id)initWithString:(NSString *)aString，还可以使用格式化初始化方法，例如 NSString *msg = [[NSString alloc]initWithFormat:@"%@,%d",name,age];，也可以使用 C 语言字符串来初始化一个字符串，例如[NSString stringWithUTF8String:"c string!"];。下面代码演示了 NSString 的初始化过程。

```
// 使用现有的字符串初始化
str = [[NSString alloc]initWithString:str];
NSLog(@"str=%@",str);
str = [NSString stringWithString:str];
NSLog(@"str=%@",str);
// 使用 C 语言字符串初始化
str = [NSString stringWithUTF8String:"c string!"];
NSLog(@"str=%@",str);
```

```
// 格式化字符串
NSString *name = @"tom";
int age = 30;
NSString *msg = [[NSString alloc]initWithFormat:@"%@,%d",name,age];
NSLog(@"%@",msg);
msg = [NSString stringWithFormat:@"%@,%d",name,age];
NSLog(@"%@",msg);
```

（2）求字符串长度，获得某索引位置的字符。求字符串长度可以使用 length 方法，获得某索引位置的字符使用 characterAtIndex 方法。

```
// 1. 求字符串长度
NSString *str = @"Hello World!";
NSUInteger len = [str length];
NSLog(@"len=%lu",len);
// 2. 获得某索引位置的字符
char c = [str characterAtIndex:0];
```

（3）NSData 和字符串之间的转换。有时候需要在 NSData 和字符串之间进行相互转换，例如，在网络编程中，可以使用- (NSData *)dataUsingEncoding:(NSStringEncoding)encoding;和- (id)initWithData:(NSData *)data encoding:(NSStringEncoding)encoding;方法。

```
NSData *data = [str dataUsingEncoding:NSUTF8StringEncoding];
str = [[NSString alloc]initWithData:data encoding:NSUTF8StringEncoding];
NSLog(@"%@",str);
```

（4）读写文件。可以使用- (BOOL)writeToFile:(NSString *)path atomically:(BOOL)useAuxiliaryFile encodin g:(NSStringEncoding)enc error:(NSError **)error;方法进行文件读写。

```
// 读写文件
NSString *filePath = @"/tmp/test.txt";
NSString *content = @"file content";
[content writeToFile:filePath atomically:YES encoding:NSUTF8StringEncoding error:
nil];
content = [NSString stringWithContentsOfFile:filePath encoding:NSUTF8StringEncoding
error:nil];
NSLog(@"str=%@",content);
```

（5）取子字符串。可以从某个索引开始取到末尾，也可以从开始取到某个位置，还可以取某个范围。

```
str = @"Hello World!";
// 从某个索引开始
NSString *subString = [str substringFromIndex:2];
NSLog(@"subString=%@",subString);
// 到某个索引
subString = [str substringToIndex:5];
NSLog(@"subString=%@",subString);
// 取某个范围
NSRange range = NSMakeRange(2, 3);
```

```
subString = [str substringWithRange:range];
NSLog(@"subString=%@",subString);
```

（6）字符串和数字类型的转换。有时候需要将包含数字的字符串转换为数字类型，可以使用 xxxValue 方法，xxx 表示数据类型，例如 intValue。

```
str = @"123";
int i = [str intValue];
NSLog(@"i=%d",i);
str = @"3.14";
float f = [str floatValue];
NSLog(@"f=%f",f);
```

（7）大小写转换。可以调用 uppercaseString、capitalizedString 和 lowercaseString 方法进行字母的大小写转换。

```
str = @"hello world!";
// 大写
str = [str uppercaseString];
NSLog(@"str = %@",str);
// 首字母大写
str = [str capitalizedString];
NSLog(@"str = %@",str);
// 小写
str = [str lowercaseString];
NSLog(@"str = %@",str);
```

（8）字符串字典顺序比较。可以调用 compare 方法进行字符串字典顺序比较。

```
NSString *str1 = @"abcd";
NSString *str2 = @"abce";
NSComparisonResult result = [str1 compare:str2];
if (result==NSOrderedAscending) {
   NSLog(@"str1<str2");
}else if(result==NSOrderedDescending){
   NSLog(@"str1>str2");
}else{
    NSLog(@"str1==str2");
}
```

12.3 NSMutableString（可变字符串）

NSString 对象内容一旦创建，则不可修改，但是可以使用 NSMutableString 来维护一个可变字符串，可以实现字符串的添加、删除、替换等操作。下面代码演示了如何进行可变字符串的初始化、添加、删除、替换等操作。

```
// 初始化方法
NSMutableString *str = [NSMutableString stringWithCapacity:20];
// 添加字符串
[str appendString:@"Hello world!"];
```

```
    NSLog(@"str=%@",str);
    // 删除字符串
    NSRange range = NSMakeRange(0, 5);
    [str deleteCharactersInRange:range];
    NSLog(@"str=%@",str);
    // 插入字符串
    str = [NSMutableString stringWithCapacity:20];
    [str appendString:@"Hello World!"];
    [str insertString:@" Temp " atIndex:5];
    NSLog(@"str=%@",str);
    // 替换字符串
    [str replaceCharactersInRange:NSMakeRange(5, 7) withString:@" new "];
    NSLog(@"str=%@",str);
    // 重置字符串
    [str setString:@"set new string"];
    NSLog(@"str=%@",str);
```

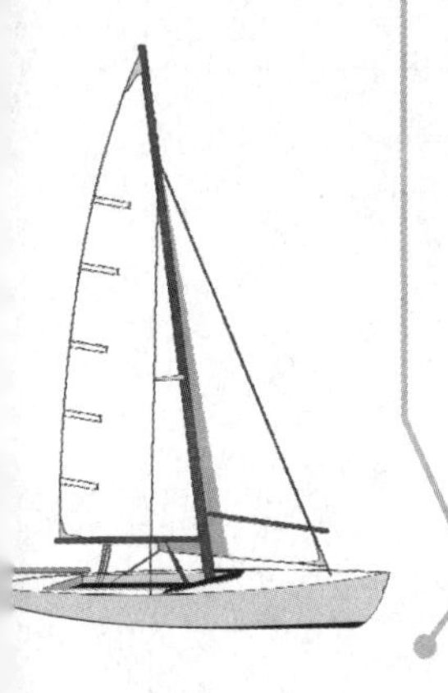

第 13 章 Foundation 中的集合框架

本章内容

- 数组 NSArray 和 NSMutableArray
- 集合 NSSet 和 NSMutableSet
- 字典 NSDictionary 和 NSMutableDictionary

13.1 数组 NSArray 和 NSMutableArray

NSArray 是一个不可变数组，可以用来容纳多个有序对象的集合；NSMutableArray 继承 NSArray，可以创建一个可变数组用来容纳多个有序对象。常用的数组操作包括创建、查找、比较和排序等。

（1）创建（初始化）数组。常用的初始化方法包括：+ (id)arrayWithObjects:(id)firstObj, ...，传递一个对象列表参数，也可以通过一个已经存在的数组进行初始化，例如+ (id)arrayWithArray:(NSArray *)anArray，还可以通过直接赋值的方法初始化，例如 NSArray *array = @["A","B","C"];。

```
// 直接赋值初始化
NSArray *array = @[@"A",@"B",@"C"];
// 使用已经存在的数组进行初始化
NSArray *array2 = [NSArray arrayWithArray:array];
// 使用对象集合进行初始化
NSArray *array3 = [NSArray arrayWithObjects:@"A",@"B",@"C", nil];
```

（2）查找数组中的对象。可以通过索引直接查找，也可以获得数组的大小，循环遍历查找。

```
// 获得某个索引位置的元素
```

```
NSString *obj = [array objectAtIndex:0];
NSLog(@"obj=%@",obj);
// 判断是否包含某个元素
BOOL result = [array containsObject:@"B"];
if (result) {
   NSLog(@"contains");
}else{
   NSLog(@"not contains");
}
// 获得数组大小
NSUInteger count = [array count];
NSLog(@"count=%lu",count);
// 遍历数组
for (int i=0; i<count; i++) {
   NSString *obj = [array objectAtIndex:i];
   NSLog(@"obj=%@",obj);
}
// 遍历数组
for(NSString *str in array){
   NSLog(@"str=%@",str);
}
```

（3）对数组中的元素进行排序。可以调用 NSArray 的- (NSArray *)sortedArrayUsingComparator:(NSComparator)cmptr 方法对数组进行排序，参数为一个块（block），用来指定比较规则。

```
// 排序
array = [array sortedArrayUsingComparator:^NSComparisonResult(id obj1, id obj2) {
   return obj1<obj2;
}];
NSLog(@"%@",array);
```

NSMutableArray 继承 NSArray，可以创建一个可变数组，可以实现数组的添加、删除和替换等操作。下面代码实现了可变数组的初始化、添加、删除和替换的功能。

```
// 初始化
NSMutableArray *mArray = [NSMutableArray arrayWithCapacity:20];
// 添加
[mArray addObject:@"A"];
[mArray addObject:@"B"];
[mArray addObject:@"C"];
for(NSString *str in mArray){
   NSLog(@"str=%@",str);
}
// 删除
[mArray removeObjectAtIndex:1];
// 删除所有
//[mArray removeAllObjects];
// 删除最后一个
//[mArray removeLastObject];
// 替换
```

```
[mArray setObject:@"new object" atIndexedSubscript:1];
[mArray replaceObjectAtIndex:1 withObject:@"new object2"];
NSLog(@"%@",mArray);
```

13.2 集合 NSSet 和 NSMutableSet

NSSet 是一个无序的不可变对象集合，NSMutableSet 继承 NSSet，是一个可变无序集合。和 NSArray 相比，NSSet 集合中的元素是无序的并且唯一，而 NSArray 中的元素是有序的且可以重复。使用 NSSet 常用的操作包括初始化对象、集合遍历、判断当前集合是否是某个集合的子集、判断当前集合是否是某个集合的交集等。

（1）NSSet 初始化。可以使用一个 NSArray 初始化，也可以使用一个已经存在的 NSSet 初始化，还可以使用一个组对象初始化。

```
// 使用数组初始化
NSArray *array = @[@"A",@"B",@"C"];
NSSet *set = [NSSet setWithArray:array];
NSLog(@"set=%@",set);
// 使用已经存在的 NSSet 初始化
NSSet *set1 = [[NSSet alloc]initWithSet:set];
// 使用一组对象初始化
NSSet *set2 = [NSSet setWithObjects:@"item1",@"item2",@"item3",nil];
```

（2）可以使用 count 方法计数集合中元素的个数，使用增强型 for 循环遍历集合。

```
// 个数
NSUInteger count = [set count];
NSLog(@"count=%lu",count);
// 遍历
for(NSString *item in set){
    NSLog(@"item=%@",item);
}
```

（3）可以使用 anyObject 方法获得集合中任意一个元素，使用 containsObject 方法判断当前集合是否包含某个元素。

```
// 获得任意一个对象
NSString *anyObj = [set anyObject];
NSLog(@"anyObj=%@",anyObj);

// 判断是否包含某个对象
BOOL result = [set containsObject:@"A"];
if (result) {
    NSLog(@"contains");
}else{
    NSLog(@"not contains");
}
```

（4）可以使用 isSubsetOfSet 方法判断两个集合的子集关系，使用 intersectsSet 方法判断两个集合的交集关系。

```
// 判断是否是某个集合的子集
NSSet *set11 = [NSSet setWithObjects:@"A",@"B",@"C",@"C", nil];
NSSet *set12 = [NSSet setWithObjects:@"B",@"C", nil];
result = [set12 isSubsetOfSet:set11];
if (result) {
    NSLog(@"set2 is subset of set1");
}else{
    NSLog(@"set2 is not subset of set1");
}
// 判断是否是交集
result = [set12 intersectsSet:set11];
if (result) {
    NSLog(@"set12 is intersects of set11");
}else{
    NSLog(@"set12 is not intersects of set11");
}
```

NSMuableSet 继承 NSSet，该集合是可变的，可以实现元素的添加、删除、替换等操作。下面就针对这些操作加以演示。

（1）NSMutableSet 初始化。通常使用+ (id)setWithCapacity:(NSUInteger)numItems 方法初始化集合，根据 numItems 参数分配内存大小。

```
NSMutableSet *mSet = [NSMutableSet setWithCapacity:5];
```

（2）可以向集合中添加元素，也可以删除某个元素，或者删除所有元素。

```
// 添加对象
[mSet addObject:@"A"];
[mSet addObject:@"B"];
[mSet addObject:@"C"];
[mSet addObject:@"C"];
NSLog(@"mSet=%@",mSet);
// 删除对象
[mSet removeObject:@"B"];
NSLog(@"mSet=%@",mSet);
// 删除所有元素
 [mSet removeAllObjects];
```

（3）可以通过 unionSet 方法求两个集合的并集，通过 intersectSet 方法求两个集合的交集，通过 minusSet 方法实现第一个集合减去第二个集合。

```
// 求子集、交集、并集
NSMutableSet *set1 = [NSMutableSet setWithCapacity:5];
[set1 addObject:@"A"];
[set1 addObject:@"B"];
[set1 addObject:@"C"];

NSMutableSet *set2 = [NSMutableSet setWithCapacity:5];
[set2 addObject:@"B"];
```

```
[set2 addObject:@"C"];
[set2 addObject:@"D"];
// 并集
//[set1 unionSet:set2];
NSLog(@"set1=%@",set1);
// 交集
//[set1 intersectSet:set2];
NSLog(@"set1=%@",set1);
// set1 减 set2
[set1 minusSet:set2];
NSLog(@"set1=%@",set1);
```

13.3 字典 NSDictionary 和 NSMutableDictionary

NSDictionary 是一个包含 key-value（键值对）的集合，NSDictionary 是一个不可变集合，一旦创建就不可修改大小。而 NSMutableDictionary 继承 NSDictionary，是可变集合，可以对集合中的元素进行添加和删除。

NSDictionary 集合的操作包括：初始化、根据 key 获得 value、获得集合大小、获得所有 key 及所有 value、遍历集合等。

（1）初始化 NSDictionary。初始化方法包括：直接赋值和+ (id)dictionaryWithObjects:(NSArray *)objects forKeys:(NSArray *)keys 方法。

```
// 初始化 1
NSDictionary *dic1 = @{@"first name": @"guo",@"last name": @"hongzhi",@"age":@"30"};
// 初始化 2
NSArray *keys = @[@"k1",@"k2",@"k3"];
NSArray *values = @[@"v1",@"v2",@"v3"];
NSDictionary *dic2 = [NSDictionary dictionaryWithObjects:values forKeys:key
```

（2）根据 key 获得 value，使用- (id)objectForKey:(id)aKey 方法。

```
// 根据 key 获得 value
NSLog(@"First name=%@",dic1[@"first name"]);
NSLog(@"Last name=%@",dic1[@"last name"]);
NSLog(@"Age=%@",dic1[@"age"]);
```

（3）可以使用 count 方法计数集合大小，使用增强型 for 循环遍历集合。

```
// 计数
NSUInteger count = [dic2 count];
NSLog(@"count=%lu",count);

// 遍历
for(NSString *key in dic2){
    NSString *value = [dic2 objectForKey:key];
    NSLog(@"%@,%@",key,value);
}
```

（4）可以使用- (NSArray *)allKeys 和- (NSArray *)allValues 方法获得所有 key 或所有 value。

```
// 获得所有 key
NSArray *allKeys = [dic2 allKeys];
for(NSString *key in allKeys){
    NSLog(@"%@",key);
}
// 获得所有 value
NSArray *allValues = [dic2 allValues];
for(NSString *value in allValues){
    NSLog(@"%@",value);
}
```

NSMutableDictionary 继承 NSDictionary，是可变集合，可以对集合中的元素进行维护，例如，添加和删除等。对 NSMutableDictionary 集合的操作包括：初始化、添加、删除和删除所有元素等操作。

（1）初始化 NSMutableDictionary。使用+ (id)dictionaryWithCapacity:(NSUInteger) numItems 方法分配指定数量大小的内存。

```
NSMutableDictionary *dic = [NSMutableDictionary dictionaryWithCapacity:2];
```

（2）添加、删除元素。使用- (void)setObject:(id)anObject forKey:(id < NSCopying >)aKey 方法添加元素，使用

- (void)removeObjectForKey:(id)aKey 方法删除元素，使用- (void)removeAllObjects 方法删除所有元素。

```
// 初始化
NSMutableDictionary *dic = [NSMutableDictionary dictionaryWithCapacity:2];
// 添加
[dic setObject:@"value1" forKey:@"key1"];
[dic setObject:@"value2" forKey:@"key2"];
[dic setObject:@"value3" forKey:@"key3"];
[dic setObject:@"value4" forKey:@"key4"];

for(NSString *key in dic){
    NSString *value = [dic objectForKey:key];
    NSLog(@"%@,%@",key,value);
}
// 删除
[dic removeObjectForKey:@"key1"];
NSLog(@"-------------");
for(NSString *key in dic){
    NSString *value = [dic objectForKey:key];
    NSLog(@"%@,%@",key,value);
}
// 删除所有对象
[dic removeAllObjects];
```

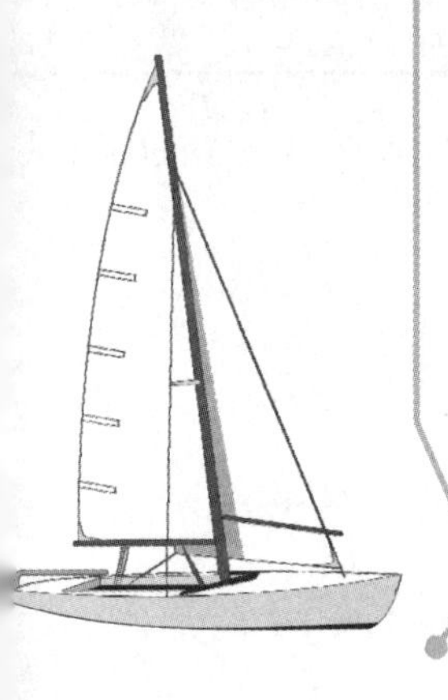

第 14 章　Foundation 框架中的文件和目录

本章内容

- 使用 NSFileManager 管理文件
- 使用 NSFileManager 管理目录
- 使用 NSFileHandler 读写文件

14.1 使用 NSFileManager 管理文件

使用 NSFileManager 类可以管理文件系统中的文件和目录，也可以定位、创建、拷贝、删除文件和目录，还可以获得文件和目录的信息，例如，创建时间、文件大小等。可以使用 NSFileManagerDelegate 代理类来监控文件的操作过程。下面我们就针对如何定位文件、判断文件是否存在、创建文件、删除文件、写文件、读文件、拷贝文件、重命名文件和获得文件属性等操作来详细讲述。

（1）定位文件。定位文件可以使用 NSFileManager 实例的-(NSArray *)URLsForDirectory:(NSSearchPathDirectory)directory
inDomains:(NSSearchPathDomainMask)domainMask 方法来实现，该方法返回一个路径的 NSURL 数组。方法的第一个参数是要定位的路径，该路径定义了如下常量。

- 要获得应用程序路径，则使用 NSApplicationDirectory。
- 要获得文档路径，则使用 NSDocumentDirectory。

```
enum {
  NSApplicationDirectory = 1,
  NSDemoApplicationDirectory,
  NSDeveloperApplicationDirectory,
  NSAdminApplicationDirectory,
```

```
    NSLibraryDirectory,
    NSDeveloperDirectory,
    NSUserDirectory,
    NSDocumentationDirectory,
    NSDocumentDirectory,
    NSCoreServiceDirectory,
    NSAutosavedInformationDirectory = 11,
    NSDesktopDirectory = 12,
    NSCachesDirectory = 13,
    NSApplicationSupportDirectory = 14,
    NSDownloadsDirectory = 15,
    NSInputMethodsDirectory = 16,
    NSMoviesDirectory = 17,
    NSMusicDirectory = 18,
    NSPicturesDirectory = 19,
    NSPrinterDescriptionDirectory = 20,
    NSSharedPublicDirectory = 21,
    NSPreferencePanesDirectory = 22,
    NSApplicationScriptsDirectory = 23,
    NSItemReplacementDirectory = 99,
    NSAllApplicationsDirectory = 100,
    NSAllLibrariesDirectory = 101,
    NSTrashDirectory = 102
};
typedef NSUInteger NSSearchPathDirectory;
```

第二个参数是要定位的文件系统域，内容如下：

```
enum {
    NSUserDomainMask = 1,
    NSLocalDomainMask = 2,
    NSNetworkDomainMask = 4,
    NSSystemDomainMask = 8,
    NSAllDomainsMask = 0x0ffff,
};
```

可以使用用户域、本地域、网络域和所有域常量。下面代码实现了获得用户文档路径的方法。

```
// 定位文件
-(void)locate{
    // 获得 NSFileManager 实例
    NSFileManager *fm = [NSFileManager defaultManager];
    // 获得文件路径
    NSArray *paths = [fm URLsForDirectory:NSDocumentDirectory inDomains:NSUserDomainMask];
    if ([paths count]>0) {
        NSURL *url = [paths objectAtIndex:0];
        NSLog(@"url=%@",url);
    }
}
```

程序输出结果如下：

```
url=file://localhost/Users/amaker/Documents/
```

（2）判断文件是否存在。可以使用 NSFileManager 的- (BOOL)fileExistsAtPath:(NSString *)path 方法判断文件是否存在，该方法返回 BOOL 值，YES 表示存在，NO 表示不存在。

```
-(void)isExists{
    // 获得 NSFileManager 实例
    NSFileManager *fm = [self getFileManager];
    // 要查找的文件
    NSString *myFile = @"/tmp/Hello.txt";
    // 判断文件是否存在
    BOOL result = [fm fileExistsAtPath:myFile];
    if (result) {
        NSLog(@"%@",@"file exist!");
    }else{
        NSLog(@"%@",@"file not exist!");
    }
}
```

（3）创建文件。可以使用 NSFileManager 的- (BOOL)createFileAtPath:(NSString *)path contents:(NSData *)contents attributes:(NSDictionary *)attributes 方法创建文件。第一个参数是文件路径，第二个参数是文件内容，第三个参数是文件属性。如果返回 YES，则表示创建成功；返回 NO 则创建失败。

```
// 创建文件
-(void)createFile{
    // 获得 NSFileManager 实例
    NSFileManager *fm = [self getFileManager];
    // 要创建文件的路径
    NSString *myFile = @"/tmp/Hello.txt";
    // 内容
    NSString *content = @"Hello World!";
    // 创建文件
    BOOL result = [fm createFileAtPath:myFile contents:[content dataUsingEncoding:
NSUTF8StringEncoding] attributes:nil];
    // 判断是否创建成功
    if (result) {
        NSLog(@"create ok");
    }else{
        NSLog(@"create error");
    }
}
```

（4）删除文件。可以使用- (BOOL)removeItemAtPath:(NSString *)path error:(NSError **)error 方法删除文件。第一个参数是要删除文件的路径，第二个参数表示是否报错。返回 YES 表示删除成功，返回 NO 表示删除失败。

```
// 删除文件
-(void)removeFile{
    // 获得 NSFileManager 实例
    NSFileManager *fm = [self getFileManager];
    // 要删除的文件路径
    NSString *myFile = @"/tmp/Hello.txt";
    // 删除文件
    BOOL result = [fm removeItemAtPath:myFile error:nil];
    // 判断是否删除成功
    if (result) {
        NSLog(@"remove ok!");
    }else{
        NSLog(@"remove error!");
    }
}
```

（5）写文件。对于简单的字符串格式文件，可以使用 NSString 的- (BOOL)writeToFile:(NSString *)path atomically:(BOOL)useAuxiliaryFile encoding:(NSString Encoding)enc error:(NSError **)error 方法实现写入文件。第一个参数是要写的文件路径，第二个参数表示是否覆盖原有文件，第三个参数是字符编码，第四个参数是出错信息。

```
-(void)writeFile{
    // 要保存的文件内容
    NSString *fileContent = @"Hello World!";
    // 文件路径
    NSString *myFile = @"/tmp/Hello.txt";
    // 写文件
    BOOL result = [fileContent writeToFile:myFile atomically:YES
encoding:NSUTF8StringEncoding error:nil];
    // 判断是否成功
    if (result) {
        NSLog(@"%@",@"create ok");
    }else{
        NSLog(@"%@",@"create fail");
    }
}
```

（6）读文件。对于简单的字符串格式文件，可以使用字符串的+ (id)stringWithContentsOfFile:(NSString *)path encoding:(NSStringEncoding)enc error:(NSError **)error 方法来实现读文件。第一个参数是文件路径，第二个参数是字符编码，第三个参数是报错信息。

```
// 读文件
-(void)readFile{
    // 要读取的文件路径
    NSString *myFile = @"/tmp/Hello.txt";
    // 文件内容
    NSString *tempContent = [NSString stringWithContentsOfFile:myFile
encoding:NSUTF8StringEncoding error:nil];
    // 输出
    NSLog(@"fileContent = %@",tempContent);
}
```

（7）拷贝文件。可以使用 NSFileManager 的- (BOOL)copyItemAtPath:(NSString *)srcPath toPath:(NSString *)dstPath error:(NSError **)error 方法拷贝文件。第一个参数是源文件路径，第二个参数是目标文件路径，第三个参数是报错信息。

```
// 拷贝文件
-(void)copyFile{
    // 获得 NSFileManager 实例
    NSFileManager *fm = [self getFileManager];
    // 文件路径
    NSString *myFile = @"/tmp/Hello.txt";
    // 拷贝文件
    BOOL result = [fm copyItemAtPath:myFile toPath:@"/tmp/newFile.txt" error:nil];
    // 判断是否拷贝成功
    if (result) {
        NSLog(@"%@",@"copy ok");
    }else{
        NSLog(@"%@",@"copy fail");
    }
}
```

（8）重命名文件。可以使用 NSFileManager 的- (BOOL)moveItemAtPath:(NSString *)srcPath toPath:(NSString *)dstPath error:(NSError **)error 方法重命名文件。第一个参数是源文件路径，第二个参数是目标文件路径，第三个参数是报错信息。

```
// 重命名文件
-(void)renameFile{
    // 获得 NSFileManager 实例
    NSFileManager *fm = [self getFileManager];
    // 文件路径
    NSString *myFile = @"/tmp/Hello.txt";
    // 重命名文件
    BOOL result = [fm moveItemAtPath:myFile toPath:@"/tmp/newFile2" error:nil];
    // 判断是否重命名成功
    if (result) {
        NSLog(@"%@",@"rename ok");
    }else{
        NSLog(@"%@",@"rename fail");
    }
}
```

（9）获得文件属性。可以使用 NSFileManager 的- (NSDictionary *)attributesOfItemAtPath:(NSString *)path error:(NSError **)error 方法获得文件属性。第一个参数是文件路径，第二个参数是报错信息。返回文件属性的字典类型。

```
// 获得文件属性
-(void)getFileAttributes{
    // 获得 NSFileManager 实例
    NSFileManager *fm = [self getFileManager];
    // 文件路径
    NSString *myFile = @"/tmp/Hello.txt";
```

```
    // 文件属性
    NSDictionary *attr = [fm attributesOfItemAtPath:myFile error:nil];
    NSLog(@"%@",attr);
    // 遍历文件属性
    for(NSString *key in attr){
        NSLog(@"%@:%@",key,[attr objectForKey:key]);
    }
}
```

14.2 使用 NSFileManager 管理目录

使用 NSFileManager 不但可以管理文件，而且可以管理目录，还可以创建目录、删除目录、获得当前目录和遍历目录等。

（1）创建目录。创建目录可以使用 NSFileManager 的- (BOOL)createDirectoryAtPath:(NSString *)path withIntermediateDirectories:(BOOL)createIntermediates attributes:(NSDictionary *)attributes error:(NSError **)error 方法来实现。第一个参数是目录路径，第二个参数表示是否覆盖已存在的目录，第三个参数是设置的目录属性，第四个参数是报错信息。

```
// 创建目录
-(void)createDir{
    // 实例化 NSFileManager
    NSFileManager *fm = [NSFileManager defaultManager];
    // 创建目录
    BOOL result = [fm createDirectoryAtPath:@"/tmp/guohz/"
withIntermediateDirectories:YES attributes:nil error:nil];
    // 判断结果
    if (result) {
        NSLog(@"%@",@"create ok.");
    }else{
        NSLog(@"%@",@"create fail.");
    }
}
```

（2）删除目录。可以使用 NSFileManager 的- (BOOL)removeItemAtPath:(NSString *)path error:(NSError **)error 方法来删除目录。第一个参数是要删除的目录路径，第二个参数是报错信息。

```
// 删除目录
-(void)removeDir{
    // 实例化 NSFileManager
    NSFileManager *fm = [NSFileManager defaultManager];
    // 删除目录
    BOOL result = [fm removeItemAtPath:@"/tmp/ghz" error:nil];
    // 判断结果
    if (result) {
        NSLog(@"%@",@"remove ok! ");
    }else{
        NSLog(@"%@",@"remove fail! ");
    }
}
```

（3）获得当前文件目录。可以使用 NSFileManager 的- (NSString *)currentDirectoryPath 方法获得当前文件目录。

```
// 获得当前路径
-(void)getCurrentDir{
    // 实例化 NSFileManager
    NSFileManager *fm = [NSFileManager defaultManager];
    // 获得当前目录
    NSString *currentPath = [fm currentDirectoryPath];
    NSLog(@"currentPath = %@",currentPath);
}
```

该程序的输出结果为：

```
/Users/amaker/Library/Developer/Xcode/DerivedData/chapter14-02-ckhcuqfijttvqugdx
ifwmemocekz/Build/Products/Debug
```

（4）遍历文件目录。可以使用 NSFileManager 的- (NSArray *)contentsOfDirectoryAtPath:(NSString *)path error:(NSError **)error 方法遍历文件目录。第一个参数是要遍历的目录，第二个参数是报错信息。

```
// 遍历目录
-(void)listDir{
    // 实例化 NSFileManager
    NSFileManager *fm = [NSFileManager defaultManager];
    // 文件目录
    NSString *path = @"/tmp";
    // 遍历文件
    NSArray *content = [fm contentsOfDirectoryAtPath:path error:nil];
    for(NSString *item in content){
        NSLog(@"%@",item);
    }
}
```

14.3 使用 NSFileHandler 读写文件

前面我们学习了可以使用 NSFileManager 读写字符串类型的文件，但是如果文件类型是其他的，例如图片、设备、网络接口等，NSFileManager 就无能为力了。这里我们要学习的是 NSFileHandler，它是文件描述符的封装类，可以读写文件、套接字、管道和设备。

如何创建 NSFileHandler，以及使用 NSFileHandler 进行文件读写。

（1）创建 NSFileHandler。可以使用字符串或 NSURL 来创建读文件、写文件、更新文件和标准输入输出文件的 NSFileHandler 对象。

```
NSFileHandle *readFile;
// 实例化读文件管理器
readFile = [NSFileHandle fileHandleForReadingAtPath:@"/tmp/Hello.txt"];
// 创建写文件处理器
 NSFileHandle *writeFile = [NSFileHandle fileHandleForWritingAtPath:@"/tmp/newFile"];
```

（2）读文件。可以使用 NSFileHandle 的- (NSData *)readDataToEndOfFile 方法一次读到文件末尾，也可以使用- (NSData *)readDataOfLength:(NSUInteger)length;方法读取固定长度的数据。

```
-(void)readFile{
    NSFileHandle *readFile;
    NSData *buffer;
    // 1. 实例化
    readFile = [NSFileHandle fileHandleForReadingAtPath:@"/tmp/Hello.txt"];
    // 读文件直到文件尾部
    buffer = [readFile readDataToEndOfFile];
    // 将 NSData 转换为字符串
    NSString *temp = [[NSString alloc]initWithData:buffer encoding:NSUTF8StringEncoding];
    // 关闭文件
    [readFile closeFile];
    // 显示文件内容
    NSLog(@"%@",temp);
}
```

（3）写文件。可以使用 NSFileHandle 的+ (id)fileHandleForWritingAtPath:(NSString *)path 方法将文件写到指定的文件路径中。

```
-(void)writeFile{
    // 创建写文件处理器
    NSFileHandle *writeFile = [NSFileHandle fileHandleForWritingAtPath:@"/tmp/newFile"];
    // 将字符串转换为 NSData
    NSString *temp2 = @"Hello everyone!";
    NSData *buffer2 = [temp2 dataUsingEncoding:NSUTF8StringEncoding];
    // 写 NSData
    [writeFile writeData:buffer2];
    // 关闭文件
    [writeFile closeFile];
}
```

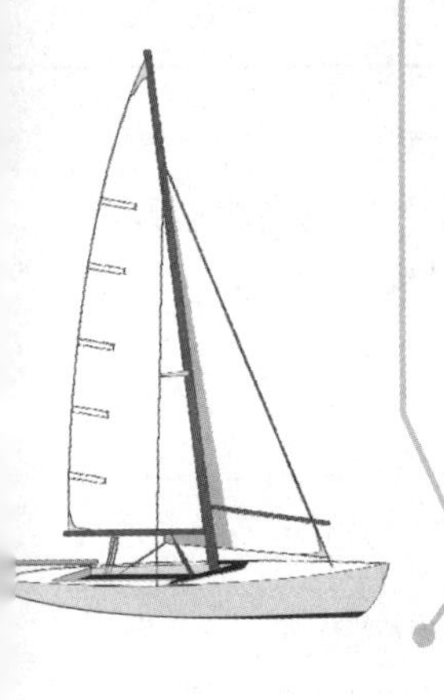

第 15 章　Objective-C 中的对象复制

本章内容

- 概述
- 对象的浅复制和深复制
- NSCopying 和 NSMutableCopying 协议

15.1 概述

基本数据类型之间变量的赋值是值传递，而引用类型之间对象的赋值是引用传递。这样如果一个对象赋值给另外一个对象，当其中一个对象属性被修改时，另外一个对象的属性也同时被修改。图 15.1 描述了对象赋值过程。"

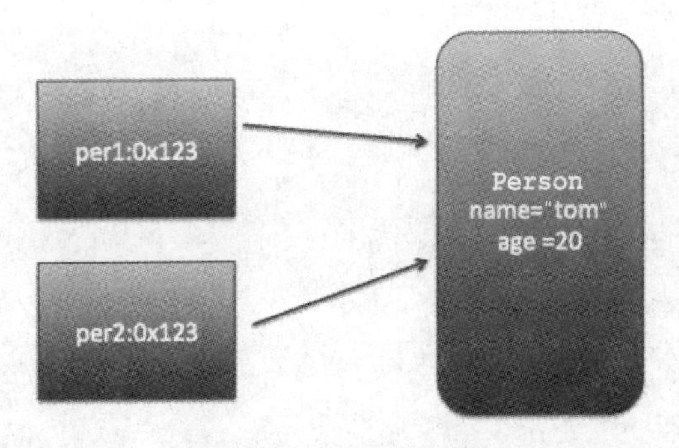

图 15.1　对象赋值过程

如图 15.1 所示，定义了一个 Person 对象，有两个属性 name 和 age。假设 per1 对象的地址是 0x123，将 per1 赋值给 per2，是将 per1 的地址赋值给 per2，所以 per1 和 per2 的地址相同，它们指向同一个对象。这样当第一个对象的属性改变时，第二个对象也会跟着改变。为了使得第一个对象改变时不会影响到第二个对象，我们需要复制对象。

```
// 测试赋值
-(void)testAssign{
    // 实例化 Person
    Person *per1 = [[Person alloc]init];
    // 给第一个对象属性赋值
    per1.age = 20;
    per1.name = @"tom";
    // 将第一个对象引用赋值给第二个对象
    Person *per2 = per1;
    per1.name = @"big tom";
    per1.age = 21;

    NSLog(@"per1's name=%@,age=%d",per1.name,per1.age);
    NSLog(@"per2's name=%@,age=%d",per2.name,per2.age);
}
```

程序的输出结果如下：

```
2013-04-15 13:49:18.840 chapter15-01[1001:303] per1's name=big tom,age=21
2013-04-15 13:49:18.842 chapter15-01[1001:303] per2's name=big tom,age=21
```

这个问题同样出现在集合数组中，我们将一个数组赋值给另外一个数组，当删除一个数组中的一个元素时，第二个数组中的元素也将被删除。

```
// 测试赋值 2
-(void)testAssign2{
    // 初始化数组
    NSMutableArray *array1 = [NSMutableArray arrayWithObjects:@"1",@"2",@"3", nil];
    // 赋值
    NSMutableArray *array2 = array1;
    // 删除第二个数组中的元素
    [array2 removeObjectAtIndex:0];

    // 遍历第一个数组
    for(NSString *item in array1){
        NSLog(@"%@",item);
    }

    NSLog(@"%@",@"------------------");
    // 遍历第二个数组
    for(NSString *item in array2){
        NSLog(@"%@",item);
    }
}
```

程序的输出结果如下：

```
2013-04-15 13:52:42.704 chapter15-01[1019:303] 2
2013-04-15 13:52:42.705 chapter15-01[1019:303] 3
```

```
2013-04-15 13:52:42.706 chapter15-01[1019:303] ------------------
2013-04-15 13:52:42.706 chapter15-01[1019:303] 2
2013-04-15 13:52:42.706 chapter15-01[1019:303] 3
```

15.2 对象的浅复制和深复制

为了避免 15.1 节中出现的问题，我们可以复制对象。NSObject 提供了两个方法：- (id)copy 和- (id)mutableCopy，其中 copy 方法可以拷贝一个不可变对象，而 mutableCopy 方法可以拷贝一个可变对象，例如 NSMutableArray、NSMutableSet 等。

下面给出一个 NSMutableArray，我们使用 mutableCopy 方法拷贝一个对象赋值给一个新对象，这样当从第一个数组中删除一个元素时，第二个数组并没有发生改变。

```
// 测试拷贝
-(void)testCopy{
    // 初始化数组
    NSMutableArray *array1 = [NSMutableArray arrayWithObjects:@"1",@"2",@"3", nil];
    // 拷贝数组
    NSMutableArray *array2 = [array1 mutableCopy];
    // 删除第二个数组中的元素
    [array2 removeObjectAtIndex:0];

    // 遍历第一个数组中的元素
    for(NSString *item in array1){
        NSLog(@"%@",item);
    }

    NSLog(@"%@",@"------------------");
    // 遍历第二个数组中的元素
    for(NSString *item in array2){
        NSLog(@"%@",item);
    }
}
```

程序的输出结果如下：

```
2013-04-15 14:01:39.739 chapter15-01[1037:303] 1
2013-04-15 14:01:39.741 chapter15-01[1037:303] 2
2013-04-15 14:01:39.741 chapter15-01[1037:303] 3
2013-04-15 14:01:39.742 chapter15-01[1037:303] ------------------
2013-04-15 14:01:39.742 chapter15-01[1037:303] 2
2013-04-15 14:01:39.742 chapter15-01[1037:303] 3
```

对象复制分为深复制和浅复制，浅复制只复制对象本身，对象包含或关联的对象并不进行复制；而深复制不光复制对象本身，对象包含或关联的对象也将被同时复制。

下面我们定义一个可变数组，可变数组中添加若干可变字符串。如果进行浅复制，数组中的元素将会受到影响；如果进行深复制，数组中的元素将不会受到影响。

```
    NSMutableArray  *array1  =  [NSMutableArray  arrayWithObjects:[NSMutableString
```

```
stringWithString:@"1"],[NSMutableString stringWithString:@"2"],[NSMutableString string
WithString:@"3"], nil];
        // 浅复制
        // NSMutableArray *array2 = [array1 mutableCopy];

        // 深复制

        NSMutableArray *array2 = [NSMutableArray arrayWithCapacity:3];
        // 复制数组中的每一个元素
        for(NSString *str2 in array1){
            [array2 addObject:[str2 mutableCopy]];
        }

        // 改变第一个数组中的元素
        NSMutableString *str = [array1 objectAtIndex:0];
        [str appendString:@"changed"];
        // 遍历改变后第一个数组中的内容
        for(NSString *item in array1){
            NSLog(@"%@",item);
        }

        NSLog(@"%@",@"------------------");
        // 遍历改变后第二个数组中的内容
        for(NSString *item in array2){
            NSLog(@"%@",item);
        }
```

程序运行结果如下：

```
2013-04-15 14:11:10.695 chapter15-01[1051:303] 1changed
2013-04-15 14:11:10.697 chapter15-01[1051:303] 2
2013-04-15 14:11:10.698 chapter15-01[1051:303] 3
2013-04-15 14:11:10.698 chapter15-01[1051:303] ------------------
2013-04-15 14:11:10.698 chapter15-01[1051:303] 1
2013-04-15 14:11:10.698 chapter15-01[1051:303] 2
2013-04-15 14:11:10.699 chapter15-01[1051:303] 3
```

15.3 NSCopying 和 NSMutableCopying 协议

前面我们使用数组 NSMutableArray 来模拟对象的拷贝，查看源码，我们发现 NSArray 类实现了 NSCopying 和 NSMutableCopying 协议。

```
@interface NSArray : NSObject <NSCopying, NSMutableCopying, NSSecureCoding,
NSFastEnumeration>
- (NSUInteger)count;
- (id)objectAtIndex:(NSUInteger)index;
@end
```

如果是我们自己定义的一个类，要想进行对象复制，也必须实现 NSCopying 或 NSMutableCopying 协议；否则，程序将运行失败。

下面我们定义一个 Person 类，实现 NSCopying 协议，并实现(id)copyWithZone:(NSZone *)zone 方法。

```
#import <Foundation/Foundation.h>
// 实现 NSCopying 协议
@interface Person : NSObject <NSCopying>
// age 属性
@property int age;
// name 属性
@property (nonatomic,copy) NSString *name;
@end
```

```
#import "Person.h"
@implementation Person
@synthesize age;
@synthesize name;

-(void)setName:(NSString *)name1{
    name = [name1 copy];
}
// 覆盖拷贝方法
-(id)copyWithZone:(NSZone *)zone{
    // NSZone 是一个内存区域对象
    Person *per = [[Person allocWithZone:zone]init];
    return per;
}
@end
```

```
Person *per = [[Person alloc]init];
// 如果没有实现 Copying 协议，则会出现错误
Person *per2 = [per copy];
```

另外，在声明属性时可以使用 copy 关键字，设置在属性的 set 方法中 copy 对象。

```
@property (nonatomic,copy) NSString *name;
-(void)setName:(NSString *)name1{
    name = [name1 copy];
}
```

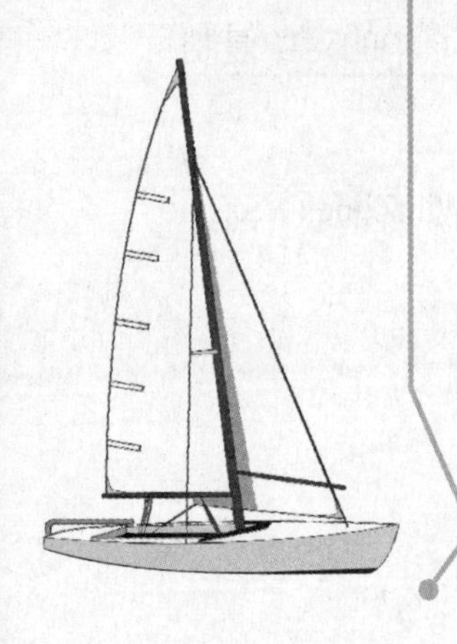

第 16 章　Objective-C 中的文件归档

本章内容

- 概述
- 使用属性列表（plist）保存数据
- 使用 NSKeyedArchiver 归档
- 归档自定义类型
- 利用归档实现深复制

16.1 概述

所谓对象归档是指将对象的状态以某种数据格式并以文件的方式持久地保存下来。需要时再将文件内容转换为对象。这两个过程叫做归档和反归档。其他语言叫做序列化和反序列化，例如，Java 语言、C++语言。

归档的数据文件格式可以是 XML 文件格式，也可以是 key-value（键值对）格式。XML 文件格式也叫属性列表，简称 plist。使用 key-value（键值对）方式存取需要使用 NSKeyedArchiver 类来实现。自定义的类需要实现 NSCoding 协议，并实现协议方法才能进行归档，也可以利用归档实现对象的深复制。

16.2 使用属性列表（plist）保存数据

如果要归档的数据是如下类型：NSArray、NSString、NSDictionary、NSData、NSNumber，则可以使用 writeToFile 和 xxxWithContentsOfFile 方法来读写文件，xxx 表示数据类型，例如 arrary、string、dictionary 和 data 等。

如果要归档的数据是 NSArray 和 NSDictionary 类型，则以 XML 文件格式保存。下面针对字符串、数组和字典的读写来详细讲述。

字符串的读写使用 - (BOOL)writeToFile:(NSString *)path atomically:(BOOL)useAuxiliaryFile encoding:(NSStringEncoding)enc error:(NSError **)error 和 + (id)stringWithContentsOfFile:(NSString *)path encoding:(NSStringEncoding)enc error:(NSError **)error 方法。

- atomically 参数表示是否保存临时文件。
- encoding 参数表示字符编码。

```
    -(void)writeString{
        // 声明字符串
        NSString *str = @"Hello World!";
        // 将字符串内容写到 tmp 目录下的 abc.txt 文件中
        [str writeToFile:@"/tmp/abc.txt" atomically:YES
encoding:NSUTF8StringEncoding error:nil];
    }

    -(void)readString{
        // 获得 tmp 目录下 abc.txt 文件中的内容
        NSString *str = [NSString stringWithContentsOfFile:@"/tmp/abc.txt"
encoding:NSUTF8StringEncoding error:nil];
        NSLog(@"%@",str);
    }
```

数组和字典的读写与字符串类似，只不过保存的文件格式是 XML 格式。

```
    -(void)writeArray{
        // 声明数组
        NSArray *array = [NSArray arrayWithObjects:@"one",@"two", nil];
        // 将数组内容写到 tmp 目录下的 abc02.txt 文件中
        [array writeToFile:@"/tmp/abc02.txt" atomically:TRUE];
    }
    -(void)readArray{
        // 读 tmp 目录下 abc02.txt 文件中的内容
        NSArray *array = [NSArray arrayWithContentsOfFile:@"/tmp/abc02.txt"];
        // 遍历数组内容
        for(NSString *item in array){
            NSLog(@"item=%@",item);
        }
    }

    -(void)writeDictionary{
        // 声明字典
        NSDictionary *dic = [NSDictionary dictionaryWithObjectsAndKeys:@"tom",@"1",
@"kite",@"2",@"rose",@"3", nil];
        // 将字典内容写到 tmp 目录下的 def.txt 文件中
        [dic writeToFile:@"/tmp/def.txt" atomically:TRUE];
    }
    -(void)readDictionary{
        // 读取 tmp 目录下 def.txt 文件中的内容
```

```
    NSDictionary *dic = [NSDictionary dictionaryWithContentsOfFile:@"/tmp/def.txt"];
    // 遍历字典
    for(NSString *key in dic){
        NSLog(@"[%@,%@]",key,[dic objectForKey:key]);
    }
}
```

我们可以到文件系统中查看生成的文件内容。

```
localhost:tmp amaker$ cat abc02.txt
<?xml version="1.0" encoding="UTF-8"?>
<!DOCTYPE plist PUBLIC "-//Apple//DTD PLIST 1.0//EN" "http://www.apple.com/DTDs/
PropertyList-1.0.dtd">
<plist version="1.0">
<array>
        <string>one</string>
        <string>two</string>
</array>
</plist>
localhost:tmp amaker$
```

16.3 使用 NSKeyedArchiver 归档

除了可以归档 NSArray、NSString、NSDictionary、NSData、NSNumber 类型的数据外，我们也可以使用 NSKeyedArchiver 和 NSKeyedUnarchiver 以键值对的方式归档对象。这种方式归档的对象的每个属性都用一个键来标记，这样就可以随机读取内容，而不用按照写入的顺序来读取。

归档使用+ (BOOL)archiveRootObject:(id)rootObject toFile:(NSString *)path 方法，而反归档使用+ (id)unarchiveObjectWithFile:(NSString *)path 方法。下面的程序代码演示了这两个过程。

```
-(void)archive{
    // 声明一个字典
    NSDictionary *dic = [NSDictionary dictionaryWithObjectsAndKeys:@"tom",@"1",
@"kite",@"2",@"rose",@"3", nil];
    // 归档字典到 tmp 目录下的 test.archive 文件中
    [NSKeyedArchiver archiveRootObject:dic toFile:@"/tmp/test.archive"];
}
-(void)unarchive{
    // 声明一个字典
    NSDictionary *dic2 = [NSKeyedUnarchiver unarchiveObjectWithFile:@"/tmp/
test.archive"];
    // 仅归档
    for(NSString *key in dic2){
        NSLog(@"%@:%@",key,[dic2 objectForKey:key]);
    }
}
```

程序的输出结果如下：

```
2013-04-15 15:20:42.744 chapter16-01[1257:303] 1:tom
2013-04-15 15:20:42.746 chapter16-01[1257:303] 2:kite
2013-04-15 15:20:42.747 chapter16-01[1257:303] 3:rose
```

16.4 归档自定义类型

如果要归档的对象类型是自定义类型，例如 Person 类型，那么我们需要实现 NSCoding 协议，并实现- (void)encodeWithCoder:(NSCoder *)aCoder 和- (id)initWithCoder:(NSCoder *)aDecoder 方法。

NSCoding 中定义了一组编解码方法。编码方法如下：

```
    - (void)encodeObject:(id)objv forKey:(NSString *)key;
    - (void)encodeConditionalObject:(id)objv forKey:(NSString *)key;
    - (void)encodeBool:(BOOL)boolv forKey:(NSString *)key;
    - (void)encodeInt:(int)intv forKey:(NSString *)key;
    - (void)encodeInt32:(int32_t)intv forKey:(NSString *)key;
    - (void)encodeInt64:(int64_t)intv forKey:(NSString *)key;
    - (void)encodeFloat:(float)realv forKey:(NSString *)key;
    - (void)encodeDouble:(double)realv forKey:(NSString *)key;
    - (void)encodeBytes:(const uint8_t *)bytesp length:(NSUInteger)lenv forKey:
(NSString *)key;
```

该组方法中的第一个参数是不同的数据类型值，第二个参数是键值。

解码方法如下：

```
    - (id)decodeObjectForKey:(NSString *)key;
    - (BOOL)decodeBoolForKey:(NSString *)key;
    - (int)decodeIntForKey:(NSString *)key;
    - (int32_t)decodeInt32ForKey:(NSString *)key;
    - (int64_t)decodeInt64ForKey:(NSString *)key;
    - (float)decodeFloatForKey:(NSString *)key;
    - (double)decodeDoubleForKey:(NSString *)key;
```

该组方法可以根据 key 获得 value。

下面是一个 Person 类实现了 NSCoding 协议进行归档的代码。

```
    // 实现 NSCoding 协议
    @interface Person : NSObject <NSCopying,NSCoding>
    {
        int age;
        NSString *name;
    }
    @property int age;
    @property (nonatomic,copy) NSString *name;
    @end
```

实现编解码方法。

```
    // 编码
    -(void)encodeWithCoder:(NSCoder *)aCoder{
        [aCoder encodeInt:age forKey:@"age"];
        [aCoder encodeObject:name forKey:@"name"];
    }
```

```
// 解码
-(id)initWithCoder:(NSCoder *)aDecoder{
    age = [aDecoder decodeIntForKey:@"age"];
    name = [aDecoder decodeObjectForKey:@"name"];
    return self;
}
```

测试 Person 归档。

```
-(void)custom{
    // 实例化 Person
    Person *per = [[Person alloc]init];
    // 设置属性
    [per setAge:20];
    [per setName:@"tom"];
    // 归档 Person
    [NSKeyedArchiver archiveRootObject:per toFile:@"/tmp/person.archive"];
    // 反归档 Person
    Person *per2 = [NSKeyedUnarchiver unarchiveObjectWithFile:@"/tmp/person.archive"];
    // 输出 Person 属性
    NSLog(@"name=%@,age=%d",[per2 name],[per2 age]);
}
```

16.5 利用归档实现深复制

学习了对象归档后，利用对象归档可以实现对象的深复制。我们可以使用 NSKeyedArchiver 的+ (NSData *)archivedDataWithRootObject:(id)rootObject 方法将对象归档为 NSData，再使用 NSKeyedUnarchiver 的+ (id)unarchiveObjectWithData:(NSData *)data 方法进行反归档，即可实现对象的深复制。

```
-(void)deepCopy{
    // 声明可变数组
    NSMutableArray *array = [NSMutableArray arrayWithObjects:[NSMutableString string
WithString:@"one"],[NSMutableString stringWithString:@"two"], nil];
    // 将数组转换为 NSData
    NSData *buffer;
    buffer = [NSKeyedArchiver archivedDataWithRootObject:array];
    // 反归档
    NSMutableArray *array2 = [NSKeyedUnarchiver unarchiveObjectWithData:buffer];

    // 测试结果
    NSMutableString *element = [array2 objectAtIndex:0];
    [element appendString:@" changed"];

    for(NSString *item in array){
        NSLog(@"%@",item);
    }

    for(NSString *item in array2){
        NSLog(@"%@",item);
    }
}
```

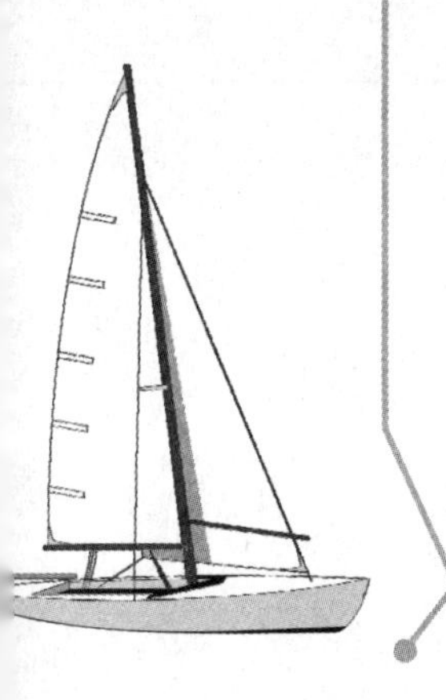

技 术 篇

第 17 章 iOS 编程中常用的设计模式

本章内容

- MVC
- Target-Action
- 代理

17.1 MVC

模型-视图-控制器（Model-View-Controller，MVC）是 Xerox PARC 在 20 世纪 80 年代为编程语言 Smalltalk－80 发明的一种软件设计模式，至今已被广泛应用于用户交互应用程序中。每个 MVC 应用程序都包含 Model、View 和 Controller 三部分。

Model 部分是程序的业务逻辑或数据逻辑，是程序的"大脑"；View，顾名思义，就是视图，即用户界面，是和用户交互的部分；而 Controller 是控制器，用于将模型内容格式化为视图需要的格式。

图 17.1 展示了 MVC 设计模式几个部分的关系。从图中我们可以看出，控制器在 MVC 中起到非常重要的作用，它负责视图与模型相互间的交互。当视图上有了某些操作时，会通过控制器反映至模型中。如果模型中的数据有所改变或者更新，则会通过控制器对视图进行相关的界面改变。视图与模型是永远都不直接进行通信的。

在 iOS 程序开发中，所有的控件、窗口等都继承自 UIView，对应 MVC 中的 V。UIView 及其子类主要负责 UI 的实现，而 UIView 所产生的事件都可以采用委托方式，交给 UIViewController 实现。对于不同的 UIView，有相应的 UIViewController，对应 MVC 中的 C。例如，在 iOS 上常用的 UITableView，它所对应的 Controller 就是 UITableViewController。至于 MVC 中的 M，就需要用户根据自己的需求来实现了。

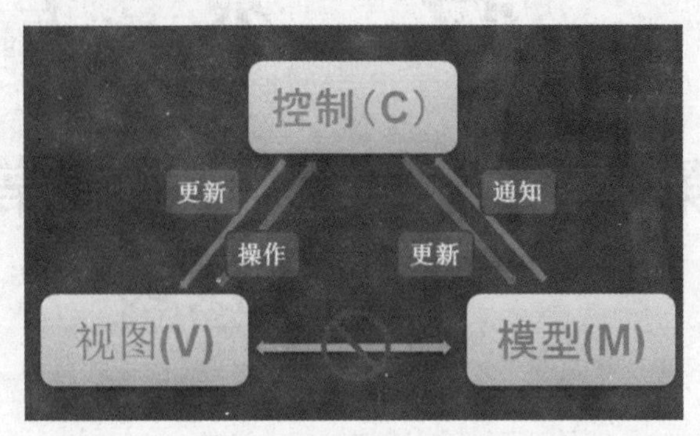

图 17.1 MVC 设计模式

iOS 的 SDK 中已经为我们提供了许多视图组件，例如 UIView、UIViewController，这方便了开发者进行开发。同时，也对数据模型中可能使用到的一些组件进行了封装，例如数据库、CoreData 等，这有利于开发者迅速建立一个基于 MVC 设计模式的程序。下面我们通过一个计算器的例子来演示 MVC 设计模式在 iOS 中的应用。实现步骤如下。

① 创建一个项目，在项目中添加一个 Model 类，该类是程序的“大脑”，负责程序的计算。

```
@interface CalculatorModel : NSObject
// 计算结果
@property(nonatomic)double result;
// 计算方法
-(double)calculate:(double)num andOperator:(NSString*)ope;
@end
```

```
#import "CalculatorModel.h"
@implementation CalculatorModel
// 实现计算方法
-(double)calculate:(double)num andOperator:(NSString *)ope{
    // 根据操作法进行计算
    if ([ope isEqualToString:@"+"]) {
        self.result+=num;
    }
    if ([ope isEqualToString:@"-"]) {
        self.result-=num;
    }
    if ([ope isEqualToString:@"*"]) {
        self.result*=num;
    }
    if ([ope isEqualToString:@"/"]) {
        self.result/=num;
    }
    // 返回计算结果
    return self.result;
}
@end
```

② 在界面上添加数字按钮和操作符按钮，以及显示计算结果标签，如图 17.2 所示。这就是 MVC 中的 View 部分。

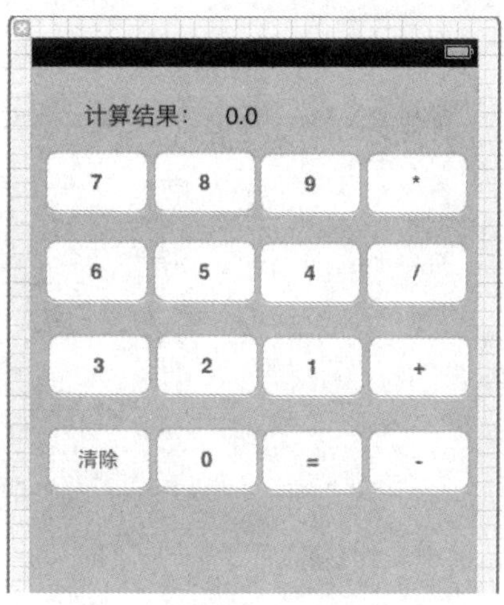

图 17.2　计算器 MVC 中的 View 部分

③ 实现 Controller 部分。在 Controller 的.h 文件中，引用 Model 部分，添加显示结果的标签属性和操作符属性，添加数字按钮被按下、操作符被按下、结果按钮被按下、清除按钮被按下的方法。

```
#import <UIKit/UIKit.h>
#import "CalculatorModel.h"
@interface AmakerViewController : UIViewController
// 引用 Model 部分
@property(nonatomic,strong)CalculatorModel *model;
// 结果标签
@property(nonatomic,strong)IBOutlet UILabel *resultLabel;
// 操作符
@property(nonatomic,strong)NSString *currentOperator;
// 数字按钮被按下
-(IBAction)digitPress:(id)sender;
// 操作符被按下
-(IBAction)operatorPress:(id)sender;
// 结果按钮被按下
-(IBAction)resultPress:(id)sender;
// 清除按钮被按下
-(IBAction)cleanPress:(id)sender;
@end
```

④ 在 Controller 的实现类中实现上述计算方法。

```
// 数字按钮被按下的实现
-(IBAction)digitPress:(id)sender{
   UIButton *btn = (UIButton*)sender;
   // 获得当前被按下按钮数字
```

```
    double num = [btn.titleLabel.text doubleValue];
    // 如果第一次按下数字
    if (self.currentOperator==nil) {
        self.model.result = num;
    }
    // 计算结果
    [self.model calculate:num andOperator:self.currentOperator];
}
// 操作符被按下的实现
-(IBAction)operatorPress:(id)sender{
    UIButton *btn = (UIButton*)sender;
    // 获得当前被按下的操作符
    self.currentOperator = btn.titleLabel.text;
}
// 结果按钮被按下
-(IBAction)resultPress:(id)sender{
    self.resultLabel.text = [NSString stringWithFormat:@"%f",self.model.result];
}
// 清除按钮被按下
-(IBAction)cleanPress:(id)sender{
    // 归零
    self.resultLabel.text = @"0.0";
    self.model.result = 0.0;
    self.currentOperator = nil;
}
```

⑤ 程序运行结果如图 17.3 所示。

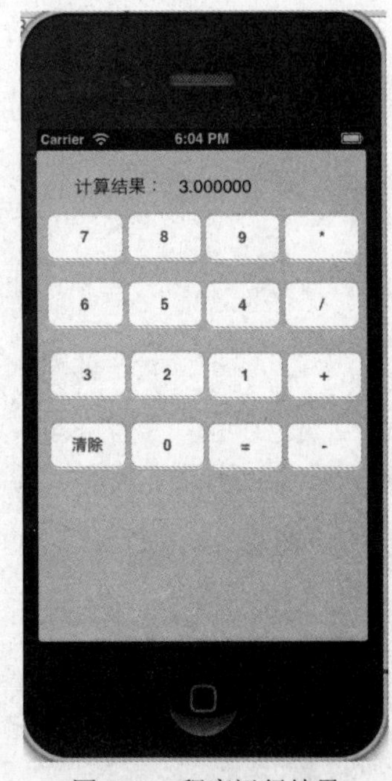

图 17.3　程序运行结果

17.2 Target-Action

Target-Action 设计模式贯穿于 iOS 开发始终，但是对于初学者，还是被这种模式搞得一头雾水。其实 Target-Action 模式很简单，就是当某个事件发生时，调用那个对象中的那个方法。例如，当按钮被按下时，调用 Controller 里面的 change 方法。这里描述的“那个对象”就是 Target，“那个方法”就是 Action，即 Controller 是 Target，change 方法是 Action。一般 Target 都是 Controller，而 Action 有固定的格式：-(IBAction)click:(id)sender。

下面我们通过案例来演示 Target-Action 模式的用法。本案例在界面上添加一个按钮，当按钮被按下时调用 Controller 中定义的一个方法，该方法弹出一个对话框。实现步骤如下。

① 创建一个项目，在 viewDidLoad 方法中，通过代码的方式创建一个按钮。

```
- (void)viewDidLoad
{
    [super viewDidLoad];
    // 实例化按钮
    UIButton *btn = [UIButton buttonWithType:UIButtonTypeRoundedRect];
    // 设置按钮大小
    btn.frame = CGRectMake(20, 20, 200, 50);
    // 设置按钮标题
    [btn setTitle:@"点击我..." forState: UIControlStateNormal];
    // 将按钮添加到 View
    [self.view addSubview:btn];
}
```

② 在控制器的.h 文件中添加一个事件方法，并在.m 文件中实现它。

```
// 按钮按下事件
-(IBAction)click:(id)sender;
-(IBAction)click:(id)sender{
    // 显示对话框
    UIAlertView *alert = [[UIAlertView alloc]initWithTitle:nil message:@"测试 Target-
Action 设计模式" delegate:self cancelButtonTitle:@"OK" otherButtonTitles:nil, nil];
    [alert show];
}
```

③ 使用 Target-Action 设计模式，当按钮被按下时，调用 Controller 的 click 方法。在 iOS SDK 中有一个 UIControl 类，该类中定义了一个- (void)addTarget:(id)target action:(SEL)action forControlEvents:(UIControlEvents)controlEvents 方法，大部分视图类都继承了 UIControl 类，所以可以使用该方法实现 Target-Action 设计模式。在 iOS 中这种设计模式被称作一个对象给另外一个对象发送消息。

```
    // 使用 Target-Action 设计模式，在两个对象间直接发送消息
    // 1. self 指当前对象，即 AmakerViewController
    // 2. action 即 click 方法
    // 3. 何时调用 UIControlEventTouchUpInside，即单击
```

```
    [btn addTarget:self action:@selector(click:) forControlEvents:UIControlEvent
TouchUpInside];
```

④ 程序运行结果如图 17.4 所示。

图 17.4　Target-Action 设计模式

17.3 代理

使用代理设计模式的目的是，避免程序中使用更多的继承关系。在 iOS 开发中，除了上述的 MVC 和 Target-Action 设计模式外，代理是第三个最常用的设计模式。在 iOS 中代理是通过协议来实现的。

在第 8 章我们介绍协议时讲述了一个案例，这里我们再来回顾一下，深入认识代理的用法。

在 IBM 笔记本电脑风靡的年代，全世界有大量的 IBM 代理商为 IBM 代理销售笔记本电脑。通过这个例子可以很好地理解代理设计模式。该案例的实现步骤如下。

① 创建一个 IBM 代理类 IBMDelegate，并添加一个销售方法 sale。

```
@protocol IBMDelegate <NSObject>
// 销售电脑
-(void)sale;
@end
```

② 创建一个 IBM 类，该类实现 IBMDelegate 协议，并添加该协议属性。

```
// 实现代理协议
@interface IBM : NSObject<IBMDelegate>
// 生产电脑方法
-(void)produce;
// 代理属性
@property(nonatomic,strong)id<IBMDelegate> delegate;
@end
```

③ 实现 IBM 类，在初始化方法中指定代理，并实现 produce 和 sale。

```
@implementation IBM
// 初始化方法
- (id)init
{
    self = [super init];
    if (self) {
        // 指定代理
        self.delegate = self;
    }
    return self;
}
// 生产电脑方法
-(void)produce{
    NSLog(@"生产电脑...");
}
// 销售电脑
-(void)sale{
    NSLog(@"销售电脑...");
}
```

④ 在 main 方法中测试。

```
#import <Foundation/Foundation.h>
#import "IBM.h"
int main(int argc, const char * argv[])
{
    @autoreleasepool {
        // 实例化
        IBM *ibm = [[IBM alloc]init];
        // 生产方法
        [ibm produce];
        // ibm 代理的 sale 方法
        [ibm.delegate sale];
    }
    return 0;
}
```

上述代理模式就实现了 IBM 生产电脑、IBM 代理销售电脑的代码分离，降低了程序的耦合性。

第 18 章　iOS 用户界面

本章内容

- UIResponder
- UIView
- UILabel
- UITextView
- UIButton
- UITextField
- UISwitch
- UISlider
- UISegmentedControl
- UIProgressView
- UIActivityIndicatorView
- UIAlertView
- UIActionSheet
- UIImageView
- UIScrollView
- UIWebView
- UIDatePicker
- UIPickerView

iOS 程序设置遵循严格的 MVC 设计模式，用户界面是 MVC 中的视图 View。一个优秀的 App 必定是界面简洁、大方，用户体验极佳的作品。所以，学好用户界面设计对于 iOS 开发来讲意义深远。如表 18.1 所示是本章将要讲述的核心类。

表 18.1　本章核心类

类 名 称	类 描 述
UIResponder	响应事件视图
UIView	所有视图类的父类，是屏幕上的一个矩形区域，定义了视图类的一些基本功能
UILabel	一个静态的文本视图，常用来标识一些其他内容，例如，提示用户输入用户名称、密码等
UITextView	多行文本视图
UIButton	按钮视图，一般响应一个动作事件，例如，点击事件
UITextField	可编辑的输入框
UISwitch	开关按钮视图
UISlider	可滑动的范围值视图
UISegmentedControl	分段切换视图
UIProgressView	进度条视图
UIActivityIndicatorView	进度标识视图
UIAlertView	警告提示视图
UIActionSheet	动作选项视图
UIImageView	图片视图
UIScrollView	滚动视图
UIWebView	网页视图
UIDatePicker	日期、时间选择视图
UIPickerView	选择视图
UIPageControl	页面控制视图

18.1 UIResponder

UIResponder 类是所有视图类的父类，包括 UIView、UIApplication 和 UIWindow。有关视图类的继承关系如图 18.1 所示。

UIResponder 类定义了一些响应和处理事件的方法。事件分为触屏事件、移动事件和远程控制事件。触屏事件的方法如下。

- touchesBegan:withEvent：触屏开始。
- touchesMoved:withEvent：移动当中。
- touchesEnded:withEvent：触屏结束。
- touchesCancelled:withEvent：触屏取消。

移动事件的方法如下。

- motionBegan:withEvent：开始移动。
- motionEnded:withEvent：结束移动。
- motionCancelled:withEvent：取消移动。

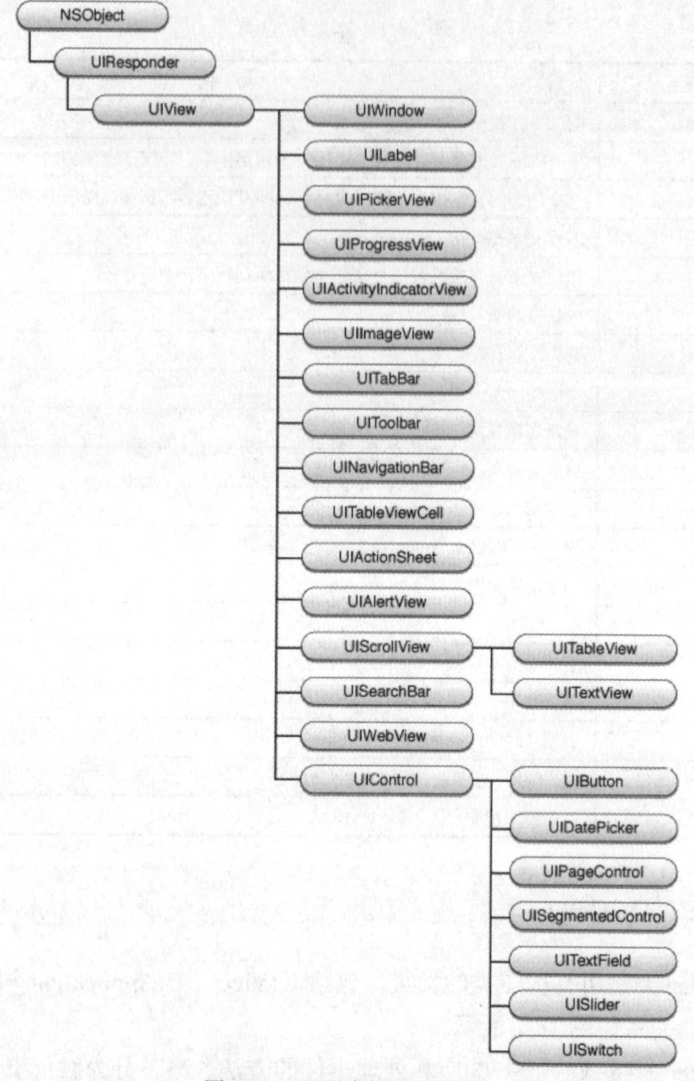

图 18.1　视图类的继承关系

另外，该类还定义了一些事件传递链的方法。

- nextResponder：下一个响应者。
- isFirstResponder：是否是第一个响应者。
- canBecomeFirstResponder：能否成为第一个响应者。
- – becomeFirstResponder：成为第一个响应者。
- canResignFirstResponder：能取消第一个响应者。
- resignFirstResponder：取消第一个响应者。

这些方法在事件处理和输入控制方面起到了核心作用。例如，可以使用触屏事件实现一个画图软件，使用 resignFirstResponder 方法取消正在显示的键盘。

18.2 UIView

大部分可视化操作都是由视图对象即 UIView 类的实例完成的。一个视图对象定义了屏幕上的一个矩形区域，同时处理该区域的绘制和触屏事件。一个视图也可以作为其他视图的父视图，同时决定着这些子视图的位置和大小。UIView 类做了大量的工作去管理内部视图的关系，但是也可以定制默认的行为。

UIView 的主要行为分为如下三个方面。

（1）绘制和动画。我们可以使用 UIKit、Core Graphics 和 OpenGL ES 等技术绘制视图，通过改变视图的属性实现一些动画效果。例如，alpha 可以改变透明度，transform 可以进行缩放、旋转和移动。

（2）布局和子视图的管理。一个视图可以包含若干子视图，可以动态添加和删除子视图，可以定义子视图相对于父视图的位置。

（3）事件处理。UIView 继承 UIResponder，可以实现 UIResponder 中的事件方法，可以调用 addGestureRecognizer:方法为视图添加手势处理。

18.2.1 UIView 的创建

大部分应用程序都是使用系统定义好的视图，例如，按钮、输入框等。但有的时候我们也需要自己定义视图来实现一些高级功能，例如，在游戏开发中，自定义一个 UIView。步骤如下。

① 使用 Xcode 创建一个空项目。

② 创建一个类继承 UIView，覆盖 initWithFrame 和 drawRect 方法。

```
#import "MyView.h"
@implementation MyView
- (id)initWithFrame:(CGRect)frame
{
    self = [super initWithFrame:frame];
    if (self) {
        // Initialization code
    }
    return self;
}

- (void)drawRect:(CGRect)rect
{
    // 获得上下文
    CGContextRef context = UIGraphicsGetCurrentContext();
    // 设置颜色
    CGContextSetFillColorWithColor(context,  [UIColor redColor].CGColor);
```

```
    // 矩形大小
    CGRect r = CGRectMake(20,20,200,200);
    // 添加矩形
    CGContextAddRect(context, r);
    // 绘制
    CGContextDrawPath(context, kCGPathFill);
}
@end
```

③ 在代理的 didFinishLaunchingWithOptions 方法中，实例化 MyView 并添加到 UIWindow 中。

```
- (BOOL)application:(UIApplication *)application didFinishLaunchingWithOptions:
(NSDictionary *)launchOptions
{
    self.window = [[UIWindow alloc] initWithFrame:[[UIScreen mainScreen] bounds]];
    // Override point for customization after application launch.
    CGRect frame = CGRectMake(0, 0, 300, 300);
    MyView *myView = [[MyView alloc]initWithFrame:frame];

    self.window.backgroundColor = [UIColor whiteColor];
    [self.window addSubview:myView];
    [self.window makeKeyAndVisible];
    return YES;
}
```

④ 程序运行结果如图 18.2 所示。

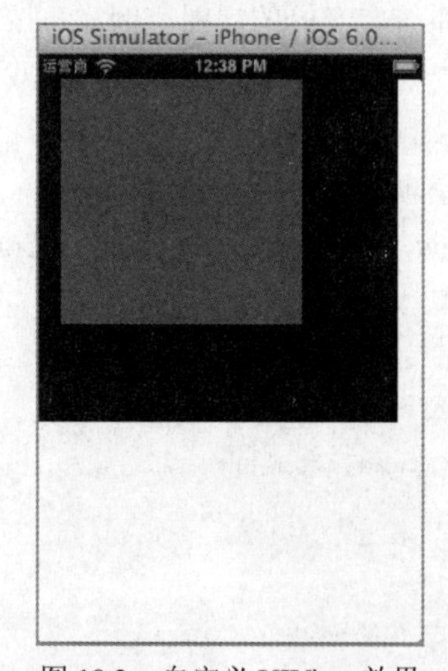

图 18.2　自定义 UIView 效果

18.2.2　UIView 的核心属性

视图对象通过 frame、bounds 和 center 属性声明来跟踪自己的大小和位置。

- frame 属性包含一个矩形，即边框矩形，用于指定视图相对于其父视图坐标系统的位置和大小。
- bounds 属性也包含一个矩形，即边界矩形，负责定义视图相对于本地坐标系统的位置和大小。虽然边界矩形的原点通常被设置为（0, 0），但这并不是必需的。
- center 属性包含边框矩形的中心点。

在代码中，可以将 frame、bounds 和 center 属性用于不同的目的。边界矩形代表视图本地坐标系统，因此，在描画和事件处理代码中，经常借助它来取得视图中发生的事件或需要更新的位置。中心点代表视图的中心，改变中心点一直是移动视图位置的最好方法。边框矩形是一个通过 bounds 和 center 属性计算得到的便利值，只有当视图的变换属性被设置为恒等变换时，边框矩形才是有效的。

下面通过一个实例来演示 frame、bounds 和 center 属性的用法。实例步骤如下。

① 在上一节的项目中创建一个视图控制器 UIViewController。

② 在 viewDidLoad 方法中创建两个按钮，添加到当前视图，并为第二个按钮添加点击事件。

```
- (void)viewDidLoad
{
    [super viewDidLoad];
    // 实例化圆角 Button
    self.myBtn = [UIButton buttonWithType:UIButtonTypeRoundedRect];
    // 边框大小
    CGRect frame = CGRectMake(20, 20, 100, 30);
    //设置按钮边框
    self.myBtn.frame = frame;
    // 设置标题
    [self.myBtn setTitle:@"Test" forState:UIControlStateNormal];
    // 添加视图到当前 View
    [self.view addSubview:self.myBtn];

    // 实例化圆角 Button
    self.changeBtn = [UIButton buttonWithType:UIButtonTypeRoundedRect];
    // 边框大小
    CGRect frame2 = CGRectMake(20, 100, 100, 30);
    //设置按钮边框
    self.changeBtn.frame = frame2;
    // 设置标题
    [self.changeBtn setTitle:@"Change" forState:UIControlStateNormal];
    // 添加视图到当前 View
    [self.view addSubview:self.changeBtn];
    // 添加点击事件
    [self.changeBtn  addTarget:self  action:@selector(change:)  forControlEvents:
UIControlEventTouchUpInside];
}
```

③ 在点击事件中改变 bounds 属性和 center 属性。

```
- (IBAction)change:(id)sender {
    // 1. 改变 center 属性
    // 创建点
    CGPoint center = CGPointMake(160, 240);
    // 改变按钮的 center 属性到当前点
    self.myBtn.center = center;
    // 2. 改变 bounds 属性
    // 设置需要重新布局
    [self.myBtn setNeedsLayout];
    // bounds 大小
    CGRect bounds = CGRectMake(20, 20, 100, 60);
    // 设置按钮的 bounds 属性
    self.myBtn.bounds =bounds;
}
```

④ 程序运行结果如图 18.3 所示。

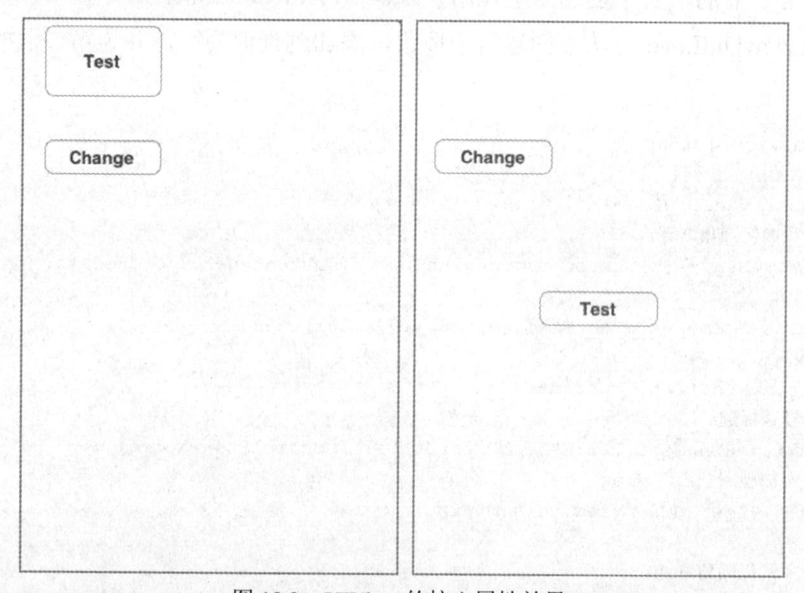

图 18.3 UIView 的核心属性效果

18.3 UILabel

UILabel 是一个只读文本视图，可以使用该视图创建若干行静态文本，我们可以为 UILabel 设置一些属性来实现格式化文本。

下面的代码创建了一个 UILabel 视图，并指定 text 属性。

```
// 1. UILabel 的创建
CGRect frame = CGRectMake(20, 20, 100, 100);
self.myLabel = [[UILabel alloc]initWithFrame:frame];
```

```
    // 2. 设置 text 属性
    self.myLabel.text = @"Hello UILabel!";
    [self.view addSubview:self.myLabel];
```

我们还可以设置 UILabel 的字体、文字颜色和对齐方式，设置字体大小适应 Label 宽度、行数、阴影和缩略显示方式。

```
    // 3. 设置字体
    self.myLabel.font = [UIFont boldSystemFontOfSize:20];
    // 4. 设置文字颜色
    self.myLabel.textColor = [UIColor orangeColor];
    // 5. 设置对齐方式
    self.myLabel.textAlignment = UITextAlignmentRight;
    // 6. 设置字体大小适应 Label 宽度
    self.myLabel.adjustsFontSizeToFitWidth = YES;
    // 7. label 行数
    self.myLabel.numberOfLines = 2;
    // 8. 设置阴影
    self.myLabel.shadowColor = [UIColor redColor];
    self.myLabel.shadowOffset = CGSizeMake(1.0,1.0);
    // 9. 设置缩略显示方式
    self.myLabel.lineBreakMode = NSLineBreakByTruncatingTail;
```

缩略方式提供了如下枚举类型。

```
typedef NS_ENUM(NSInteger, NSLineBreakMode) {
    NSLineBreakByWordWrapping = 0,
    NSLineBreakByCharWrapping,
    NSLineBreakByClipping,
    NSLineBreakByTruncatingHead,
    NSLineBreakByTruncatingTail,
    NSLineBreakByTruncatingMiddle
}
```

有时候，我们需要根据文本大小动态创建 UILabel 视图（见图 18.4），下面代码实现了该功能。

```
    // 创建 Label 标签
    UILabel *myLabel = [[UILabel alloc] initWithFrame:CGRectMake(15, 45, 0, 0)];
    // 背景色
    myLabel.backgroundColor = [UIColor lightTextColor];
    // 行数
    [myLabel setNumberOfLines:0];
    // 缩略方式
    myLabel.lineBreakMode = NSLineBreakByTruncatingTail;
    // 字体
    UIFont *fonts = [UIFont fontWithName:@"Arial" size:12];
    myLabel.font = fonts;
    // 尺寸大小
    CGSize size = CGSizeMake(290, 1000);
    myLabel.text = @"iOS 应用开发详解! iOS 应用开发详解! iOS 应用开发详解! iOS 应用开发详解!
iOS 应用开发详解! iOS 应用开发详解! ";
```

```
        // 根据文本获得大小
        CGSize msgSie = [myLabel.text sizeWithFont:fonts constrainedToSize:size
lineBreakMode:NSLineBreakByTruncatingTail];
        // 根据 size 设置 frame
        [myLabel setFrame:CGRectMake(15, 45, 290, msgSie.height)];
        // 添加到视图
        [self.view addSubview:myLabel];
```

图 18.4　UILabel 自适应大小

18.4 UITextView

UITextView 继承了 UIScrollView，是一个可滚动的多行视图文本区域。和 UILabel 一样，可以对要显示的文本进行格式化，并且该文本可以编辑。

下面代码创建了一个 UITextView，text 属性指定要显示的文本，textColor 属性指定字体颜色，font 属性指定字体，delegate 属性指定代理，backgroundColor 属性指定背景色，returnKeyType 属性指定返回按键类型，keyboardType 属性指定键盘类型等。

```
    - (void)viewDidLoad
    {
        [super viewDidLoad];
        // 创建矩形框
        CGRect frame = CGRectMake(20, 20, 200, 200);
        // 实例化 UITextView
       self.tv = [[UITextView alloc]initWithFrame:frame];
        // 指定 text 属性
        self.tv.text=@"Hello  UITextView!  Hello  UITextView!  Hello  UITextView!  Hello
UITextView! Hello UITextView!";
```

```
    // 设置 textview（文本视图）里面的字体颜色
    self.tv.textColor = [UIColor blackColor];
    // 设置字体名字和字体大小
    self.tv.font = [UIFont fontWithName:@"Arial" size:18.0];
    // 设置代理方法
    self.tv.delegate = self;
    // 设置背景颜色
    self.tv.backgroundColor = [UIColor whiteColor];
    // 返回按键类型
    self.tv.returnKeyType = UIReturnKeyDefault;
    // 键盘类型
    self.tv.keyboardType = UIKeyboardTypeDefault;
    // 是否可以拖动
    self.tv.scrollEnabled = YES;
    // 自适应高度
    self.tv.autoresizingMask = UIViewAutoresizingFlexibleHeight;
   // 圆角显示（注意：需要导入#import <QuartzCore/QuartzCore.h>）
    [self.tv.layer setCornerRadius:10];
    [self.view addSubview:self.tv];
}
```

可以为 UITextView 指定代理 UITextViewDelegate 来监控 UITextView 的编辑状态。步骤如下。

① 在.h 文件中实现 UITextViewDelegate 协议。

```
@interface AmakerViewController : UIViewController<UITextViewDelegate>
@end
```

② 为 UITextView 的 delegate 属性指定为 self。

```
 self.tv.delegate = self;
```

③ 实现代理方法。

```
// 将要开始内容编辑
- (BOOL)textViewShouldBeginEditing:(UITextView *)textView{
    NSLog(@"textViewShouldBeginEditing...");
    return YES;
}
// 将要结束内容编辑
- (BOOL)textViewShouldEndEditing:(UITextView *)textView{
    NSLog(@"textViewShouldEndEditing...");
    return YES;
}
// 已经开始内容编辑
- (void)textViewDidBeginEditing:(UITextView *)textView{
    NSLog(@"textViewDidBeginEditing...");
}
// 已经结束内容编辑
- (void)textViewDidEndEditing:(UITextView *)textView{
    NSLog(@"textViewDidEndEditing...");
}
```

④ 程序运行结果如下：

```
2013-02-05 15:11:26.600 chapter18-04[3127:c07] textViewShouldBeginEditing...
2013-02-05 15:11:27.263 chapter18-04[3127:c07] textViewDidBeginEditing...
```

18.5 UIButton

UIButton 是 iOS 中最常用的视图控件，常用来响应用户的点击事件。事件方法定义了要完成的动能。下面代码定义了一个 UIButton 实例，指定 Button 的类型为圆角矩形，并指定了边框 frame 属性，设置了标题，为按钮添加了点击事件。

```
- (void)viewDidLoad
{
    [super viewDidLoad];
   // 实例化 UIButton
    self.btn1 = [UIButton buttonWithType:UIButtonTypeRoundedRect];
    // 设置边框
    self.btn1.frame = CGRectMake(20, 20, 100, 50);
    // 设置标题
    [self.btn1 setTitle:@"Hello" forState:UIControlStateNormal];
    // 添加点击事件
    [self.btn1 addTarget:self action:@selector(click:) forControlEvents:UIControl
EventTouchUpInside];
    [self.view addSubview:self.btn1];
}

-(IBAction)click:(id)sender{
    UIButton *btn = (UIButton*)sender;
    NSString *title = btn.titleLabel.text;
    NSLog(@"%@",title);
}
```

可以为按钮指定不同的类型，从而呈现不同的样式，也可以自定义按钮。下面枚举定义了按钮的不同类型。

```
typedef NS_ENUM(NSInteger, UIButtonType) {
    UIButtonTypeCustom = 0,
    UIButtonTypeRoundedRect,
    UIButtonTypeDetailDisclosure,
    UIButtonTypeInfoLight,
    UIButtonTypeInfoDark,
    UIButtonTypeContactAdd,
};
```

不同类型的按钮显示效果如图 18.5 所示。

图 18.5　UIButton 的不同类型效果显示

18.6 UITextField

UITextField 是常用的输入控件，例如，登录界面要求用户输入用户名和密码等。可以为 UITextField 指定一些属性来控制输入，例如，是否显示为密码、内容的对齐方式、提示信息、是否显示清除按钮等。下面代码创建了一个 UITextField 实例，并指定了一些属性来控制用户的输入。

```
- (void)viewDidLoad
{
    [super viewDidLoad];
    // 边框大小
    CGRect frame = CGRectMake(20, 20, 150, 40);
    // 实例化 UITextFeield
  self.tf = [[UITextField alloc]initWithFrame:frame];
    // 提示信息
    self.tf.placeholder = @"Please type Password...";
    // 边框样式
    self.tf.borderStyle = UITextBorderStyleRoundedRect;
    // 内容垂直方向对齐
    self.tf.contentVerticalAlignment = UIControlContentVerticalAlignmentCenter;
    // 内容水平方向对齐
    self.tf.textAlignment = NSTextAlignmentLeft;
    // 密码
    self.tf.secureTextEntry = YES;
    // 是否自动验证输入内容
    self.tf.autocorrectionType = UITextAutocorrectionTypeNo;
    // 单词首字母大小写
    self.tf.autocapitalizationType = UITextAutocapitalizationTypeNone;
    // 键盘返回按键类型
    self.tf.returnKeyType = UIReturnKeyDone;
    // 编辑时的清除按钮
```

```
    self.tf.clearButtonMode = UITextFieldViewModeWhileEditing;
    [self.view addSubview:self.tf];
}
```

效果如图 18.6 所示。

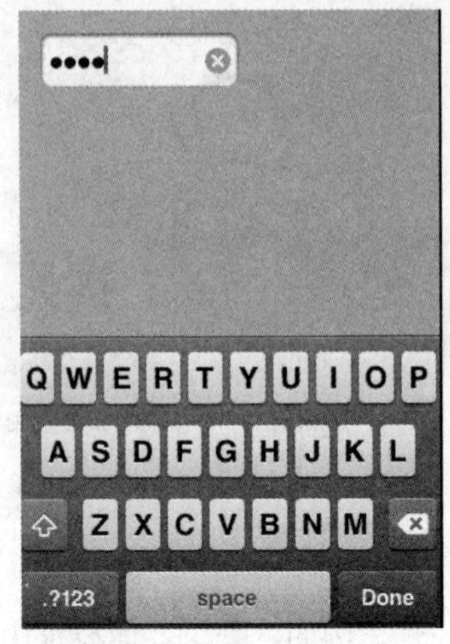

图 18.6　UITextField 效果

我们可以为 UITextField 添加代理 UITextFieldDelegate 来监控当前的编辑状态。下面就为按钮添加代理，并实现点击 Done 时隐藏键盘的动能。实现步骤如下。

① 实现代理协议。

```
#import <UIKit/UIKit.h>
@interface AmakerViewController : UIViewController<UITextFieldDelegate>
@end
```

② 指定代理。

```
self.tf.delegate = self;
```

③ 实现隐藏键盘方法。

```
- (BOOL)textFieldShouldReturn:(UITextField *)textField{
    // 隐藏键盘
    [self.tf resignFirstResponder];
    return YES;
}
```

18.7 UISwitch

UISwitch 是一个开关控件，常用来控制某个功能的开关状态，例如，蓝牙、GPS、WiFi 信号等。下面代码定义了一个 UISwitch 控件，指定了当前状态为开启，设置了不同状态下的颜色，并添加了值改变事件方法。

```
- (void)viewDidLoad
{
    [super viewDidLoad];
    // 矩形边框
    CGRect frame = CGRectMake(20, 20, 0, 0);
    // 实例化 UISwitch
   self.mySwitch = [[UISwitch alloc]initWithFrame:frame];
    // 设置当前状态为开启
    [self.mySwitch setOn:YES];

    //底色颜色
    self.mySwitch.tintColor = [UIColor redColor];
    // 开启底色颜色
    self.mySwitch.onTintColor = [UIColor brownColor];
    // 滑块颜色
    self.mySwitch.thumbTintColor = [UIColor greenColor];
    // 添加值改变事件方法
    [self.mySwitch addTarget:self action:@selector(change:) forControlEvents:
UIControlEventValueChanged];
    [self.view addSubview:self.mySwitch];
}
-(IBAction)change:(id)sender{
    UISwitch *swt = (UISwitch*)sender;
    if (swt.on) {
        NSLog(@"set on!");
    }else{
        NSLog(@"set off!");
    }
}
```

程序运行结果如图 18.7 所示。

图 18.7　UISwitch 效果

18.8 UISlider

UISlider 控件可以从一个连续的区间中选择一个值，例如，可以控制设备的当前音量、亮度等功能。下面代码创建了一个 UISlider，指定了最小值、最大值、当前值和不同状态下的颜色，并添加了值改变事件方法。程序代码如下：

```
- (void)viewDidLoad
{
    [super viewDidLoad];
    // 边框大小
    CGRect frame = CGRectMake(20, 20, 200, 0);
    // 实例化 UISlider
    self.slider = [[UISlider alloc]initWithFrame:frame];
    // 最小值
    self.slider.minimumValue = 0;
    // 最大值
    self.slider.maximumValue = 100;
    // 是否连续触发事件处理
    self.slider.continuous = YES;
    // 当前值
    self.slider.value = 50;
    // 最小端颜色
    self.slider.minimumTrackTintColor = [UIColor redColor];
    // 最大端颜色
    self.slider.maximumTrackTintColor = [UIColor greenColor];
    // 滑块颜色
    self.slider.thumbTintColor = [UIColor blackColor];
    // 添加值改变事件方法
    [self.slider addTarget:self action:@selector(change:) forControlEvents:
UIControlEventValueChanged];

    [self.view addSubview:self.slider];
}
-(IBAction)change:(id)sender{
    UISlider *slider = (UISlider*)sender;
    float value = slider.value;
    NSLog(@"value=%f",value);
}
```

程序运行结果如图 18.8 所示。

图 18.8　UISlider 效果

18.9 UISegmentedControl

UISegmentedControl 是一个多分段选择控件，允许用户在多个分段中做出选择。选中某个分段会触发一个值改变事件，事件方法会被调用。下面代码创建了一个 UISegmentedControl 实例，为某个指定索引设置了标题，设置了默认选择项索引，设置了样式和底色颜色，并添加了值改变事件方法。程序代码如下：

```
- (void)viewDidLoad
{
    [super viewDidLoad];
    NSArray *items = @[@"A",@"B",@"c"];
   self.seg = [[UISegmentedControl alloc]initWithItems:items];
    CGRect frame = CGRectMake(20, 20, 180, 50);
    self.seg.frame = frame;
    // 设置指定索引的标题
    [self.seg setTitle:@"two" forSegmentAtIndex:1];
    // 设置默认选择项索引
    self.seg.selectedSegmentIndex = 1;
    // 底色颜色
    self.seg.tintColor = [UIColor redColor];
    // 设置样式
    self.seg.segmentedControlStyle = UISegmentedControlStyleBar;
    // 设置在点击后是否恢复原样
    self.seg.momentary = NO;
    // 设置指定索引选项不可选
    [self.seg setEnabled:NO forSegmentAtIndex:2];
    // 添加值改变事件方法
    [self.seg addTarget:self action:@selector(change:)
      forControlEvents:UIControlEventValueChanged];
    [self.view addSubview:self.seg];
}

-(IBAction)change:(id)sender{
    UISegmentedControl *seg = (UISegmentedControl*)sender;
    int index = seg.selectedSegmentIndex;
    NSString *title = [self.seg titleForSegmentAtIndex:index];
    switch (index) {
        case 0:
            NSLog(@"%@",title);
            break;
        case 1:
             NSLog(@"%@",title);
            break;
        case 2:
             NSLog(@"%@",title);
            break;
        default:
            break;
    }
}
```

程序运行结果如图 18.9 所示。

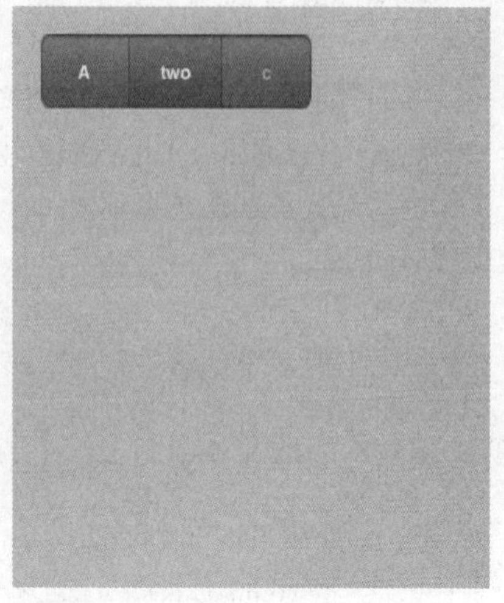

图 18.9　UISegmentedControl 效果

18.10 UIProgressView

UIProgressView 是进度条视图，用来显示某个任务的当前状态，例如，文件的下载进度、邮件的下载进度等。下面的程序通过一个计数器 NSTimer 来实现每隔 1 秒更新一次进度的功能。

```
    - (void)viewDidLoad
    {
        [super viewDidLoad];
        // 实例化 NSTimer
        self.timer = [NSTimer scheduledTimerWithTimeInterval:1 target:self selector:
@selector(change:) userInfo:nil repeats:YES];
        // 实例化 UIProgressView
        self.pv = [[UIProgressView alloc]initWithProgressViewStyle:UIProgressViewStyle
Default];
        // 指定 frame 属性
        self.pv.frame = CGRectMake(20, 20, 180, 20);
        // 进度颜色
        self.pv.progressTintColor = [UIColor redColor];
        // 底色颜色
        self.pv.trackTintColor = [UIColor greenColor];
        // 当前进度
        self.pv.progress = 0.0;
        [self.view addSubview:self.pv];
    }

    -(void)change:(NSTimer*)myTimer{
        NSLog(@"Here...%f",self.pv.progress);
        if (self.pv.progress>=1) {
```

```
        // 停止 NSTimer
        [self.timer invalidate];
    }else{
        // 进度+0.1
        self.pv.progress+=0.1;
    }
}
```

程序运行结果如图 18.10 所示。

图 18.10　UIProgressView 效果

18.11 UIActivityIndicatorView

UIActivityIndicatorView，顾名思义，是活动标识视图，用来标识某个任务的状态，即忙还是空闲。下面程序在界面上添加两个按钮和一个 UIActivityIndicatorView，按钮用来开启和停止显示。

```
- (void)viewDidLoad
{
    [super viewDidLoad];
    // 实例化 UIActivityIndicatorView
    self.aiv = [[UIActivityIndicatorView alloc]initWithActivityIndicatorStyle:
UIActivityIndicatorViewStyleWhiteLarge];
    // 指定 frame 属性
    self.aiv.frame = CGRectMake(20, 20, 100, 100);
    [self.view addSubview:self.aiv];

    // 实例化开启 Button
    self.startBtn = [UIButton buttonWithType:UIButtonTypeRoundedRect];
    self.startBtn.frame = CGRectMake(20, 100, 100, 50);
    // 设置标题
    [self.startBtn setTitle:@"Start" forState:UIControlStateNormal];
    // 添加开启事件方法
```

```
    [self.startBtn addTarget:self action:@selector(start:) forControlEvents:
UIControlEventTouchUpInside];
    [self.view addSubview:self.startBtn];
    // 实例化停止按钮
    self.stopBtn = [UIButton buttonWithType:UIButtonTypeRoundedRect];
    // 设置 frame 属性
    self.stopBtn.frame = CGRectMake(20, 180, 100, 50);
    // 设置标题
    [self.stopBtn setTitle:@"Stop" forState:UIControlStateNormal];
    // 添加停止事件方法
    [self.stopBtn addTarget:self action:@selector(stop:) forControlEvents:
UIControlEventTouchUpInside];
    [self.view addSubview:self.stopBtn];
}

-(IBAction)start:(id)sender{
    // 开启动画显示
    [self.aiv startAnimating];
}

-(IBAction)stop:(id)sender{
    // 停止动画显示
    [self.aiv stopAnimating];
}
```

程序运行结果如图 18.11 所示。

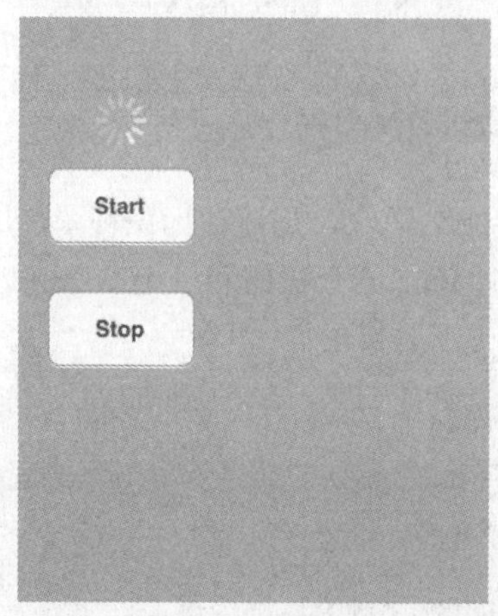

图 18.11　UIActivityIndicatorView 效果

18.12 UIAlertView

UIAlertView 视图为用户显示提示信息，例如，要求用户确认某个决定，从用户那里获得一些信息，如用户登录等。

我们可以使用下面代码来实例化一个 UIAlertView，并为其设置要显示的标题、信息、代理和按钮等。

```
        // 实例化 UIAlertView，并指定标题、信息和按钮
        UIAlertView *alert = [[UIAlertView alloc]initWithTitle:@"My Title" message:
@ "This is a message." delegate:nil cancelButtonTitle:@"Cancel" otherButtonTitles:@"OK",
@"Other", nil];
        // 显示
        [alert show];
```

程序运行结果如图 18.12 所示。

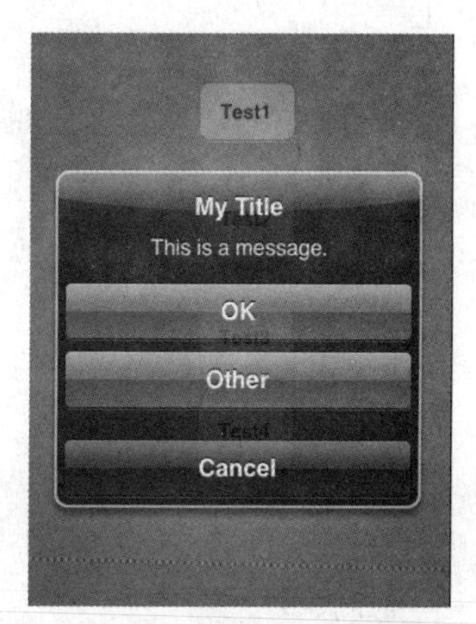

图 18.12　UIAlertView 效果

我们可以为 UIAlertView 指定一个代理来判断哪个按钮被点击。下面代码展示了如何设置代理并判断哪个按钮被点击。

```
    @interface AmakerViewController : UIViewController<UIAlertViewDelegate>

    - (IBAction)test2:(id)sender {
        // 实例化 UIAlertView，并指定标题、信息、代理和按钮
        UIAlertView *alert = [[UIAlertView alloc]initWithTitle:@"My Title" message:
@" This is a message." delegate:self cancelButtonTitle:@"Cancel" otherButtonTitles:@"OK",
@"Other", nil];
        // 显示
        [alert show];
    }

    // 代理方法，判断哪个按钮被点击
    - (void)alertView:(UIAlertView *)alertView clickedButtonAtIndex:(NSInteger)button
Index{
        // 获得当前索引按钮的标题
        NSString *buttonTitle = [alertView buttonTitleAtIndex:buttonIndex];
        // 根据标题判断哪个按钮被点击
        if ([buttonTitle isEqualToString:@"Cancel"]) {
            NSLog(@"Cancel is clicked!");
        }else if([buttonTitle isEqualToString:@"OK"]){
```

```
        NSLog(@"OK is clicked!");
    }else if([buttonTitle isEqualToString:@"Other"]){
        NSLog(@"Other is clicked!");
    }else{
        NSLog(@"Error!");
    }
}
```

我们也可以为 UIAlertView 设置一些样式，以方便从用户那里收集一些信息。iOS SDK 提供的 UIAlertView 样式有如下几种。

```
typedef NS_ENUM(NSInteger, UIAlertViewStyle) {
    UIAlertViewStyleDefault = 0,           // 默认样式
    UIAlertViewStyleSecureTextInput,       // 密码输入框
    UIAlertViewStylePlainTextInput,        // 普通文件输入框
    UIAlertViewStyleLoginAndPasswordInput// 登录框
};
```

下面程序实现了一个 UIAlertViewStylePlainTextInput 的 UIAlertView，并且可以获得用户输入的内容。

```
- (IBAction)test3:(id)sender {
    // 实例化 UIAlertView，并指定标题、信息、代理和按钮
    UIAlertView *alert = [[UIAlertView alloc]initWithTitle:nil message:@"your age?"
delegate:self cancelButtonTitle:@"OK" otherButtonTitles:nil];
    // 设置显示样式
    [alert setAlertViewStyle:UIAlertViewStylePlainTextInput];
    UITextField *textField = [alert textFieldAtIndex:0];
    textField.keyboardType = UIKeyboardTypeNumberPad;
    [alert show];
}

    // 获得索引为 0 的 UITextField
    UITextField *textField = [alertView textFieldAtIndex:0];
    if (textField!=nil) {
        // 获得 UITextField 输入的内容
        NSString *content = textField.text;
        NSLog(@"%@",content);
    }
```

程序运行结果如图 18.13 所示。

下面是一个登录样式的程序。

```
- (IBAction)test4:(id)sender {
    // 实例化 UIAlertView，并指定标题、信息、代理和按钮
    UIAlertView *alert = [[UIAlertView alloc]initWithTitle:
nil  message:@"Login"  delegate:self  cancelButtonTitle:@"OK"
otherButtonTitles:nil];
    // 设置显示样式
```

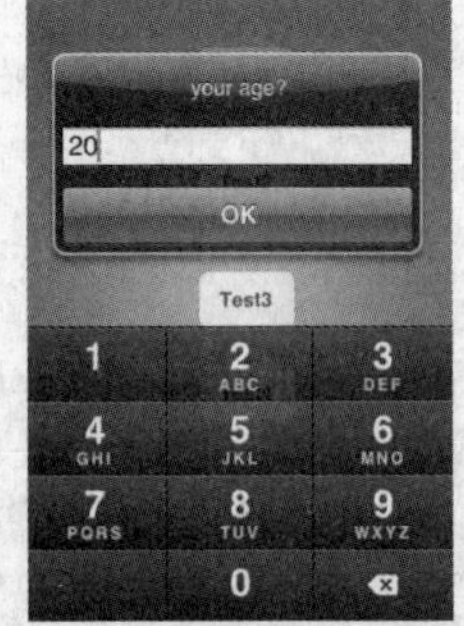

图 18.13　UIAlertView 样式

```
        [alert setAlertViewStyle:UIAlertViewStyleLoginAndPasswordInput];
        [alert show];
    }

        // 获得索引为 0 的 UITextField
        UITextField *textField = [alertView textFieldAtIndex:0];
        if (textField!=nil) {
            // 获得 UITextField 输入的内容
            NSString *content = textField.text;
            NSLog(@"%@",content);
        }
        // 获得索引为 1 的 UITextField
        UITextField *textField1 = [alertView textFieldAtIndex:1];
        if (textField1!=nil) {
            // 获得 UITextField 输入的内容
            NSString *content = textField1.text;
            NSLog(@"%@",content);
        }
```

程序运行结果如图 18.14 所示。

图 18.14　UIAlertView 登录样式

18.13 UIActionSheet

UIActionSheet 的用法和 UIAlertView 类似，区别在于 UIActionSheet 为用户提供了多个可选项，并且 UIActionSheet 需要指定它出现的位置。下面代码演示了如何创建一个 UIActionSheet，并且在当前 View 中显示出来。

```
    // 实例化 UIActionSheet，并设置标题、代理和按钮等信息
    self.ac = [[UIActionSheet alloc]initWithTitle:@"Please select..." delegate:nil
cancelButtonTitle:@"Cancel" destructiveButtonTitle:@"OK" otherButtonTitles:@"Other",@
"Other2", nil];

    [self.ac showInView:self.view];
```

程序运行结果如图 18.15 所示。

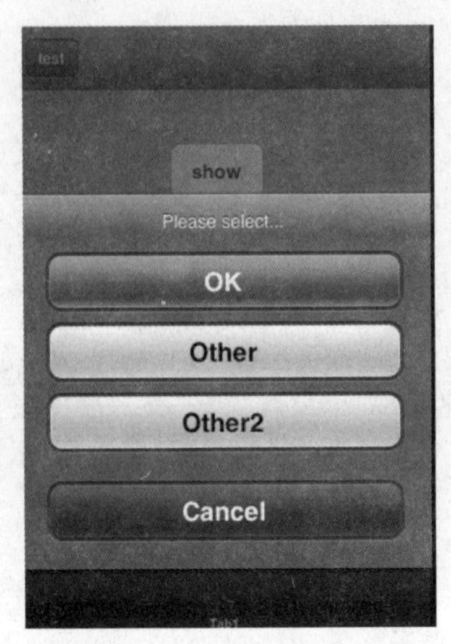

图 18.15　UIActionSheet 效果

我们可以为 UIActionSheet 设置代理来判断哪个按钮被点击，判断方法如下面代码所示。

```
    // 实现代理协议
    @interface AmakerViewController : UIViewController<UIActionSheetDelegate>
    // 设置代理属性
    self.ac.delegate = self;
    // 覆盖代理方法
    // 代理方法，判断哪个按钮被点击
    - (void)actionSheet:(UIActionSheet *)actionSheet clickedButtonAtIndex:(NSInteger)
buttonIndex{
        // 获得当前索引的按钮标题
        NSString *buttonTitle = [actionSheet buttonTitleAtIndex:buttonIndex];
        if ([buttonTitle isEqualToString:@"OK"]) {
            NSLog(@"OK");
        }else if([buttonTitle isEqualToString:@"Cancel"]){
            NSLog(@"Cancel");
        }else if([buttonTitle isEqualToString:@"Other"]){
            NSLog(@"Other");
        }else if([buttonTitle isEqualToString:@"Other2"]){
            NSLog(@"Other2");
        }else{
            NSLog(@"Error");
        }
    }
```

另外，我们也可以设置 UIActionSheet 出现的位置，它除了可以从当前的 View 出现外，还可以从 TabBar、ToolBar 和 BarButtonItem 出现。

```
// 1. 从 TabBar 显示
//AmakerAppDelegate *delegate = [UIApplication sharedApplication].delegate;
//[self.ac showFromTabBar:delegate.tb.tabBar];
// 2. 从 ToolBar 显示
//[self.ac showFromToolbar:self.tb];
// 3. 从 BarButtonItem 显示
[self.ac showFromBarButtonItem:self.item1 animated:YES];
```

18.14 UIImageView

UIImageView 可以在界面上显示图片或者动画，图片的来源可以是本地，也可以是网络。下面代码演示了如何展现一个 UIImageView。

```
- (void)viewDidLoad
{
    [super viewDidLoad];
    // 实例化 UIImage
    UIImage *img = [UIImage imageNamed:@"test.jpg"];
    // 实例化 UIImageView
    self.imageView = [[UIImageView alloc]initWithImage:img];
    // 设置 UIImageView 的 frame 属性
    self.imageView.frame = self.view.bounds;
    // 设置 UIImageView 的内容展示模式
    self.imageView.contentMode = UIViewContentModeScaleAspectFit;
    // 设置 UIImageView 的 center 属性
    self.imageView.center = self.view.center;
    [self.view addSubview:self.imageView];
}
```

程序运行结果如图 18.16 所示。

图 18.16 UIImageView 效果

其中，contentMode 是一个非常重要的属性，设置不同的内容模式显示效果会截然不同。下面是 iOS SDK 支持的内容模式。

```
typedef NS_ENUM(NSInteger, UIViewContentMode) {
    UIViewContentModeScaleToFill,              // 缩放至全屏
    UIViewContentModeScaleAspectFit,           // 缩放到合适比例
    UIViewContentModeRedraw,                   // 重新绘制
    UIViewContentModeCenter,                   // 中心对齐
    UIViewContentModeTop,                      // 上对齐
    UIViewContentModeBottom,                   // 底部对齐
    UIViewContentModeLeft,                     // 左对齐
    UIViewContentModeRight,                    // 右对齐
    UIViewContentModeTopLeft,                  // 左顶对齐
    UIViewContentModeTopRight,                 // 右顶对齐
    UIViewContentModeBottomLeft,               // 左底对齐
    UIViewContentModeBottomRight,              // 右底对齐
};
```

18.15 UIScrollView

UIScrollView 是一个滚动视图，用来实现当要显示的内容大于屏幕或组件尺寸时滚动显示功能。例如，显示大图片、大文本等内容。下面代码实现了滚动显示图片的功能。

```
- (void)viewDidLoad
{
    [super viewDidLoad];
    // 实例化 UIImage
    UIImage *img = [UIImage imageNamed:@"test.jpg"];
    // 实例化 UIImageView
    self.imgView = [[UIImageView alloc]initWithImage:img];
    // 实例化 UIScrollView
    self.scroll = [[UIScrollView alloc]initWithFrame:self.view.bounds];
    // 设置是否显示水平垂直滚动条
    self.scroll.showsHorizontalScrollIndicator = YES;
    self.scroll.showsVerticalScrollIndicator = YES;
    // 设置代理属性
    self.scroll.delegate = self;
    // 添加图片到滚动视图
    [self.scroll addSubview:self.imgView];
    // 设置 contentSize 大小为图片大小
    self.scroll.contentSize = self.imgView.bounds.size;
    // 添加滚动视图到当前 View
    [self.view addSubview:self.scroll];
}
```

程序运行结果如图 18.17 所示。

图 18.17　使用 UIScrollView 滚动显示图片

另外，可以为 UIScrollView 指定代理来监控当前的滚动状态。实现步骤如下。

① 实现代理协议。

```
@interface AmakerViewController : UIViewController<UIScrollViewDelegate>
@end
```

② 设置代理属性。

```
self.scroll.delegate = self;
```

③ 覆盖代理协议方法。

```
- (void)scrollViewWillBeginDragging:(UIScrollView *)scrollView;{
    NSLog(@"scrollViewWillBeginDragging...");
}
- (void)scrollViewDidScrollToTop:(UIScrollView *)scrollView{
    NSLog(@"scrollViewDidScrollToTop...");
}
```

18.16 UIWebView

使用 UIWebView 可以实现一个 Web 浏览器，可以实现加载静态 HTML、动态 URL 地址，可以实现网页导航，以及调用 JavaScript 等。

加载一个动态 URL 地址的步骤如下。

① 实例化一个 UIWebView。

```
self.webView = [[UIWebView alloc]initWithFrame:self.view.bounds];
```

② 获得 NSURLRequest 实例。

```
NSString *str = @"http://www.baidu.com";
NSURL *url = [NSURL URLWithString:str];
NSURLRequest *request = [NSURLRequest requestWithURL:url];
```

③ 调用 loadRequest 方法加载网页内容。

```
[self.webView loadRequest:request];
```

程序运行结果如图 18.18 所示。

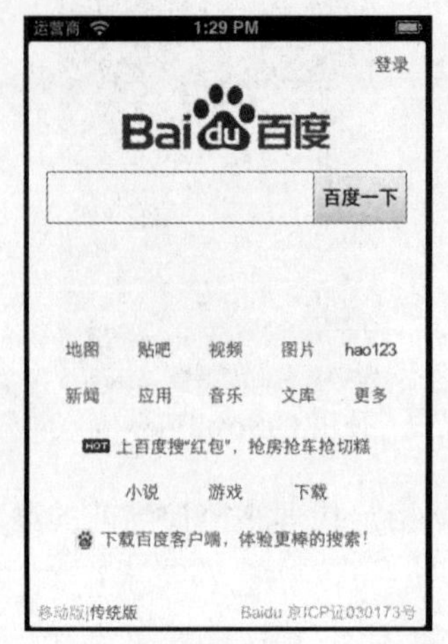

图 18.18　使用 UIWebView 动态加载网页

使用 UIWebView 也可以加载静态的 HTML 页面。

```
self.webView = [[UIWebView alloc]initWithFrame:self.view.bounds];
NSString *str = @"Hello <b>WebView</b>,<a href=http://developer.apple.com> More...</a>";
[self.webView loadHTMLString:str baseURL:nil];
[self.view addSubview:self.webView];
```

程序运行结果如图 18.19 所示。

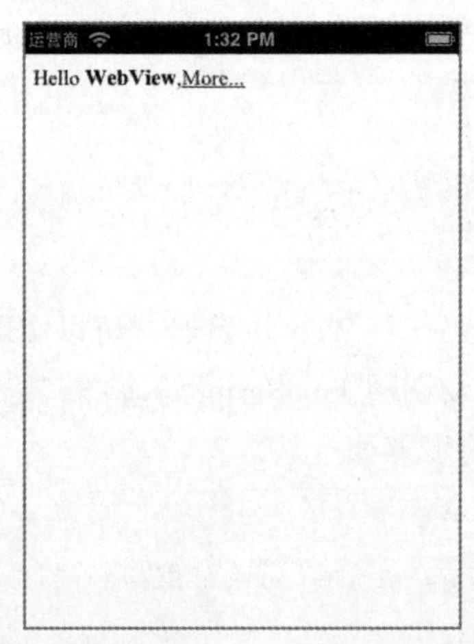

图 18.19　使用 UIWebView 静态加载 HTML 页面

可以为 UIWebView 设置代理来监控 UIWebView 的加载过程。下面案例演示了如何在显示网页之前显示一个进度标识，当加载成功后加载网页。实现步骤如下。

① 实现 UIWebViewDelegate 协议。

```
@interface AmakerViewController : UIViewController<UIWebViewDelegate>
```

② 实例化 UIWebView 和 UIActivityIndicatorView。

```
    // 实例化 UIWebView
    self.webView = [[UIWebView alloc]initWithFrame:self.view.bounds];
    // 实例化 UIActivityIndicatorView
    self.aiv = [[UIActivityIndicatorView alloc]initWithFrame:CGRectMake(20, 20, 100,
100)];
    // 设置 UIActivityIndicatorView 样式
    self.aiv.activityIndicatorViewStyle=UIActivityIndicatorViewStyleGray;
    // 设置 center 属性为 UIWebView 的 center
    self.aiv.center = self.webView.center;
```

③ 为 UIWebView 设置代理属性。

```
    self.webView.delegate = self;
```

④ 实例化 NSURLRequest，并加载网页。

```
    // 设置要访问的网络 URL
    NSString *str = @"http://www.any-phone.com";
    // 实例化 NSURL
    NSURL *url = [NSURL URLWithString:str];
    // 实例化 NSURLRequest
    NSURLRequest *request = [NSURLRequest requestWithURL:url];
    // 加载页面
    [self.webView loadRequest:request];
    // 添加 UIActivityIndicatorView 到 UIWebView
    [self.webView addSubview:self.aiv];
    [self.view addSubview:self.webView];
```

⑤ 实现协议方法。

```
    - (void)webViewDidStartLoad:(UIWebView *)webView{
        [self.aiv startAnimating];
        self.aiv.hidden = NO;
    }
    - (void)webViewDidFinishLoad:(UIWebView *)webView{
        [self.aiv stopAnimating];
        self.aiv.hidden = YES;
    }
```

程序运行结果如图 18.20 所示。

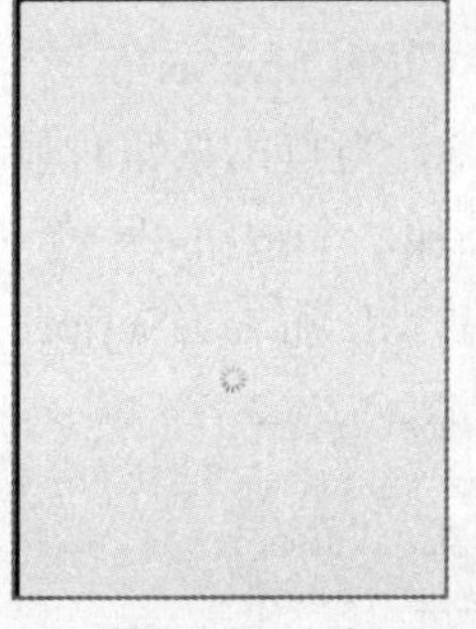
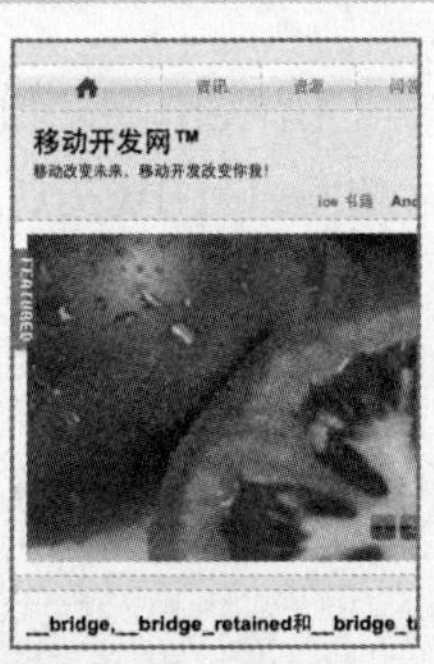

图 18.20　为 UIWebView 设置代理

使用 UIWebView 还可以实现导航、刷新等操作。下面案例在界面上添加 4 个按钮，分别实现加载、前进、后退、刷新功能。实现步骤如下。

① 在界面上添加 4 个按钮和 1 个输入框，并添加按钮的点击事件和输入框属性。

② 在按钮的事件方法中分别实现加载、前进、后退和刷新功能。

```
// 加载网页内容
- (IBAction)go:(id)sender {
    NSString *str = self.address.text;
    NSURL *url = [NSURL URLWithString:str];
    NSURLRequest *request = [NSURLRequest requestWithURL:url];
    [self.webView loadRequest:request];
}
// 前进
- (IBAction)forward:(id)sender {
    [self.webView goForward];
}
// 后退
- (IBAction)goback:(id)sender {
    [self.webView goBack];
}
// 刷新
- (IBAction)refresh:(id)sender {
    [self.webView reload];
}
```

程序运行结果如图 18.21 所示。

图 18.21　使用 UIWebView 实现页面刷新和导航

UIWebView 和网页的 JavaScript 之间可以相互通信。下面案例在界面上添加了一个按钮和一个 UIWebView，当点击按钮时显示一个提示框。实现步骤如下。

① 在界面上添加一个按钮和一个 UIWebView。

② 动态拼接 HTML 和 JavaScript，并使用 UIWebView 加载。

```
// 实例化 NSMutableString
NSMutableString *mStr = [NSMutableString stringWithCapacity:20];
// 动态拼接 HTML 和 JavaScript
[mStr appendString:@"<html>"];
[mStr appendString:@"<head>"];
```

```
[mStr appendString:@"<script>"];
[mStr appendString:@"function showAlert(){alert('Hello');}"];
[mStr appendString:@"</script>"];

[mStr appendString:@"</head>"];
[mStr appendString:@"<body>"];

[mStr appendString:@"Test JavaScript."];

[mStr appendString:@"</body>"];
[mStr appendString:@"</html>"];

[self.webView loadHTMLString:mStr baseURL:nil];
```

③ 在点击事件方法中加载 JavaScript 函数。

```
[self.webView stringByEvaluatingJavaScriptFromString:@"showAlert();"];
```

程序运行结果如图 18.22 所示。

图 18.22　UIWebView 和 JavaScript 通信

18.17 UIDatePicker

UIDatePicker 允许用户从滚轮控件中选择日期或时间，当我们选择新的日期或时间时，值改变事件 UIControlEventValueChanged 会被触发，我们可以在该方法中获得当前选择的日期或时间。下面案例在界面上添加了一个 UIDatePicker 控件和一个 UILabel 控件，当新的日期或时间被选择时，在值改变方法中获得当前值，并在 UILabel 中显示出来。实现步骤如下。

① 实例化 UIDatePicker 和 UILabel，并添加到当前 View。

```
// 设置 frame 大小
CGRect frame = CGRectMake(0, 20, 320, 100);
// 实例化 UIDatePicker 控件
self.datePicker = [[UIDatePicker alloc]initWithFrame:frame];
// 设置显示模式
self.datePicker.datePickerMode = UIDatePickerModeDate;

// 添加到当前 View
[self.view addSubview:self.datePicker];
// 设置 UILabel 的 frame 大小
CGRect frame2 = CGRectMake(0, 300, 320, 50);
// 实例化 UILabel
self.label = [[UILabel alloc]initWithFrame:frame2];
```

② 给 UIDatePicker 添加点击事件。

```
// 添加事件
[self.datePicker addTarget:self action:@selector(change:) forControlEvents:
UIControlEventValueChanged];
```

③ 实现事件方法，获得当前日期值在 UILabel 中显示。

```
-(IBAction)change:(id)sender{
    self.label.text = self.datePicker.date.description;
}
```

程序运行结果如图 18.23 所示。

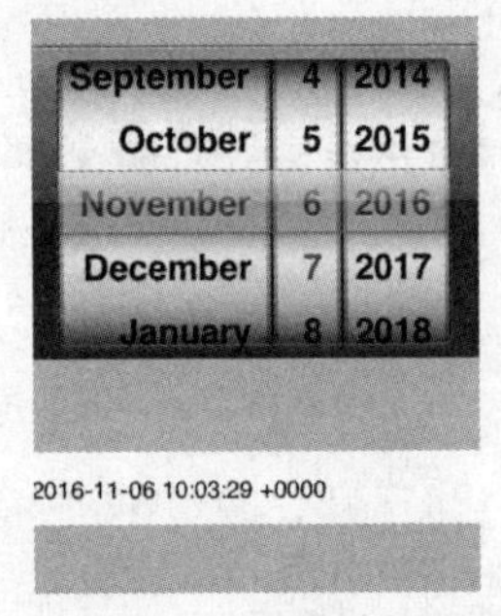

图 18.23 UIDatePicker

在使用 UIDatePicker 时，有时候需要只显示日期，有时候需要只显示时间，有时候日期和时间都需要显示。可以通过设置 datePickerMode 属性来改变。下面是 iOS SDK 提供的可选模式。

```
typedef NS_ENUM(NSInteger, UIDatePickerMode) {
    UIDatePickerModeTime,           // 时间模式
    UIDatePickerModeDate,           // 日期模式
    UIDatePickerModeDateAndTime,    // 时间和日期模式
    UIDatePickerModeCountDownTimer  // 计数计时器模式
};
```

18.18 UIPickerView

UIPickerView 和 UIDatePicker 类似，也允许用户从滚轮控件中选择数据，不过，UIPickerView 需要我们自己绑定数据，并实现数据源和代理的相应方法。下面实现一个 UIPickerView 视图，并且当某个数据被选中时，使用 UIAlertView 显示选中的数据。实现步骤如下。

① 在.h 文件中实现数据源和代理协议。

```
@interface AmakerViewController:UIViewController<
         UIPickerViewDataSource,
         UIPickerViewDelegate>
@end
```

② 在 viewDidLoad 方法中实例化 UIPickerView，并初始化数据源数据。

```
- (void)viewDidLoad
{
    [super viewDidLoad];
    // 初始化要显示的数据
    self.data = @[@"iOS",@"Android",@"WP7"];
    // 设置 frame 大小
    CGRect frame = CGRectMake(0, 0, 320, 100);
    // 实例化 UIPickerView
    self.pickerView = [[UIPickerView alloc]initWithFrame:frame];
    // 设置代理
    self.pickerView.delegate = self;
    // 设置数据源
    self.pickerView.dataSource = self;
    // 添加到当前 View
    [self.view addSubview:self.pickerView];
}
```

③ 实现数据源方法和代理方法。

```
// 返回列数
- (NSInteger)numberOfComponentsInPickerView:(UIPickerView *)pickerView{
    return 1;
}

// 返回行数
- (NSInteger)pickerView:(UIPickerView *)pickerView numberOfRowsInComponent:
(NSInteger)component{
    return [self.data count];
}

// 绑定数据
- (NSString *)pickerView:(UIPickerView *)pickerView titleForRow:(NSInteger)row
forComponent:(NSInteger)component{
    return [self.data objectAtIndex:row];
```

```
    }
    // 当选择数据时，使用 UIAlertView 显示数据
    -   (void)pickerView:(UIPickerView   *)pickerView   didSelectRow:(NSInteger)row
inComponent:(NSInteger)component{
      NSString *str  = [self.data objectAtIndex:row];
      UIAlertView   *alert   =   [[UIAlertView   alloc]initWithTitle:@"Select  Item"
message:str delegate:nil cancelButtonTitle:@"Cancel" otherButtonTitles:@"OK", nil];
      [alert show];
    }
```

程序运行结果如图 18.24 所示。

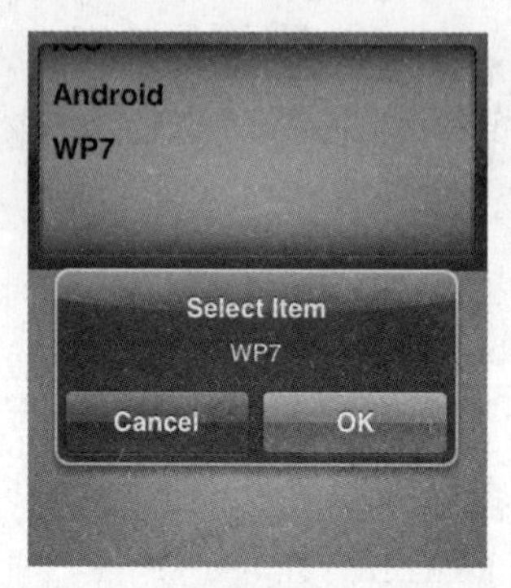

图 18.24　UIPickerView 效果

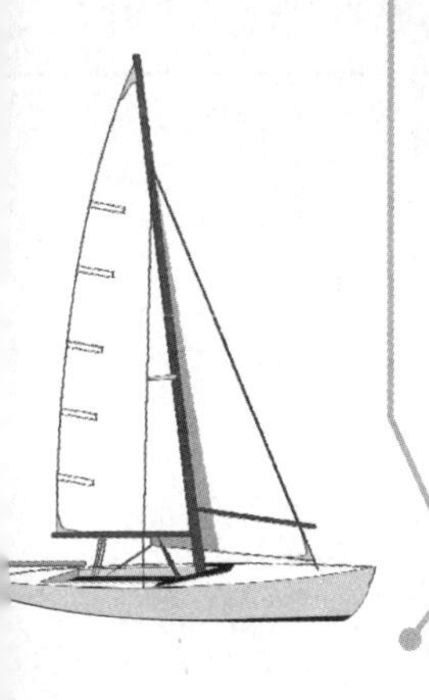

第 19 章　iOS 控制器

本章内容

- 控制器的基类 UIViewController
- 标签控制器 UITabBarController
- 导航控制器 UINavigationController
- 分割控制器 UISplitViewController
- 悬浮控制器 UIPopoverController
- 表格控制器 UITableViewController

iOS 程序设计遵循严格的 MVC 设计模式，在上一章中我们讲述了大量 View 视图组件的用法，这一章我们将详细介绍 Controller 控制器的用法。控制器关联了 Model 和 View，是 MVC 设计模式中最重要的部分。如表 19.1 所示是本章将要介绍的核心类。

表 19.1　本章将要介绍的核心类

类　名　称	类　描　述
UIViewController	其他控制器的父类，为其他控制器提供了公共的属性和行为方法
UITabBarController	选项卡控制器，可以管理多个并列关系的其他控制器
UINavigationController	导航控制器，可以在多个控制器之间实现导航
UISplitViewController	用在 iPad 开发中，实现具有 Master/Detail 关系的控制器界面分割
UIPopoverController	悬浮控制器，可以实现具有弹出对话框效果的控制器
UITableViewController	表格控制器，iOS 开发中最常用的控制器

19.1 UIViewController

UIViewController 是其他控制器的父类，提供了公共的属性和行为方法。一般我们很少直接使用 UIViewController，而是继承该类，实现所需要的功能。UIViewController 的功能总结为以下三点。

（1）管理 View 视图及视图之间的层次关系。

（2）和 Model 通信获得要展现的数据。

（3）管理其他控制器，以及和其他控制器直接通信和导航。

19.2 UITabBarController

UITabBarController 继承 UIViewController，是一个特殊的控制器类，该类管理多个具有并列关系的控制器类。多个标签位于屏幕的下方，每个标签关联一个自定义的控制器类。我们可以通过两种方法来实现一个 UITabBarController：使用 Xcode 模板和自定义。首先我们看使用 Xcode 模板如何创建 UITabBarController。实现步骤如下。

① 打开 Xcode，在模板界面中选择“Tabbed Application”，如图 19.1 所示。

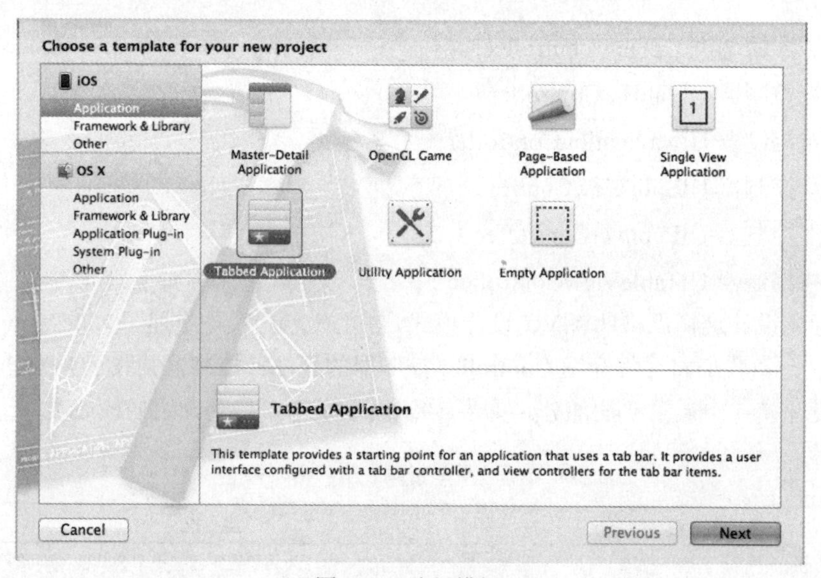

图 19.1　选择模板

② 单击“Next”按钮，进入项目设置界面，简单地输入项目名称和其他选项，项目创建成功。

③ 这样我们就创建了一个具有两个 Tab 标签的程序，程序运行结果如图 19.2 所示。

我们也可以自定义创建 UITabBarController 程序。其实大部分时候都需要我们自己来定制，即使是使用模板创建，也需要了解其原理。下面我们来看自定义的实现步骤。

① 使用 Xcode 模板创建一个空项目，如图 19.3 所示。

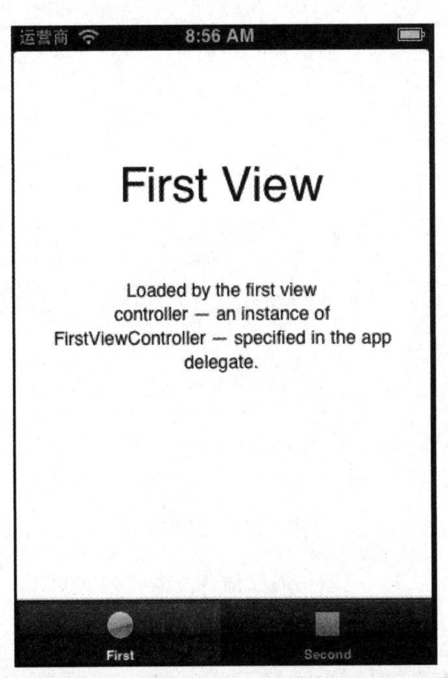

图 19.2　使用 Xcode 创建 UITabBarController 应用程序成功

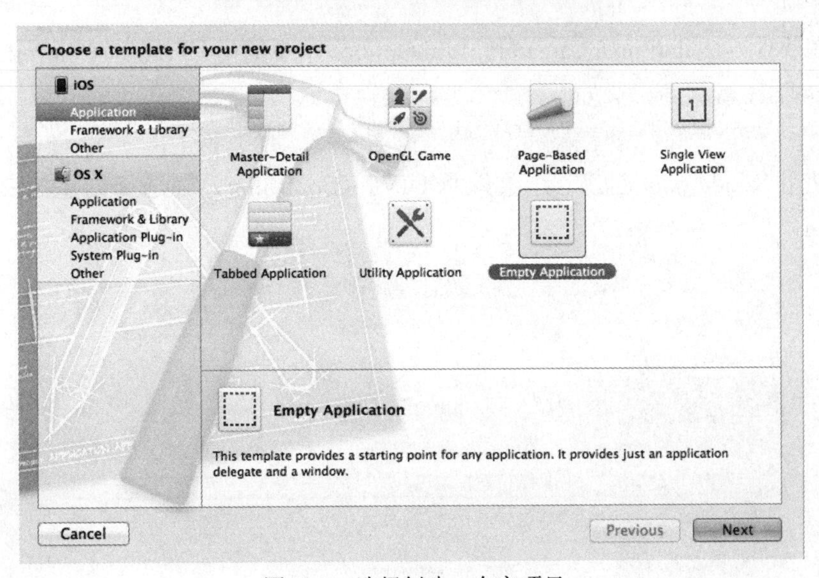

图 19.3　选择创建一个空项目

② 单击“Next”按钮，进入项目设置界面，简单地输入项目名称，即可创建一个空项目，如图 19.4 所示。

③ 在代理.h 文件中声明 UITabBarController 属性。

```
@interface AmakerAppDelegate : UIResponder <UIApplicationDelegate>
@property (strong, nonatomic) UIWindow *window;
```

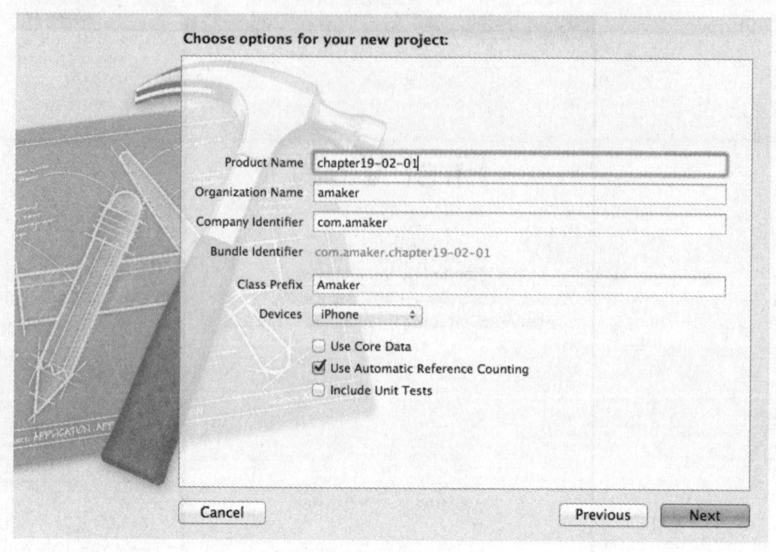

图 19.4　项目设置界面

```
// UITabBarController 属性
@property(strong,nonatomic)UITabBarController *tabBarController;
@end
```

④ 在代理方法 didFinishLaunchingWithOptions 中实例化 UITabBarController。

```
// 实例化 UITabBarController
self.tabBarController = [[UITabBarController alloc]init];
```

⑤ 使用 Xcode 模板创建一个类继承 UIViewController，并选择创建 XIB 文件，如图 19.5 所示。

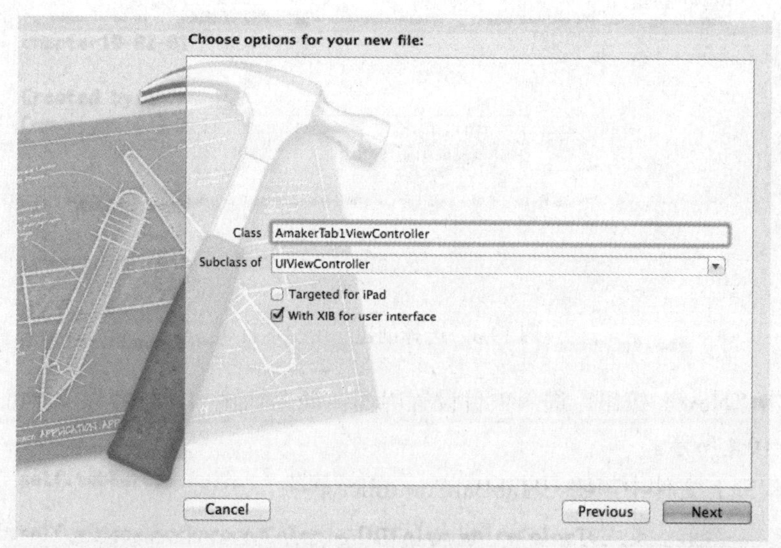

图 19.5　选择创建 XIB 文件

⑥ 向项目中添加两张图片。

⑦ 在刚刚创建好的控制器的 initWithNibName 方法中，为标签设置标题和图片。

```
- (id)initWithNibName:(NSString *)nibNameOrNil bundle:(NSBundle *)nibBundleOrNil
{
    self = [super initWithNibName:nibNameOrNil bundle:nibBundleOrNil];
    if (self) {
        // 标签标题
        self.tabBarItem.title=@"Tab1";
        // 标签图片
        self.tabBarItem.image = [UIImage imageNamed:@"first.png"];
    }
    return self;
}
```

⑧ 在代理类中声明该控制器属性，并实例化。

```
#import <UIKit/UIKit.h>
#import "AmakerTab1ViewController.h"
@interface AmakerAppDelegate : UIResponder <UIApplicationDelegate>
@property (strong, nonatomic) UIWindow *window;
// UITabBarController 属性
@property(strong,nonatomic)UITabBarController *tabBarController;
@property(strong,nonatomic)AmakerTab1ViewController *tab1Controller;
@end

- (BOOL)application:(UIApplication *)application didFinishLaunchingWithOptions:
(NSDictionary *)launchOptions
{
    self.window = [[UIWindow alloc] initWithFrame:[[UIScreen mainScreen] bounds]];
    // 实例化 UITabBarController
    self.tabBarController = [[UITabBarController alloc]init];
    // 实例化 AmakerTab1ViewController
    self.tab1Controller = [[AmakerTab1ViewController alloc]initWithNibName:
@"AmakerTab1ViewController" bundle:nil];
    // 设置 Tab 属性
    self.tabBarController.viewControllers=@[self.tab1Controller];
    self.window.rootViewController = self.tabBarController;
    self.window.backgroundColor = [UIColor whiteColor];
    [self.window makeKeyAndVisible];
    return YES;
}
```

⑨ 按照上述步骤创建第二个控制器。

⑩ 程序运行结果如图 19.6 所示。

图 19.6　自定义创建 UITabBarController 应用程序成功

另外，我们还可以为 UITabBarController 指定代理来监控标签的选择状态。该代理类为 UITabBarControllerDelegate。实现代理的步骤如下。

① 在.h 文件中实现代理协议。

```
@interface AmakerAppDelegate : UIResponder <UIApplicationDelegate,UITabBarControll
erDelegate>
```

② 设置代理属性。

```
// 设置代理
self.tabBarController.delegate = self;
```

③ 覆盖代理方法。

```
// 代理方法
- (void)tabBarController:(UITabBarController *)tabBarController didSelectView
Controller:(UIViewController *)viewController{
    UIAlertView *alert = [[UIAlertView alloc]initWithTitle:@"Test Tab" message:nil
delegate:nil cancelButtonTitle:@"OK" otherButtonTitles:nil, nil];
    [alert show];
}
```

④ 当我们选中某个 Tab 时，会显示一个对话框，如图 19.7 所示。

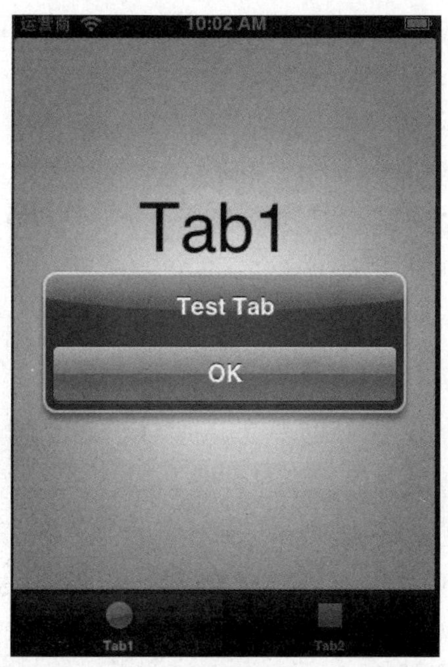

图 19.7　为 UITabBarController 设置代理

19.3 UINavigationController

顾名思义，UINavigationController 是一个导航控制器，可以实现多个控制器之间的导航（见图 19.8）。UINavigationController 使用栈存储结构来管理控制器，栈具有后进先出的特性。iOS 程序大量使用 UINavigationController 来管理控制器之间的导航，例如，系统中的 Settings 应用程序。

图 19.8　导航控制器

一般导航控制器都有导航条，导航条上有返回上级按钮和其他功能按钮，当想导航到某个控制器时，就执行入栈操作；当想显示上一级控制器时，则执行出栈操作。

下面我们通过一个案例来演示 UINavigationController 的用法。该案例是在第一个控制器上添加一个按钮，点击按钮导航到第二个控制器；第二个控制器上也有一个按钮，点击该按钮导航到上一个控制器。程序实现步骤如下。

① 在代理.h 文件中添加 UINavigationController 属性。

```
#import <UIKit/UIKit.h>
@class AmakerViewController;
@interface AmakerAppDelegate : UIResponder <UIApplicationDelegate>
@property (strong, nonatomic) UIWindow *window;
@property (strong, nonatomic) AmakerViewController *viewController;
@property (strong, nonatomic) UINavigationController *navigationController;

@end
```

② 在代理方法中实例化 UINavigationController，并指定根视图控制器。

```
- (BOOL)application:(UIApplication *)application didFinishLaunchingWithOptions:
(NSDictionary *)launchOptions
{
    self.window = [[UIWindow alloc] initWithFrame:[[UIScreen mainScreen] bounds]];
    self.viewController = [[AmakerViewController alloc] initWithNibName:
@"AmakerViewController" bundle:nil];
    // 实例化导航控制器，并指定根视图控制器
    self.navigationController = [[UINavigationController alloc]
initWithRootView Controller:self.viewController];
    self.window.rootViewController = self.navigationController;
    [self.window makeKeyAndVisible];
    return YES;
}
```

③ 在第一个控制器界面只添加一个按钮，并添加点击事件方法，在该方法中实现导航。

```
- (IBAction)next:(id)sender {
    // 实例化第二个视图控制器
    self.secondViewController = [[AmakerSecondViewController alloc]initWithNibName:
@"AmakerSecondViewController" bundle:nil];
    // 入栈实现导航
    [self.navigationController pushViewController:self.secondViewController
animated:YES];
}
```

④ 在第二个控制器界面上添加一个按钮，并添加点击事件方法，在该方法中返回第一个控制器。

```
- (IBAction)back:(id)sender {
    // 出栈，导航到上一个控制器
    [self.navigationController popViewControllerAnimated:YES];
}
```

⑤ 程序运行结果如图 19.9 所示。

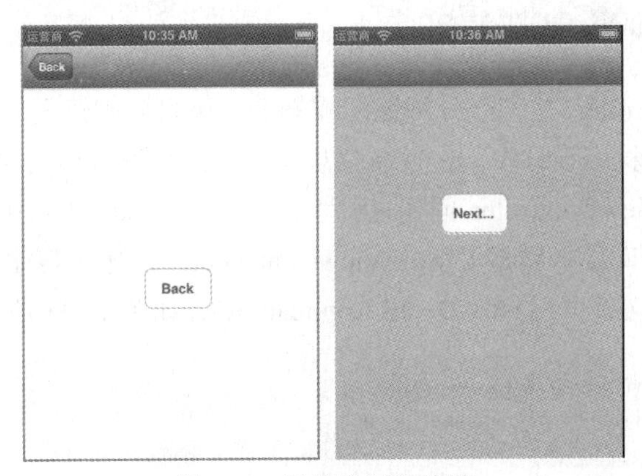

图 19.9　导航控制器效果

另外，我们还可以为当前控制器添加导航按钮和标题。代码如下：

```
    - (void)viewDidLoad
    {
        [super viewDidLoad];
        // 左导航按钮
        UIBarButtonItem *leftBtn = [[UIBarButtonItem alloc]initWithTitle:@"Left" style:
UIBarButtonItemStylePlain target:self action:nil];
        // 设置左导航按钮
        self.navigationItem.leftBarButtonItem = leftBtn;
        // 右导航按钮
        UIBarButtonItem *rightBtn = [[UIBarButtonItem alloc]initWithTitle:@"Right" style:
UIBarButtonItemStylePlain target:self action:nil];
        // 设置右导航按钮
        self.navigationItem.rightBarButtonItem = rightBtn;
        // 设置导航标题
        self.navigationItem.title = @"First";
    }
```

程序运行结果如图 19.10 所示。

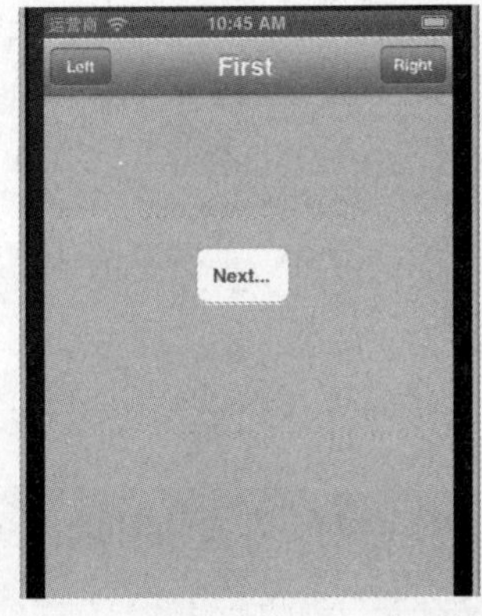

图 19.10　为导航控制器设置标题和按钮

19.4 UISplitViewController

UISplitViewController 是一个分割视图控制器，用来分割较大屏幕，一般应用在 iPad 等大屏幕设置的应用程序设计中。在设备横屏状态下，将屏幕分为左右两个控制器来显示内容。由于 UISplitViewController 创建过程相对复杂，Xcode 提供了创建模板。下面我们来演示如何使用 Xcode 模板创建 UISplitViewController。创建步骤如下。

① 使用模板，选择“Master-Detail Application”，如图 19.11 所示。

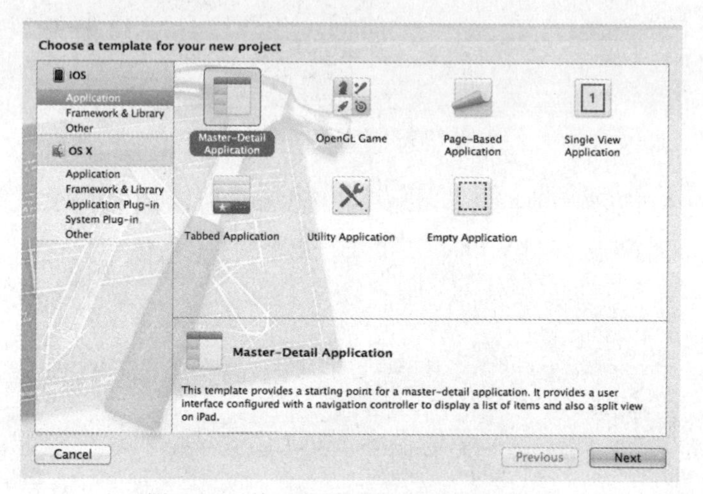

图 19.11　使用模板创建分割视图控制器

② 单击“Next”按钮，设置项目信息，如图 19.12 所示。

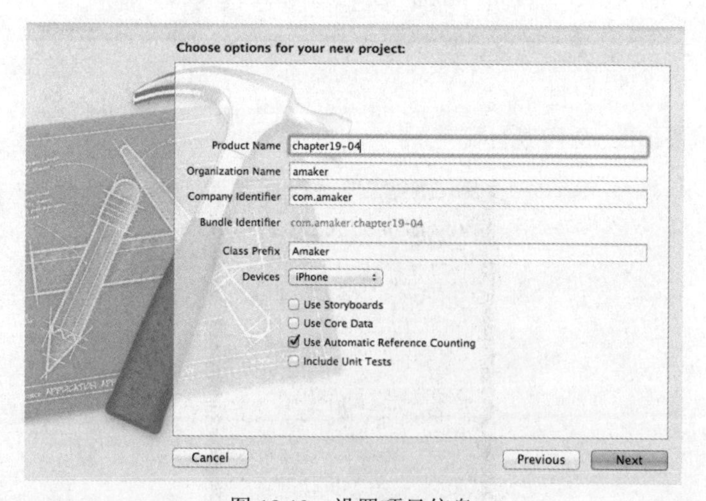

图 19.12　设置项目信息

③ 程序运行结果如图 19.13 所示。

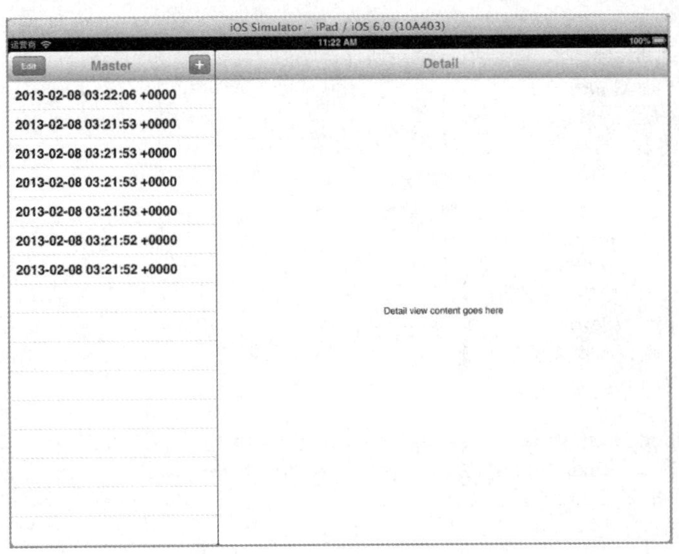

图 19.13　创建分割视图控制器成功

为了进一步了解使用 Xcode 创建 UISplitViewController 的细节，下面我们来手动创建一个 UISplitViewController。实现步骤如下。

① 创建一个空项目，并创建两个控制器，分别是左边要显示的控制器和右边要显示的控制器。

② 在代理头文件中声明 UISplitViewController 属性、其他两个控制器的属性以及导航控制器。

```
@interface AmakerAppDelegate : UIResponder <UIApplicationDelegate>

@property (strong, nonatomic) UIWindow *window;
// UISplitViewController 属性
@property (strong,nonatomic) UISplitViewController *splitViewController;
// 左边控制器
@property(strong,nonatomic)MasterViewController *masterViewController;
// 右边控制器
@property(strong,nonatomic)DetailViewController *detailViewController;
// 左边导航控制器
@property(strong,nonatomic)UINavigationController *masterNavigationController;
@end
```

③ 在代理实现方法中实例化 UISplitViewController、左右两个控制器和导航控制器，重要的是要设置 UISplitViewController 的 viewControllers 属性。

```
- (BOOL)application:(UIApplication *)application didFinishLaunchingWithOptions:
(NSDictionary *)launchOptions
{
    self.window = [[UIWindow alloc] initWithFrame:[[UIScreen mainScreen] bounds]];
    // Override point for customization after application launch.
    // 实例化 UISplitViewController
```

```
        self.splitViewController = [[UISplitViewController alloc]init];
        // 实例化左边控制器
        self.masterViewController  =  [[MasterViewController  alloc]initWithNibName:
@"MasterViewController" bundle:nil];
        // 实例化导航控制器
        self.masterNavigationController = [[UINavigationController alloc]initWithRoot
ViewController:self.masterViewController];
        // 实例化右边控制器
        self.detailViewController  =  [[DetailViewController  alloc]initWithNibName:
@"DetailViewController" bundle:nil];
        // 为 UISplitViewController 设置 viewControllers 属性
        self.splitViewController.viewControllers = @[self.masterNavigationController,
self.detailViewController];

        self.window.rootViewController = self.splitViewController;
        self.window.backgroundColor = [UIColor whiteColor];
        [self.window makeKeyAndVisible];
        return YES;
    }
```

④ 程序运行结果如图 19.14 所示。

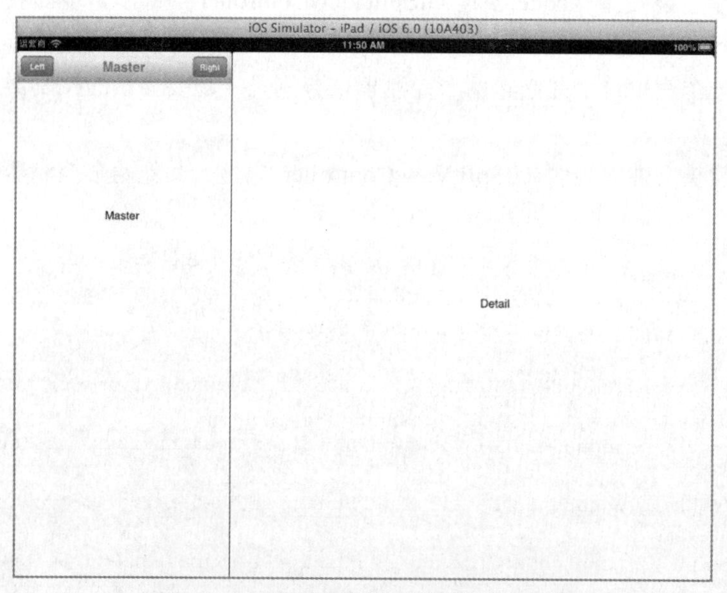

图 19.14　手动创建分割视图控制器成功

19.5 UIPopoverController

UIPopoverController 是一个弹出框控制器，一般用来实现弹出式菜单，该控制器只能使用在 iPad 设备应用程序中。创建一个 UIPopoverController 的步骤如下。

① 创建一个项目，在控制器中加入导航控制器，并添加导航按钮。

```
- (void)viewDidLoad
{
    [super viewDidLoad];
    // 导航按钮
    self.rightBtn = [[UIBarButtonItem alloc]initWithTitle:@"Show" style:UIBarButton
ItemStylePlain target:self action:@selector(show)];
    self.navigationItem.rightBarButtonItem = self.rightBtn;
}
```

② 在导航按钮的点击事件中展示 UIPopoverController。

```
-(void)show{
    // 实例化 UIPopoverController 的内容展示控制器
    self.popConentViewController = [[PopoverContentViewController alloc]initWithNib
Name:@"PopoverContentViewController" bundle:nil];
    // 实例化导航控制器
    self.popoverController = [[UIPopoverController alloc]initWithContentView
Controller:self.popConentViewController];
    // 显示
    [self.popoverController presentPopoverFromBarButtonItem:self.rightBtn permit
edArrowDirections:UIPopoverArrowDirectionAny animated:YES];
}
```

这里需要注意的是，UIPopoverController 的属性名称必须是 popoverController，因为它是 UIViewController 的属性；需要设置 UIPopoverController 的内容展示控制器，这里使用表格控制器（下一节中介绍）。

③ 程序运行结果如图 19.15 所示。

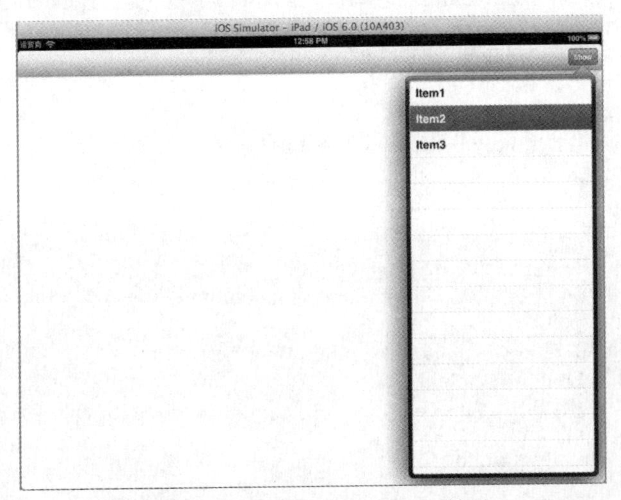

图 19.15　UIPopoverController 效果

19.6 UITableViewController

UITableViewController 是 iOS 开发中最常用的控制器类，该类以表格的方式展现数据。

UITableViewController 类关联了 UITableView，使用 UITableView 视图展现数据。使用时可以直接继承 UITableViewController，也可以继承 UIViewController，且实现 UITableViewDataSource 和 UITableViewDelegate 协议。

19.6.1 UITableViewController 基本用法

UITableViewController 的基本用法包括：如何绑定数据，设置返回行数据内容，以及代理方法等。下面通过一个案例来演示如何使用 UITableViewController 展现数据。步骤如下。

① 创建一个项目，将继承 UIViewController 改为 UITableViewController。

```
// 继承 UITableViewController
@interface AmakerViewController : UITableViewController
@end
```

② 使用 NSArray 创建要展示的数据。

```
// 数据源属性
@property(nonatomic,strong)NSArray *dataSource;
// 初始化数据源
  self.dataSource = @[@"北京",@"上海",@"天津"];
```

③ 覆盖 NSTableViewDataSource 中的两个方法，分别返回行数和 UITableViewCell。

```
// 表格行数
- (NSInteger)tableView:(UITableView *)tableView numberOfRowsInSection:
(NSInteger)section{
    return [self.dataSource count];
}
// 单元格内容设置
- (UITableViewCell *)tableView:(UITableView *)tableView cellForRowAtIndexPath:
(NSIndexPath *)indexPath{
    // 重用标识
    static NSString *cid = @"cid";
    // 获得重用 UITableViewCell
    UITableViewCell *cell = [tableView dequeueReusableCellWithIdentifier:cid];
    // 判断 cell 是否为空
    if (cell==nil) {
        // 实例化 UITableViewCell
        cell = [[UITableViewCell alloc]initWithStyle:UITableViewCellStyleDefault
reuseIdentifier:cid];
    }
    // 设置显示的内容
    cell.textLabel.text = [self.dataSource objectAtIndex:[indexPath row]];
    return cell;
}
```

④ 为 UITableView 创建连接，如图 19.16 所示。

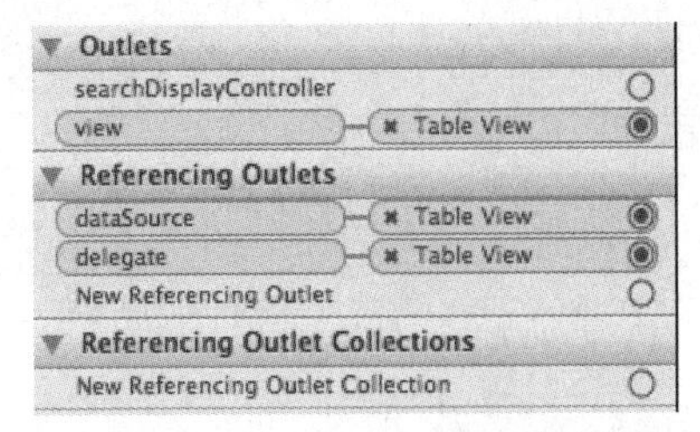

图 19.16　为 UITableView 创建连接

⑤ 程序运行结果如图 19.17 所示。

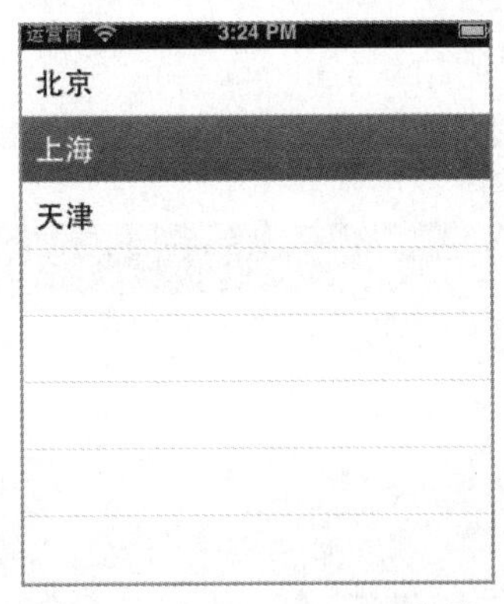

图 19.17　UITableView 效果

在上面程序中我们使用了 UITableViewCellStyleDefault 样式，除此之外，还可以设置其他样式。下面是 iOS SDK 支持的样式。

```
typedef NS_ENUM(NSInteger, UITableViewCellStyle) {
UITableViewCellStyleDefault,    // 默认
UITableViewCellStyleValue1,     // 标题+详细
UITableViewCellStyleValue2,     // 标题+详细
UITableViewCellStyleSubtitle    // 图片+标题+详细
};
```

下面我们使用 UITableViewCellStyleSubtitle 样式来实现一个左边是图片、右边是标题和详细的行样式。代码如下：

```
// 单元格内容设置
- (UITableViewCell *)tableView:(UITableView *)tableView cellForRowAtIndexPath:
(NSIndexPath *)indexPath{
    // 重用标识
    static NSString *cid = @"cid";
    // 获得重用 UITableViewCell
    UITableViewCell *cell = [tableView dequeueReusableCellWithIdentifier:cid];
    // 判断 cell 是否为空
    if (cell==nil) {
        // 实例化 UITableViewCell
        // cell = [[UITableViewCell alloc]initWithStyle:UITableViewCellStyleDefault
```

```
reuseIdentifier:cid];
            cell = [[UITableViewCell alloc]initWithStyle:UITableViewCellStyleSubtitle
reuseIdentifier:cid];
        }
        // 设置显示的标题内容
        cell.textLabel.text = [self.dataSource objectAtIndex:[indexPath row]];
        // 详细内容
        cell.detailTextLabel.text = @"My Detail...";
        // 图片
        cell.imageView.image = [UIImage imageNamed:@"test.jpg"];
        return cell;
    }
```

程序运行结果如图 19.18 所示。

图 19.18 UITableView 单元格样式

另外，我们可以通过覆盖 UITableViewDelegate 的 heightForRowAtIndexPath 方法设置行高。代码如下：

```
    // 设置行高
    - (CGFloat)tableView:(UITableView *)tableView heightForRowAtIndexPath:(NSIndexPath *)
indexPath{
        return 80;
    }
```

还可以响应某行的选择，通过覆盖 UITableViewDelegate 的- (void)tableView:(UITableView *)tableView didSelectRowAtIndexPath:(NSIndexPath *)indexPath 方法来实现。下面代码实现了当某行被选择时显示一个对话框的功能。

```
    // 行选择
    - (void)tableView:(UITableView *)tableView didSelectRowAtIndexPath:(NSIndexPath *)
indexPath{
        NSString *msg = [self.dataSource objectAtIndex:[indexPath row]];
        UIAlertView *alert = [[UIAlertView alloc]initWithTitle:nil message:msg delegate:
nil cancelButtonTitle:@"OK" otherButtonTitles:nil, nil];
        [alert show];
    }
```

程序运行结果如图 19.19 所示。

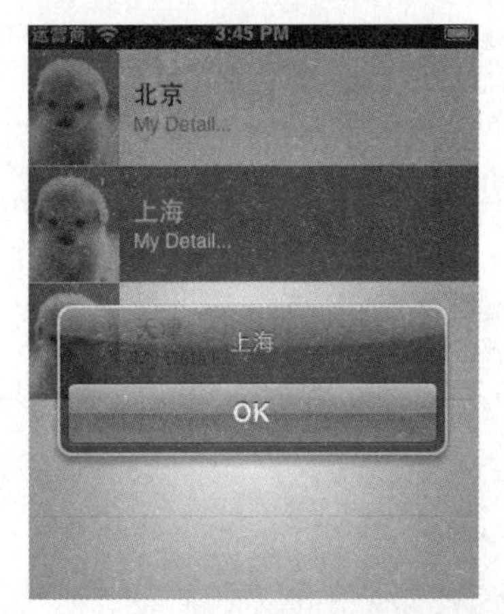

图 19.19 UITableView 行选择效果

19.6.2 分区表

分区表大多数应用在系统配置方面，例如，iOS 系统应用程序 Settings 就应用了大量的分区表来分门别类地进行系统设置，如图 19.20 所示。

图 19.20 UITableView 分区表

我们也可以自己定义分区表，实现步骤如下。

① 创建应用程序，使控制器实现 UITableViewDataSource 和 UITableViewDelegate 协议。

```
    @interface AmakerViewController : UIViewController<UITableViewDataSource,
UITableViewDelegate>
    @end
```

② 使用 NSArray 定义两个数据源。

```
    // 每个分区的数据源
    self.dataSource = @[@"海淀",@"东城",@"西城"];
        self.dataSource2= @[@"南开",@"河东",@"河西",@"塘沽"];
```

③ 在界面上添加 UITableView 组件，并更改样式为 Grouped，如图 19.21 所示。

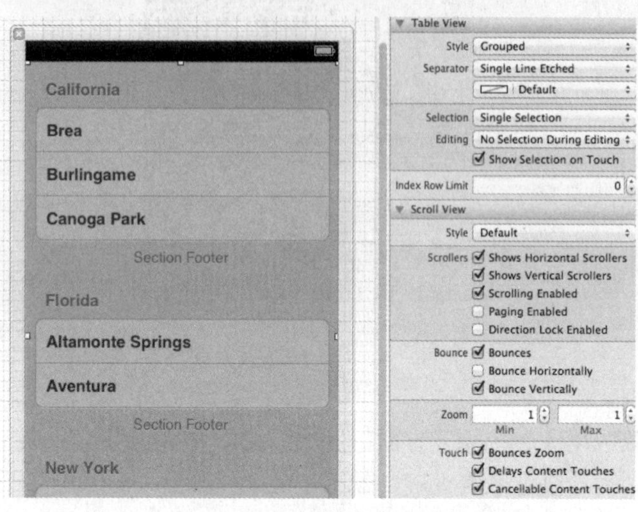

图 19.21　UITableView 设置为 Grouped 样式

④ 实现协议方法设置分区数和每个分区的行数。

```
    // 每个分区的行数
    - (NSInteger)tableView:(UITableView *)tableView numberOfRowsInSection:(NSInteger)
section{
        switch (section) {
            case 0:
                return [self.dataSource count];
            case 1:
                return [self.dataSource2 count];
            default:
                break;
        }
        return 0;
    }
    // 分区数
    - (NSInteger)numberOfSectionsInTableView:(UITableView *)tableView{
        return 2;
    }
```

⑤ 设置分区标题。

```
    // 分区标题
    - (NSString *)tableView:(UITableView *)tableView titleForHeaderInSection: (NSInteger)
section{
        switch (section) {
            case 0:
                return @"北京市";
```

```
        case 1:
            return @"天津市";
        default:
            break;
    }
    return nil;
}
```

⑥ 设置表格单元格。

```
- (UITableViewCell *)tableView:(UITableView *)tableView cellForRowAtIndexPath:
(NSIndexPath *)indexPath{
    static NSString *cid = @"cid";
    UITableViewCell *cell = [tableView dequeueReusableCellWithIdentifier:cid];
    if (cell==nil) {
        cell = [[UITableViewCell alloc]initWithStyle:UITableViewCellStyleDefault
reuseIdentifier:cid];
    }

    switch (indexPath.section) {
        case 0:
            cell.textLabel.text = [self.dataSource objectAtIndex:[indexPath row]];
            break;
        case 1:
            cell.textLabel.text = [self.dataSource2 objectAtIndex:[indexPath row]];
            break;
        default:
            break;
    }
    return cell;
}
```

⑦ 程序运行结果如图 19.22 所示。

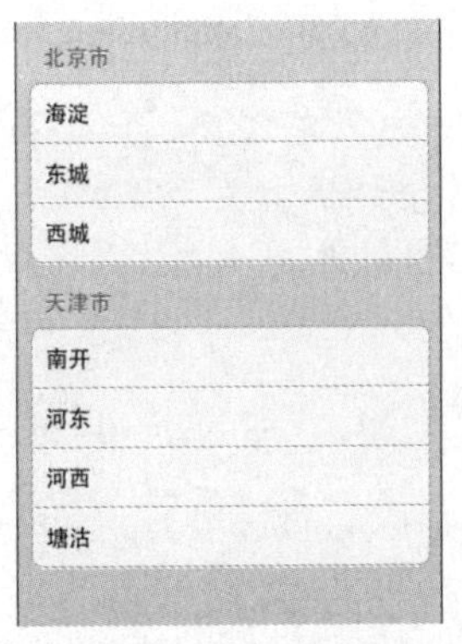

图 19.22　分区表效果

19.6.3　自定义表格单元格

虽然 iOS SDK 提供了很多种单元格样式，但是大部分时候我们还是需要自己来定义的。自定义单元格需要执行如下步骤。

① 创建项目，实现 UITableViewDataSource 和 UITableViewDelegate 协议。

```
    @interface AmakerViewController : UIViewController<UITableViewDataSource,
UITableViewDelegate>
    @end
```

② 在界面上添加 UITableView 组件，并设置协议连接。

③ 自定义单元格类，继承 UITableViewCell，并定义要显示数据的属性。

```
    @interface CustomCell : UITableViewCell
    // 图片
    @property (strong, nonatomic) IBOutlet UIImageView *img;
    // 标题
    @property (strong, nonatomic) IBOutlet UILabel *title;
    // 详细
    @property (strong, nonatomic) IBOutlet UILabel *detail;
    @end
```

④ 自定义一个 XIB 文件，在界面上添加一个 UIImageView 和两个 UILabel，设置关联类为 CustomCell。

⑤ 覆盖数据源的方法，从自定义 XIB 文件中获得单元格，并设置属性。

```
    // 分区行数
    - (NSInteger)tableView:(UITableView *)tableView numberOfRowsInSection:(NSInteger)
section{
        return [self.dataSource count];
    }
    // 返回单元格
    - (UITableViewCell *)tableView:(UITableView *)tableView cellForRowAtIndexPath:
(NSIndexPath *)indexPath{
        static NSString *cid = @"cid";
        CustomCell *cell = [tableView dequeueReusableCellWithIdentifier:cid];
        if (cell==nil) {
            // 从自定义 XIB 文件加载表格单元格
            NSBundle *bundle = [NSBundle mainBundle];
            NSArray *views = [bundle loadNibNamed:@"CustomCell" owner:self options:nil];
            cell = [views objectAtIndex:0];
        }
        // 设置单元格属性
        cell.title.text = [self.dataSource objectAtIndex:[indexPath row]];
        cell.detail.text = @"This is detail...";
        cell.img.image = [UIImage imageNamed:@"test.jpg"];

        return cell;
    }
    // 设置单元格行高
    - (CGFloat)tableView:(UITableView *)tableView heightForRowAtIndexPath:(NSIndexPath *)
indexPath{
        return 100;
    }
```

⑥ 程序运行结果如图 19.23 所示。

图 19.23　自定义表格单元格效果

19.6.4　编辑表格数据

有时候我们的数据来源于数据库，需要通过界面 UITableView 对数据进行维护，例如，添加、删除等操作。下面的案例在导航栏左右各放置一个按钮，左边按钮执行添加操作，右边按钮执行删除操作。实现步骤如下。

① 创建项目，实现数据源和代理协议。

```
    @interface AmakerViewController : UIViewController<UITableViewDataSource,
UITableViewDelegate>
    @property (strong, nonatomic) IBOutlet UITableView *tableView;
    @end
```

② 在界面上添加 UITableView 组件，并设置连接。

③ 实现数据源方法。

```
    // 每个分区的行数
    - (NSInteger)tableView:(UITableView *)tableView numberOfRowsInSection:(NSInteger)
section{
        return [self.dataSource count];
    }
    // 单元格
    - (UITableViewCell *)tableView:(UITableView *)tableView cellForRowAtIndexPath:
(NSIndexPath *)indexPath{
        static NSString *cid = @"cid";
        UITableViewCell *cell = [tableView dequeueReusableCellWithIdentifier:cid];
        if (cell==nil) {
            cell = [[UITableViewCell alloc]initWithStyle:UITableViewCellStyleDefault
reuseIdentifier:cid];
        }
        cell.textLabel.text = [self.dataSource objectAtIndex:[indexPath row]];
        return cell;
    }
```

④ 在 viewDidload 方法中实例化数据源和导航按钮。

```
- (void)viewDidLoad
{
    [super viewDidLoad];
    // 实例化数据源
    self.dataSource = [NSMutableArray arrayWithCapacity:5];
    // 添加数据
    [self.dataSource addObject:@"北京"];
    [self.dataSource addObject:@"天津"];
    [self.dataSource addObject:@"上海"];
    // 左边导航按钮
    self.leftBtn = [[UIBarButtonItem alloc]initWithTitle:@"Add" style:
UIBarButtonItemStylePlain target:self action:@selector(add)];
    // 右边导航按钮
    self.rightBtn = [[UIBarButtonItem alloc]initWithTitle:@"Delete" style:
UIBarButtonItemStylePlain target:self action:@selector(del)];
    self.navigationItem.leftBarButtonItem = self.leftBtn;
    self.navigationItem.rightBarButtonItem = self.rightBtn;
}
```

⑤ 实现添加方法，用于将数据添加到数据源，并重新加载 UITableView。

```
// 添加方法
-(void)add{
    [self.dataSource addObject:@"Temp"];
    [self.tableView reloadData];
}
```

⑥ 实现删除方法，需要改变 UITableView 的编辑状态，并且在提交编辑方法中实现删除。

```
// 删除方法
-(void)del{
    if (!self.tableView.editing) {
        self.rightBtn.title = @"Done";
        self.tableView.editing = YES;
    }else{
        self.rightBtn.title = @"Del";
        self.tableView.editing = NO;
    }
}
// 提交编辑状态，删除数据
- (void)tableView:(UITableView *)tableView
commitEditingStyle:(UITableView  CellEditingStyle)editingStyle
forRowAtIndexPath:(NSIndexPath *)indexPath{
    [self.dataSource removeObjectAtIndex:[indexPath row]];
    [self.tableView reloadData];
}
```

⑦ 程序运行结果如图 19.24 所示。

图 19.24　编辑表格数据

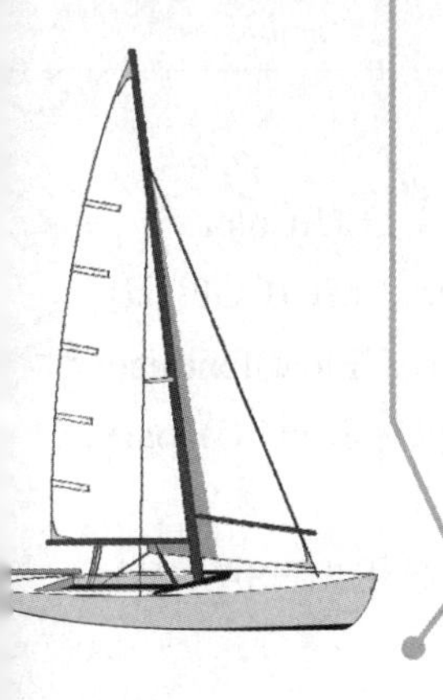

第 20 章　图形图像和动画

本章内容

- 字体和颜色
- 绘制文本
- 绘制图片
- 画线
- 绘制矩形
- 移动动画
- 缩放动画
- 旋转动画

我们看到很多应用程序和游戏有漂亮的画面及动画效果，这些都离不开图形图像和动画编程。iOS SDK 对图形图像和动画的支持包含在如下的框架中。

（1）Quartz，该框架是一个强大的 2D 图形引擎，用来创建矢量图、位图和 PDF 等格式的内容。

（2）UIKit，UIKit 使用 Quartz 来创建，主要提供系统上层 UI 界面，如窗口、按钮和标签等。

（3）Core Animation，该框架提供了视图的动画效果，如移动、旋转和缩放等。

（4）OpenGL ES，该框架提供了专门针对移动设备的 3D 图形引擎。

UIKit 框架在前面的“iOS 用户界面”章节中已经讲述了，本章重点讲述如何使用 Quartz 框架绘图，如何使用 Core Animation 框架创建动画效果，以及字体和颜色的应用。

20.1 字体和颜色

为显示的文本内容设置合适的字体和颜色，对于文本内容的展示效果至关重要。在 iOS

SDK 的 UIKit 框架中提供了字体和颜色的支持。字体类是 UIFont，颜色类是 UIColor。

我们可以使用 UIFont 的+ (UIFont *)fontWithName:(NSString *)fontName size:(CGFloat) fontSize 方法创建一个新字体，也可以使用+ (UIFont *)systemFontOfSize: (CGFloat)fontSize 方法创建指定大小的系统字体，还可以使用+ (UIFont *)boldSystemFont OfSize:(CGFloat) fontSize 方法创建粗体系统字体。

使用 UIFont 的+ (NSArray *)familyNames 方法获得字体家族数组，也可以使用+ (NSArray *) fontNamesForFamilyName:(NSString *)familyName 方法获得字体数组。

下面通过一个案例来演示字体的用法，创建步骤如下。

① 创建一个项目，在界面上添加 2 个按钮和 4 个标签组件，在.h 头文件中添加 2 个按钮的点击事件方法和 4 个标签的属性。

```
@interface AmakerViewController : UIViewController
// 获得字体的属性
- (IBAction)get:(id)sender;
// 显示系统支持的字体家族名称
- (IBAction)display:(id)sender;
// 为标签设置字体，默认字体
@property (strong, nonatomic) IBOutlet UILabel *normalLabel;
// 为标签设置字体，粗体字体
@property (strong, nonatomic) IBOutlet UILabel *boldLabel;
// 为标签设置字体，斜体字体
@property (strong, nonatomic) IBOutlet UILabel *italicLabel;
// 为标签设置字体，自定义字体
@property (strong, nonatomic) IBOutlet UILabel *customLabel;
@end
```

② 在 viewDidLoad 方法中创建字体，并为标签设置字体。

```
- (void)viewDidLoad
{
    [super viewDidLoad];
    // 创建字体
    UIFont *f1 = [UIFont fontWithName:@"OriyaSangamMN-Bold" size:20];
    self.customLabel.font = f1;
    // 使用系统字体
    UIFont *font1 = [UIFont systemFontOfSize:20];
    self.normalLabel.font = font1;
    // 使用系统加粗字体
    UIFont *font2 = [UIFont boldSystemFontOfSize:20];
    self.boldLabel.font = font2;
    // 使用系统加斜字体
    UIFont *font3 = [UIFont italicSystemFontOfSize:20];
    self.italicLabel.font = font3;
}
```

③ 在 display 方法中获得字体家族数组和字体数组。

```
- (IBAction)display:(id)sender {
```

```
    // 遍历系统字体家族
    NSArray *family = [UIFont familyNames];
    for(NSString *familyName in family){
        NSLog(@"FamilyName=%@",familyName);
        NSArray *fontNames = [UIFont fontNamesForFamilyName:familyName];
        for(NSString *fontName in fontNames){
            NSLog(@"\tFontName=%@",fontName);
        }
    }
}
```

④ 在 get 方法中获得字体属性。

```
- (IBAction)get:(id)sender {
    // 获得字体属性
    UIFont *f1 = [UIFont fontWithName:@"GillSans-Light" size:20];
    NSString *familyName1 = f1.familyName;
    NSString *fontName1 = f1.fontName;
    NSLog(@"FamilyName=%@",familyName1);
    NSLog(@"FontName=%@",fontName1);
}
```

⑤ 程序运行结果如图 20.1 所示。

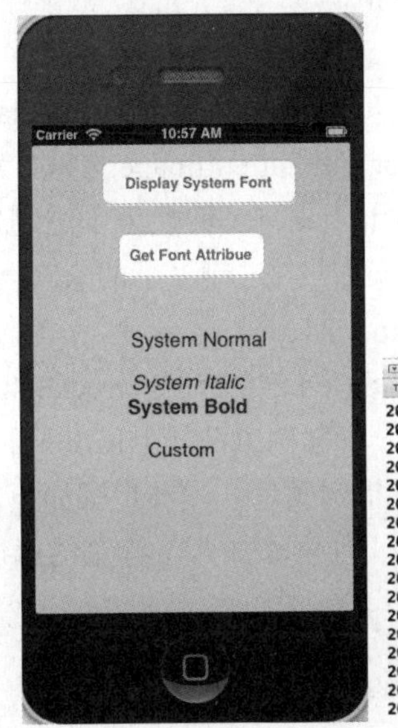


```
Target Output :
2013-04-23 10:57:31.006 chapter20-01[770:c07] FamilyName=Thonburi
2013-04-23 10:57:31.007 chapter20-01[770:c07]   FontName=Thonburi-Bold
2013-04-23 10:57:31.008 chapter20-01[770:c07]   FontName=Thonburi
2013-04-23 10:57:31.008 chapter20-01[770:c07] FamilyName=Snell Roundhand
2013-04-23 10:57:31.008 chapter20-01[770:c07]   FontName=SnellRoundhand-Bold
2013-04-23 10:57:31.008 chapter20-01[770:c07]   FontName=SnellRoundhand-Black
2013-04-23 10:57:31.008 chapter20-01[770:c07]   FontName=SnellRoundhand
2013-04-23 10:57:31.009 chapter20-01[770:c07] FamilyName=Academy Engraved LET
2013-04-23 10:57:31.009 chapter20-01[770:c07]   FontName=AcademyEngravedLetPlain
2013-04-23 10:57:31.009 chapter20-01[770:c07] FamilyName=Avenir
2013-04-23 10:57:31.009 chapter20-01[770:c07]   FontName=Avenir-LightOblique
2013-04-23 10:57:31.009 chapter20-01[770:c07]   FontName=Avenir-MediumOblique
2013-04-23 10:57:31.009 chapter20-01[770:c07]   FontName=Avenir-Medium
2013-04-23 10:57:31.010 chapter20-01[770:c07]   FontName=Avenir-HeavyOblique
2013-04-23 10:57:31.010 chapter20-01[770:c07]   FontName=Avenir-BlackOblique
2013-04-23 10:57:31.010 chapter20-01[770:c07]   FontName=Avenir-Oblique
2013-04-23 10:57:31.010 chapter20-01[770:c07]   FontName=Avenir-Book
```

图 20.1 测试字体

可以用一个 UIColor 对象来定义文字的色彩。UIColor 类提供了许多不同的方法，可以很轻松地调出任何颜色。可以用静态方法来创建颜色，这样它们会在停止使用后被释放。可以用灰度值、色相或者 RGB 复合值等多种形式来创建颜色。要创建一个简单的 RGB 色彩，可以指定一组 4 个浮点值，分别对应红、绿、蓝和 alpha 值（透明度），取值均在 0.0~1.0 之间。

UIColor 类还支持许多静态方法，可以创建系统颜色，这些颜色都经过 iPhone 的校正，以达到尽可能准确。这些方法如下。

+ (UIColor *)blackColor; // 0.0 白色
+ (UIColor *)darkGrayColor; // 0.333 白色
+ (UIColor *)lightGrayColor; // 0.667 白色
+ (UIColor *)whiteColor; // 1.0 白色
+ (UIColor *)grayColor; // 0.5 白色
+ (UIColor *)redColor; // 1.0, 0.0, 0.0 RGB
+ (UIColor *)greenColor; // 0.0, 1.0, 0.0 RGB
+ (UIColor *)blueColor; // 0.0, 0.0, 1.0 RGB
+ (UIColor *)cyanColor; // 0.0, 1.0, 1.0 RGB
+ (UIColor *)yellowColor; // 1.0, 1.0, 0.0 RGB
+ (UIColor *)magentaColor; // 1.0, 0.0, 1.0 RGB
+ (UIColor *)orangeColor; // 1.0, 0.5, 0.0 RGB
+ (UIColor *)purpleColor; // 0.5, 0.0, 0.5 RGB
+ (UIColor *)brownColor; // 0.6, 0.4, 0.2 RGB
+ (UIColor *)clearColor; // 0.0 白色，0.0 alpha

另外，可以使用 RGB 三原色和透明度来定义颜色：+ colorWithRed:green:blue:alpha:。如果想将一张背景图片转换为 UIColor，则可以使用+ colorWithPatternImage:方法。如果我们有一个十六进制的颜色值，想转换为 UIColor，要先将十六进制值转换为十进制值，然后使用该值除以 255.0 得到 RGB 值。例如，#F6F6F6 是一种十六进制表示的 RPG 颜色，所以，需要先转换成十进制，其中 F6—240，F6—240，F6—240。

接下来，使用 UIColor *testColor1=[UIColor colorWithRed:240/255.0 green:240/255.0 blue:240/255.0 alpha:1];代码获得 UIColor 对象。下面通过一个案例来演示 UIColor 的用法。该案例使用一张图片为当前视图指定背景，并为两个标签指定颜色。实现步骤如下。

① 创建一个项目，在界面上添加两个标签，在.h 头文件中添加两个标签的属性。

```
@interface AmakerViewController : UIViewController
// 标签 1
@property (strong, nonatomic) IBOutlet UILabel *label1;
// 标签 2
@property (strong, nonatomic) IBOutlet UILabel *label2;
@end
```

② 在 viewDidLoad 方法中为视图指定背景色，并为两个标签指定文字颜色。

```
- (void)viewDidLoad
{
   [super viewDidLoad];
  // 使用图片背景
```

```
        UIColor *bgColor = [UIColor colorWithPatternImage:[UIImage imageNamed:@"test.
jpeg"]];
        // 为当前视图指定背景
        self.view.backgroundColor = bgColor;
        // 使用 RGB 创建颜色
        UIColor *labelColor1 = [UIColor colorWithRed:0.2 green:0.3 blue:0.2 alpha:1];
        // 为标签指定颜色
        self.label1.textColor = labelColor1;
        // 使用红色
        UIColor *labelColor2 = [UIColor redColor];
        // 为标签指定颜色
        self.label2.textColor = labelColor2;
    }
```

③ 程序运行结果如图 20.2 所示。

图 20.2　测试颜色

20.2 绘制文本

可以通过 NSString 的-(CGSize)drawAtPoint:(CGPoint)point withFont:(UIFont *)font 方法使用某种字体在某个点绘制文本，也可以通过-(CGSize)drawInRect:(CGRect)rect withFont:(UIFont *)font 方法使用某种字体在某个矩形框中绘制文本。下面通过一个案例来演示如何绘制文本。该案例自定义了一个视图，在该视图的 drawRect 方法中绘制文本。实现步骤如下。

① 创建一个项目。

② 自定义一个视图类 View，继承 UIView，并在 drawRect 方法中绘制文本。

```
- (void)drawRect:(CGRect)rect
{
    // 要绘制的文本
    NSString *str = @"《iOS 应用开发详解》";
    // 在(20,20)点使用字体大小为 24
    [str drawAtPoint:CGPointMake(20, 20) withFont:[UIFont systemFontOfSize:24]];
    // 在矩形中绘制
    [str drawInRect:CGRectMake(20, 50, 300, 200) withFont:[UIFont systemFontOfSize: 26]];
}
```

③ 将 XIB 文件中的 View 类指定为自定义的 View，如图 20.3 所示。

④ 程序运行结果如图 20.4 所示。

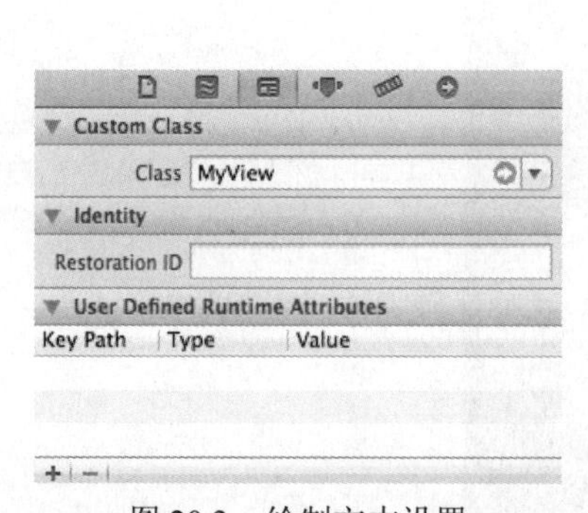

图 20.3　绘制文本设置

图 20.4　绘制文本结果

20.3 绘制图片

绘制图片和绘制文本类似，可以在某个点绘制，也可以在某个矩形中绘制。使用的方法是- (void)drawAtPoint:(CGPoint)point 和- (void)drawInRect:(CGRect)rect。下面通过一个案例来演示如何绘制图片。实现步骤如下。

① 创建一个项目。

② 自定义一个视图类 View，继承 UIView，在 drawRect 方法中实现绘制图片。

```
- (void)drawRect:(CGRect)rect
{
    // 实例化一个 UIImage 对象
    UIImage *image = [UIImage imageNamed:@"iphone.jpg"];
    // 在(20,20)点绘制图片
```

```
    [image drawAtPoint:CGPointMake(20, 20)];
    // 在矩形中绘制图片
    [image drawInRect:CGRectMake(20, 200, 300, 200)];
}
```

③ 程序运行结果如图 20.5 所示。

图 20.5　绘制图片结果

20.4 画线

在 iOS 中绘制直线，使用到一个绘制环境对象 CGContextRef，该对象可以使用 UIGraphicsGetCurrentContext() 函数获得。绘制直线和矩形等形状会使用到一组以 CGContextXXX 开头的函数，例如，CGContextSetLineWidth()用来设置线宽，CGContext SetStrokeColorWithColor()用来设置颜色，CGContextMoveToPoint()用来移动到某个点等。下面通过一个案例来演示如何实现画线。该案例可以实现在手指划过的起始点和结束点之间画一条直线。实现步骤如下。

① 创建一个项目。

② 自定义一个视图类 View，继承 UIView，在.h 头文件中定义两个点。

```
#import <UIKit/UIKit.h>
@interface MyView : UIView
// 起始点
@property(nonatomic)CGPoint startPoint;
// 结束点
```

```
    @property(nonatomic)CGPoint endPoint;
    @end
```

③ 在 View 的 drawRect 方法中，获得绘制上下文、设置线宽和颜色、定位起始点和结束点，并进行绘制。

```
- (void)drawRect:(CGRect)rect
{
    // 获得绘制上下文
    CGContextRef context =UIGraphicsGetCurrentContext();
    // 设置线宽
    CGContextSetLineWidth(context, 2);
    // 设置颜色
    CGContextSetStrokeColorWithColor(context, [UIColor redColor].CGColor);
    // 移动到指定的点
    CGContextMoveToPoint(context, self.startPoint.x,  self.startPoint.y);
    // 添加一条线到指定点
    CGContextAddLineToPoint(context,  self.endPoint.x,  self.endPoint.y);
    // 绘制
    CGContextStrokePath(context);
}
```

④ 覆盖 touchesBegan、touchesMoved 和 touchesEnded 方法，获得起始点和结束点。

```
- (void)touchesBegan:(NSSet *)touches withEvent:(UIEvent *)event{
    // 获得当前点
    UITouch *touch = [touches anyObject];
    // 初始化起始点和结束点
    self.startPoint = [touch locationInView:self];
    self.endPoint = [touch locationInView:self];
    // 触发绘制
    [self setNeedsDisplay];
}

- (void)touchesMoved:(NSSet *)touches withEvent:(UIEvent *)event{
    // 获得当前点
    UITouch *touch = [touches anyObject];
    // 获得结束点
    self.endPoint = [touch locationInView:self];
     // 触发绘制
    [self setNeedsDisplay];
}

- (void)touchesEnded:(NSSet *)touches withEvent:(UIEvent *)event{
     // 获得当前点
    UITouch *touch = [touches anyObject];
    // 获得结束点
    self.endPoint = [touch locationInView:self];
    // 触发绘制
    [self setNeedsDisplay];
}
```

⑤ 程序运行结果如图 20.6 所示。

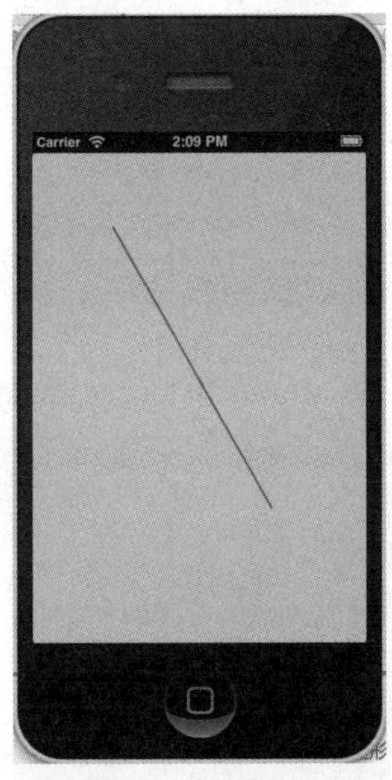

图 20.6　画线结果

20.5 绘制矩形

绘制矩形和绘制直线类似，使用 UIGraphicsGetCurrentContext()函数获得绘制上下文、设置颜色、创建矩形、添加矩形（CGContextAddRect(context,r)）并且绘制矩形（CGContextDrawPath(context, kCGPathFill)）。

下面的案例可以手动地在界面上动态绘制矩形。实现步骤如下。

① 创建一个项目。

② 自定义一个视图类 View，继承 UIView，在.h 头文件中定义两个点。

```
#import <UIKit/UIKit.h>
@interface MyView : UIView
// 起始点
@property(nonatomic)CGPoint startPoint;
// 结束点
@property(nonatomic)CGPoint endPoint;
@end
```

③ 在 View 的 drawRect 方法中，获得绘制上下文、设置线宽和颜色、定位起始点和结束点，并进行绘制。

```
- (void)drawRect:(CGRect)rect
{
    // 获得绘制上下文
    CGContextRef context = UIGraphicsGetCurrentContext();
```

```
    // 设置颜色
    CGContextSetFillColorWithColor(context,  [UIColor redColor].CGColor);
    // 创建矩形
    CGRect r = CGRectMake(self.startPoint.x>self.endPoint.x?self.endPoint.x:self.
startPoint.x, self.startPoint.y>self.endPoint.y?self.endPoint.y:self.startPoint.y, fab
sf(self.startPoint.x-self.endPoint.x), fabsf(self.startPoint.y-self.endPoint.y));
    // 添加矩形
    CGContextAddRect(context, r);
    // 绘制矩形
    CGContextDrawPath(context, kCGPathFill);
}
```

④ 覆盖 touchesBegan、touchesMoved 和 touchesEnded 方法，获得起始点和结束点。

```
- (void)touchesBegan:(NSSet *)touches withEvent:(UIEvent *)event{
    // 获得当前点
    UITouch *touch = [touches anyObject];
    // 初始化起始点和结束点
    self.startPoint = [touch locationInView:self];
    self.endPoint = [touch locationInView:self];
    // 触发绘制
    [self setNeedsDisplay];
}

- (void)touchesMoved:(NSSet *)touches withEvent:(UIEvent *)event{
    // 获得当前点
    UITouch *touch = [touches anyObject];
    // 获得结束点
    self.endPoint = [touch locationInView:self];
     // 触发绘制
    [self setNeedsDisplay];
}

- (void)touchesEnded:(NSSet *)touches withEvent:(UIEvent *)event{
     // 获得当前点
    UITouch *touch = [touches anyObject];
    // 获得结束点
    self.endPoint = [touch locationInView:self];
    // 触发绘制
    [self setNeedsDisplay];
}
```

⑤ 程序运行结果如图 20.7 所示。

20.6 移动动画

UIView 中定义了一组静态方法用于实现视图的动画效果，例如，beginAnimations 用于开始动画，setAnimationDuration 用于设置动画持续时间，commitAnimations 用于提交动画等。

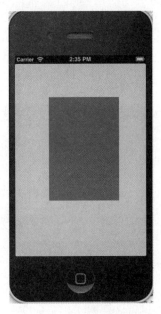

图 20.7　绘制矩形结果

下面通过一个按钮来实现移动动画。移动动画除了使用上述方法外，要改变视图的重要属性 frame，即更改视图的位置信息。该案例在界面上添加一个图片视图和一个按钮，当点击按钮时图片从左上角移动到右下角。实现步骤如下。

① 创建一个项目，在界面上添加一个图片视图和一个按钮，并添加图片的属性和按钮的点击事件方法。

```
#import <UIKit/UIKit.h>
@interface AmakerViewController : UIViewController
// 图片属性
@property (strong, nonatomic) IBOutlet UIImageView *myImage;
// 移动事件方法
- (IBAction)move:(id)sender;
@end
```

② 在 move 事件方法中实现动画效果。

```
- (IBAction)move:(id)sender {
    // 开始动画
    [UIView beginAnimations:@"myAnimation" context:(__bridge void *)self.myImage];
    // 设置动画持续时间
    [UIView setAnimationDuration:5.0f];
    // 重新设置图片的 frame 属性
    [self.myImage setFrame:CGRectMake(200.0f, 350.0f,100.0f,100.0f)];
    // 提交动画
    [UIView commitAnimations];
}
```

③ 程序运行结果如图 20.8 所示。

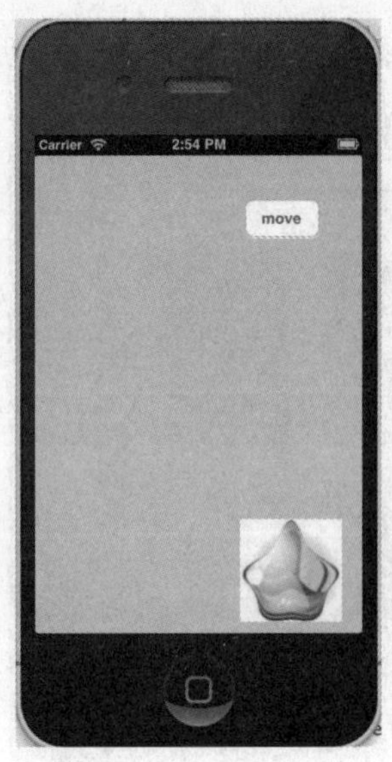

图 20.8　移动动画

20.7 缩放动画

除了可以实现移动动画之外，还可以实现缩放动画和旋转动画。本节我们来看如何实现缩放动画，缩放使用到类 CGAffineTransform，即射频转换类。

下面通过一个案例来演示如何实现缩放动画。实现步骤如下。

① 创建一个项目，在界面上添加一个按钮和一个图片视图，并声明图片属性、按钮单击事件方法和缩放比例属性。

```
#import <UIKit/UIKit.h>
@interface AmakerViewController : UIViewController
// 图片属性
@property (strong, nonatomic) IBOutlet UIImageView *myImage;
// 缩放方法
- (IBAction)scale:(id)sender;
//缩放比例大小
@property(nonatomic)float scale;
@end
```

② 在 scale 方法中实现缩放，这里使用 CGAffineTransformMakeScale(CGFloat sx,CGFloat sy);方法指定 *x*、*y* 轴的缩放比例。

```
- (IBAction)scale:(id)sender {
    // 更改缩放比例
    self.scale = self.scale==2.0?0.5:2.0;
    // 开始动画
    [UIView beginAnimations:nil context:nil];
    // 设置持续时间
    [UIView setAnimationDuration:3];
```

```
    // 设置动画效果（渐进渐出）
    [UIView setAnimationCurve:UIViewAnimationCurveEaseInOut];
    // 设置缩放比例
    CGAffineTransform scaleTrans =
    CGAffineTransformMakeScale(self.scale, self.scale);
    // 为图片设置转换
    self.myImage.transform = scaleTrans;
    // 提交动画
    [UIView commitAnimations];
}
```

③ 程序运行结果如图 20.9 所示。

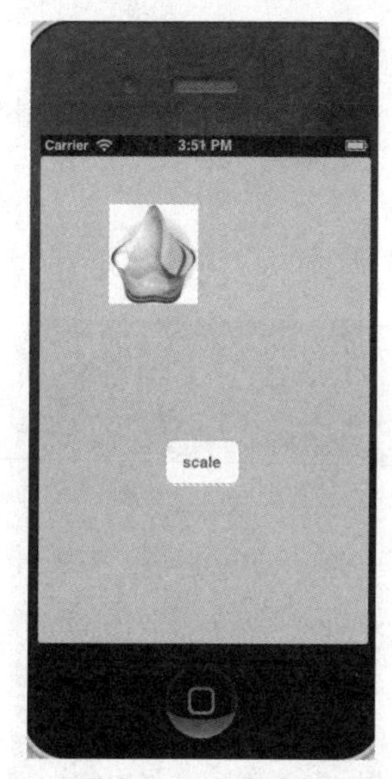

图 20.9　缩放动画

20.8 旋转动画

除了可以实现移动动画、缩放动画之外，还可以实现旋转动画。本节我们来看如何实现旋转动画，旋转使用到类 CGAffineTransform，即射频转换类。

下面通过一个案例来演示如何实现旋转动画。实现步骤如下。

① 创建一个项目，在界面上添加一个按钮和一个图片视图，并声明图片属性和按钮单击事件方法。

```
#import <UIKit/UIKit.h>
@interface AmakerViewController : UIViewController
// 图片属性
@property (strong, nonatomic) IBOutlet UIImageView *myImage;
// 缩放方法
- (IBAction) rotate:(id)sender;
@end
```

② 在 rotate 方法中实现旋转，这里使用 CGAffineTransformMakeRotation(180 * M_PI / 180);方法设置旋转弧度。

```
- (IBAction) rotate:(id)sender {
  // 开始动画
    [UIView beginAnimations:nil context:nil];
    // 设置持续时间
    [UIView setAnimationDuration:3];
    // 设置动画效果（渐进渐出）
    [UIView setAnimationCurve:UIViewAnimationCurveEaseInOut];
    // 设置旋转弧度
    CGAffineTransform rotationTrans =
    CGAffineTransformMakeRotation(180 * M_PI / 180);
    // 为图片设置转换
    self.myImage.transform = rotationTrans;    // 提交动画
    [UIView commitAnimations];
}
```

③ 程序运行结果如图 20.10 所示。

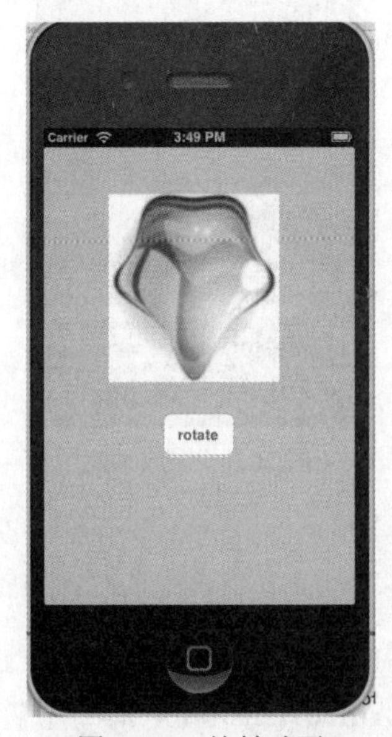

图 20.10 旋转动画

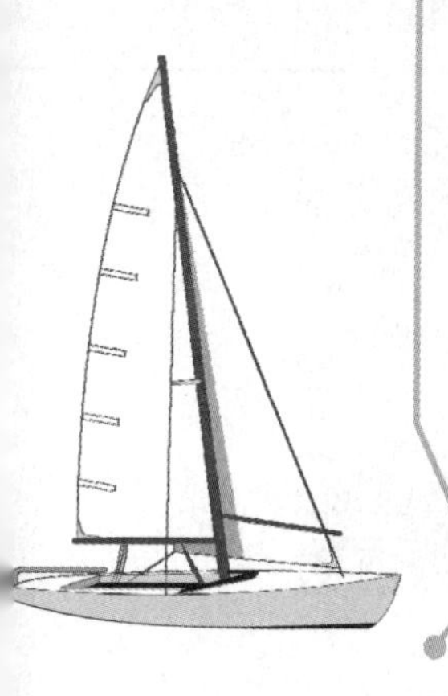

第 21 章　iOS 多媒体

本章内容

- 为多媒体开发做准备
- 使用 AVAudioPlayer 播放音乐
- 使用 AVAudioPlayerDelegate 处理播放中断及续播
- 使用 AVAudioRecorder 实现录音
- 使用 AVAudioRecorderDelegate 处理录音中断和续录
- 使用 MPMoviePlayerController 播放视频
- 捕获视频缩略图
- 使用 MPMediaPickerController 选择系统音乐
- 使用 UIImagePickerController 进行拍照和录像

21.1 为多媒体开发做准备

iOS 中的多媒体技术使得设备访问系统的音频、视频成为可能，iOS SDK 为多媒体开发提供了多个开发框架，它们是 AVFoundation.framework、CoreMedia.framework、MediaPlayer.framework、MobileCoreServices.framework 和 AssetsLibrary.framework。其中，MediaPlayer.framework 用来实现音视频的播放，AVFoundation.framework 用来实现音视频的录制，AssetsLibrary.framework 用来访问系统的多媒体文件等。

在使用这些框架时，首先要将其添加到项目中，实现步骤如下。

① 创建一个项目。

② 选择项目名称，在右边的“TARGETS”→“Build Phases”下选择“Link Binary With Libraries”，点击“+”号添加它们，如图 21.1 所示。

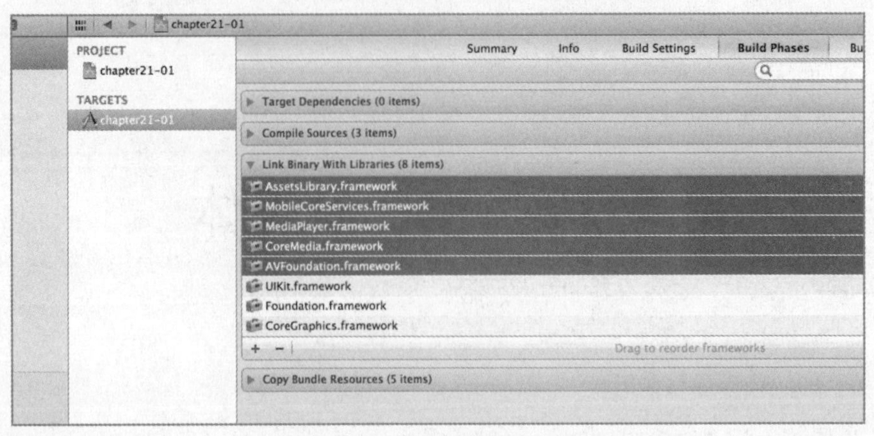

图 21.1　为项目添加框架

21.2 使用 AVAudioPlayer 播放音乐

播放音乐是 iOS 多媒体中的最基本功能，我们可以使用 AVAudioPlayer 类来播放音乐。该类在 AVFoundation.framework 框架中，所以在使用之前需要导入该框架。使用 AVAudioPlayer 类播放音乐需要知道播放音乐的 URL 路径，所以需要创建 NSURL 对象。

下面我们创建一个可以播放音乐的项目，该项目在界面上添加两个按钮，分别用来播放和停止音乐，再添加一个进度滑块 UISlider 用来控制播放音量。实现步骤如下。

① 创建一个项目，在界面上添加两个按钮和一个 UISlider。

② 在头文件中导入播放器头文件，并添加 UISlider 属性、AVAudioPlayer 属性以及播放和停止播放方法。

```
#import <UIKit/UIKit.h>
// 导入头文件
#import <AVFoundation/AVFoundation.h>
@interface AmakerViewController : UIViewController{

}
// 播放方法
- (IBAction)play:(id)sender;
// 停止播放方法
- (IBAction)stop:(id)sender;
// 音量控制滑块
@property (strong, nonatomic) IBOutlet UISlider *mySlider;
// 音乐播放器类
@property(strong,nonatomic) AVAudioPlayer *myPlayer;
@end
```

③ 在实现文件的 viewDidLoad 方法中，获得播放音乐文件的 NSURL 路径，并根据它实例化 AVAudioPlayer。

```
- (void)viewDidLoad
{
    [super viewDidLoad];
    // 音乐路径
    NSURL *url = [NSURL fileURLWithPath:[[NSBundle mainBundle]pathForResource:@"test"
ofType:@"mp3"]];
    // 实例化音乐播放器
    myPlayer = [[AVAudioPlayer alloc]initWithContentsOfURL:url error:nil];
}
```

④ 分别实现播放方法和停止播放方法，调用 AVAudioPlayer 的 play 方法播放音乐，调用 AVAudioPlayer 的 stop 方法停止播放音乐。通过改变 AVAudioPlayer 的 volume 属性控制音量。

```
// 播放方法实现
- (IBAction)play:(id)sender {
    if (myPlayer!=nil) {
        [myPlayer play];
    }
}
// 停止播放方法实现
- (IBAction)stop:(id)sender {
    if (myPlayer!=nil) {
        [myPlayer stop];
    }
}
// 改变音量
- (IBAction)change:(id)sender {
    if (myPlayer!=nil) {
        myPlayer.volume = mySlider.value;
    }
}
```

⑤ 程序运行结果如图 21.2 所示。

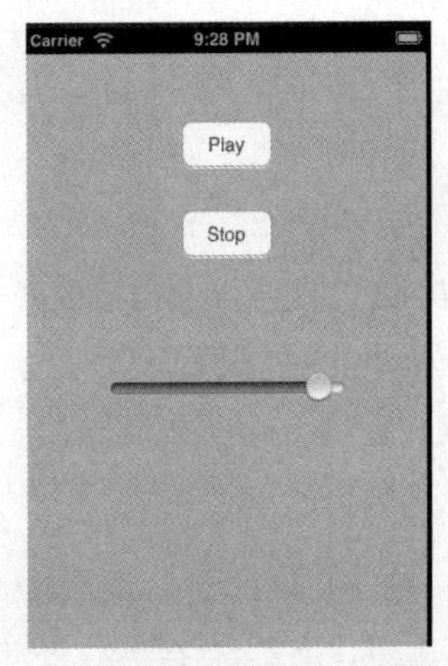

图 21.2　使用 AVAudioPlayer 播放音乐

另外，为了使程序更加流畅，我们可以将播放音乐的代码放到另外一个线程中去执行。代码如下：

```
    // 播放方法实现
    - (IBAction)play:(id)sender {
        if (myPlayer!=nil) {
            // 启动另外一个线程来播放，使程序更加流畅
            dispatch_async(dispatch_get_global_queue(DISPATCH_QUEUE_PRIORITY_DEFAULT,
0), ^{
                [myPlayer play];
            });
        }
    }
```

21.3 使用 AVAudioPlayerDelegate 处理播放中断及续播

在播放音乐时，突然打来的电话会中断音乐，我们可以使用 AVAudioPlayer 的代理类 AVAudioPlayerDelegate 来处理中断并继续播放。下面看看如何实现这一功能。

① 创建一个项目，在界面上添加两个按钮和一个 UISlider。

② 在头文件中导入播放器头文件，并添加 UISlider 属性、AVAudioPlayer 属性以及播放和停止播放方法，实现 AVAudioPlayerDelegate 协议。

```
    #import <UIKit/UIKit.h>
    // 导入框架
    #import <AVFoundation/AVFoundation.h>
    // 实现播放器代理协议
    @interface AmakerViewController : UIViewController <AVAudioPlayerDelegate>{
    }
    // 播放方法
    - (IBAction)play:(id)sender;
    // 停止播放方法
    - (IBAction)stop:(id)sender;
    // 音量控制滑块
    @property (strong, nonatomic) IBOutlet UISlider *mySlider;
    // 播放器
    @property(retain,nonatomic) AVAudioPlayer *myPlayer;
    @end
```

③ 在实现文件的 viewDidLoad 方法中，获得播放音乐文件的 NSURL 路径，根据它实例化 AVAudioPlayer，并为 AVAudioPlayer 指定代理。

```
    - (void)viewDidLoad
    {
        [super viewDidLoad];
        // 音乐路径
        NSURL *url = [NSURL fileURLWithPath:[[NSBundle mainBundle]pathForResource:@"test"
ofType:@"mp3"]];
        // 实例化播放器
```

```
        myPlayer = [[AVAudioPlayer alloc]initWithContentsOfURL:url error:nil];
        // 指定代理
        myPlayer.delegate = self;
    }
```

④ 分别实现播放方法和停止播放方法，调用 AVAudioPlayer 的 play 方法播放音乐，调用 AVAudioPlayer 的 stop 方法停止播放音乐。通过改变 AVAudioPlayer 的 volume 属性控制音量。

```
    // 播放方法
    - (IBAction)play:(id)sender {
        if (myPlayer!=nil) {
            // 在另外一个线程中播放音乐
            dispatch_async(dispatch_get_global_queue(DISPATCH_QUEUE_PRIORITY_DEFAULT,
0), ^{
                [myPlayer play];
            });
        }
    }
    // 停止播放方法
    - (IBAction)stop:(id)sender {
        if (myPlayer!=nil) {
            [myPlayer stop];
        }
    }
    // 调节音量方法
    - (IBAction)change:(id)sender {
        if (myPlayer!=nil) {
            myPlayer.volume = mySlider.value;
        }
    }
```

⑤ 实现代理中的中断和唤醒方法，在唤醒方法中继续播放音乐。

```
    // 音乐被中断
    - (void)audioPlayerBeginInterruption:(AVAudioPlayer *)player{
        NSLog(@"audioPlayerBeginInterruption...");
    }

    // 继续播放
    - (void)audioPlayerEndInterruption:(AVAudioPlayer *)player withOptions:(NSUInteger)
flags{
        if (flags == AVAudioSessionInterruptionFlags_ShouldResume && player != nil){
            [player play];
        }
    }
```

⑥ 程序运行结果如图 21.3 所示。

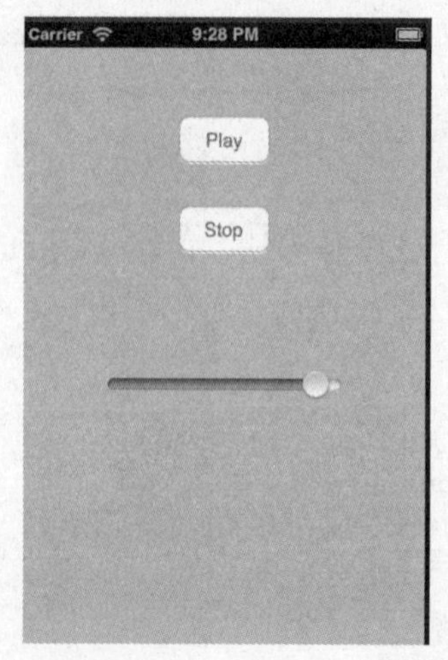

图 21.3　使用 AVAudioPlayerDelegate 处理播放中断和续播

21.4 使用 AVAudioRecorder 实现录音

实现录音程序，需要使用 AVFoundation.framework 框架中的 AVAudioRecorder 类，为此需要导入 AVFoundation.framework 框架。录音程序需要设置存放的路径和录音的属性，例如，音质、波特率、声道等属性，这些属性可以通过 NSDictionary 来封装。下面我们创建一个可以实现录音并播放录音的程序，步骤如下。

① 创建一个项目，并导入 AVFoundation.framework 框架。

② 在界面上添加三个按钮，分别用来实现录音、停止录音和播放功能。

③ 在.h 文件中导入 AVFoundation.h 头文件，并添加 AVAudioPlayer 属性和 AVAudio Recorder，以及录音、停止录音和播放事件方法。

```
#import <UIKit/UIKit.h>
// 导入框架
#import <AVFoundation/AVFoundation.h>
// 设置代理
@interface AmakerViewController : UIViewController{

}
// 播放器属性
@property(nonatomic,strong)AVAudioPlayer *player;
// 录音器属性
@property(nonatomic,strong)AVAudioRecorder *recorder;
// 录音方法
- (IBAction)record:(id)sender;
// 播放方法
- (IBAction)play:(id)sender;
// 停止播放方法
- (IBAction)stop:(id)sender;
@end
```

④ 在.m 文件的 viewDidLoad 方法中设置录音文件的保存路径和录音属性，并实例化 AVAudioRecorder 和 AVAudioPlayer。

```
- (void)viewDidLoad
{
    [super viewDidLoad];

    // 设置录制文件的访问路径
    NSArray *dirPath = NSSearchPathForDirectoriesInDomains(NSDocumentationDirectory,
NSUserDomainMask, YES);
    NSString  *docPath = [dirPath objectAtIndex:0];
    NSString *filePath = [docPath stringByAppendingPathComponent:@"test1.wav"];
    // 根据该路径创建 NSURL 对象
    NSURL *soundFileURL = [NSURL fileURLWithPath:filePath];
    // 设置录音属性
    // 包括：音质、波特率、声道数量等
    NSDictionary *recordSettings = [NSDictionary
                            dictionaryWithObjectsAndKeys:
                            [NSNumber numberWithInt:AVAudioQualityMin],
                            AVEncoderAudioQualityKey,
                            [NSNumber numberWithInt:16],
                            AVEncoderBitRateKey,
                            [NSNumber numberWithInt: 2],
                            AVNumberOfChannelsKey,
                            [NSNumber numberWithFloat:44100.0],
                            AVSampleRateKey,
                            nil];
    NSError *error = nil;
    // 创建播放器实例
    player = [[AVAudioPlayer alloc]initWithContentsOfURL:soundFileURL error:nil];
    // 创建录音器实例
    recorder = [[AVAudioRecorder alloc]
                initWithURL:soundFileURL
                settings:recordSettings
                error:&error];
    // 判断是否有错误
    if (error)
    {
        NSLog(@"Error: %@", [error localizedDescription]);
    } else {
        // 准备录音
        [recorder prepareToRecord];
    }
}
```

⑤ 调用 AVAudioRecorder 的 record 方法进行录音，调用 stop 方法停止录音，调用 AVAudioPlayer 的 play 方法播放录音。

```
// 录音
- (IBAction)record:(id)sender {
    if (!recorder.isRecording) {
        [recorder record];
    }
}
```

```
// 播放
- (IBAction)play:(id)sender {
    player.volume = 1;
    [player play];
}
// 停止录音
- (IBAction)stop:(id)sender {
    [recorder stop];
}
```

⑥ 程序运行结果如图 21.4 所示。

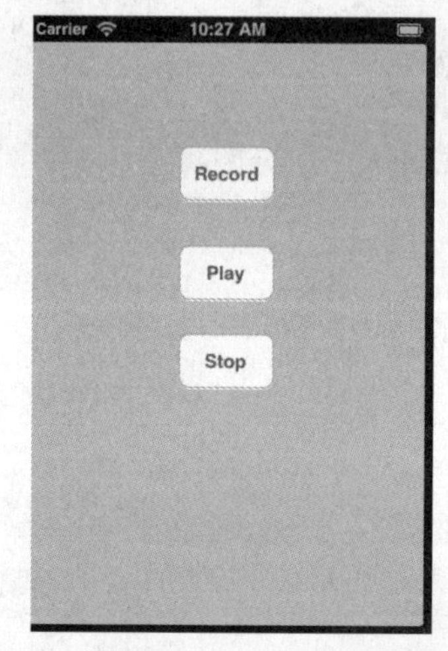

图 21.4 使用 AVAudioRecorder 进行录音

21.5 使用 AVAudioRecorderDelegate 处理录音中断和续录

和播放音乐相同，录音也可能被突然打来的电话或其他任务打断，在这种情况下可以通过 AVAudioRecorder 的代理 AVAudioRecorderDelegate 来处理录音中断和继续录音。下面程序实现了检测录音中断的功能。实现步骤如下。

① 创建一个项目，并导入 AVFoundation.framework 框架。

② 在界面上添加三个按钮，分别用来实现录音、停止录音和播放功能。

③ 在.h 文件中导入 AVFoundation.h 头文件，添加 AVAudioPlayer 属性和 AVAudioRecorder，以及录音、停止录音和播放事件方法，并实现 AVAudioRecorderDelegate 协议。

```
#import <UIKit/UIKit.h>
// 导入框架
#import <AVFoundation/AVFoundation.h>
// 设置代理
@interface AmakerViewController : UIViewController<AVAudioRecorderDelegate>{

}
// 播放器属性
@property(nonatomic,strong)AVAudioPlayer *player;
```

```
// 录音器属性
@property(nonatomic,strong)AVAudioRecorder *recorder;
// 录音方法
- (IBAction)record:(id)sender;
// 播放方法
- (IBAction)play:(id)sender;
// 停止播放方法
- (IBAction)stop:(id)sender;
@end
```

④ 在.m文件的viewDidLoad方法中设置录音文件的保存路径和录音属性，并实例化AVAudioRecorder和AVAudioPlayer。

```
- (void)viewDidLoad
{
    [super viewDidLoad];

    // 设置录制文件的访问路径
    NSArray *dirPath = NSSearchPathForDirectoriesInDomains(NSDocumentationDirectory,
NSUserDomainMask, YES);
    NSString  *docPath = [dirPath objectAtIndex:0];
    NSString *filePath = [docPath stringByAppendingPathComponent:@"test1.wav"];
    // 根据该路径创建NSURL对象
    NSURL *soundFileURL = [NSURL fileURLWithPath:filePath];
    // 设置录音属性
    // 包括：音质、波特率、声道数量等
    NSDictionary *recordSettings = [NSDictionary
                                dictionaryWithObjectsAndKeys:
                                [NSNumber numberWithInt:AVAudioQualityMin],
                                AVEncoderAudioQualityKey,
                                [NSNumber numberWithInt:16],
                                AVEncoderBitRateKey,
                                [NSNumber numberWithInt: 2],
                                AVNumberOfChannelsKey,
                                [NSNumber numberWithFloat:44100.0],
                                AVSampleRateKey,
                                nil];
    NSError *error = nil;
    // 创建播放器实例
    player = [[AVAudioPlayer alloc]initWithContentsOfURL:soundFileURL error:nil];
    // 创建录音器实例
    recorder = [[AVAudioRecorder alloc]
                initWithURL:soundFileURL
                settings:recordSettings
                error:&error];
    // 判断是否有错误
    if (error)
    {
        NSLog(@"Error: %@", [error localizedDescription]);
    } else {
        // 准备录音
        [recorder prepareToRecord];
    }
}
```

⑤ 调用 AVAudioRecorder 的 record 方法进行录音，调用 stop 方法停止录音，调用 AVAudioPlayer 的 play 方法播放录音。

```
// 录音
- (IBAction)record:(id)sender {
    if (!recorder.isRecording) {
        [recorder record];
    }
}
// 播放
- (IBAction)play:(id)sender {
    player.volume = 1;
    [player play];
}
// 停止录音
- (IBAction)stop:(id)sender {
    [recorder stop];
}
```

⑥ 实现 AVAudioRecorderDelegate 检测录音中断的方法。

```
// 代理方法，检测录音是否被中断
- (void)audioRecorderBeginInterruption:(AVAudioRecorder *)recorder{
    NSLog(@"audioRecorderBeginInterruption...");
}
// 代理方法，检测录音是否中断结束
-  (void)audioRecorderEndInterruption:(AVAudioRecorder  *)recorder1  withOptions:
(NSUInteger)flags{
    if (recorder!=nil&&flags==AVAudioSessionInterruptionFlags_ShouldResume) {
        [recorder1 record];
    }
}
```

⑦ 程序运行结果如图 21.5 所示。

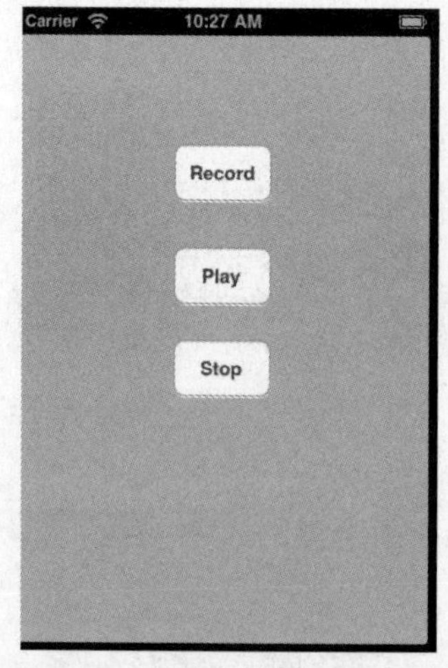

图 21.5　使用 AVAudioRecorderDelegate 检测录音中断

21.6 使用 MPMoviePlayerController 播放视频

可以使用 MediaPlayer.framework 框架中的 MPMoviePlayerController 类来播放视频。播放视频时需要知道播放视频的 URL 路径，并设置播放时的一些属性，例如，是否自动播放、是否全屏播放等参数。我们可以将 MPMoviePlayerController 的 View 添加到当前 View，也可以使用 MPMoviePlayerViewController 来实现播放视频。下面通过一个案例来演示如何播放视频，实现步骤如下。

① 创建一个项目，并将 MediaPlayer.framework 框架添加到系统中，在 XIB 文件中添加一个按钮。

② 在.h 头文件中，导入 MediaPlayer.h 头文件。添加 MPMoviePlayerController 属性和一个播放事件方法，并实现 MPMediaPickerControllerDelegate 协议。

```
#import <UIKit/UIKit.h>
// 导入视频播放器头文件
#import <MediaPlayer/MediaPlayer.h>
// 实现 MPMediaPickerControllerDelegate 协议
@interface AmakerViewController : UIViewController<MPMediaPickerControllerDelegate>{

}
// 播放器属性
@property(nonatomic,strong) MPMoviePlayerController *mp;
// 播放方法
- (IBAction)play:(id)sender;
@end
```

③ 将一个 mp4 文件添加到程序中。

④ 实现播放方法，获得要播放的视频文件路径，实例化视频播放器，并设置播放器参数。

```
- (IBAction)play:(id)sender {
    // 获得播放视频文件路径
    NSURL *path = [NSURL fileURLWithPath:[[NSBundle mainBundle]pathForResource:@"syz"
ofType:@"mp4"]];
    // 实例化视频播放器
    self.mp = [[MPMoviePlayerController alloc]initWithContentURL:path];
    // 设置控制样式
    self.mp.controlStyle = MPMovieControlStyleDefault;
    // 设置是否自动播放
    self.mp.shouldAutoplay = YES;
    // 添加播放视图到当前视图
    [self.view addSubview:self.mp.view];
    // 设置全屏
    [self.mp setFullscreen:YES animated:YES];
}
```

⑤ 覆盖 MPMediaPickerControllerDelegate 协议的 mediaPickerDidCancel 方法，在该方法中删除视频播放视图。

```
// 播放结束删除视图
- (void)mediaPickerDidCancel:(MPMediaPickerController *)mediaPicker{
    [self.mp.view removeFromSuperview];
}
```

⑥ 程序运行结果如图 21.6 所示。

图 21.6　使用 MPMoviePlayerController 播放视频

21.7 捕获视频缩略图

有时候在播放视频时，需要截获一张缩略图，这可以通过 MPMoviePlayerController 的方法来实现。下面程序演示了如何截获一张缩略图，并使用 UIImageView 显示。实现步骤如下。

① 创建一个项目，添加 MediaPlayer.framework 框架。

② 在 XIB 文件中添加一个按钮和一个图片视图。

③ 在控制器的.h 文件中添加播放事件方法、图片视图属性和播放器属性。

```
#import <UIKit/UIKit.h>
// 导入头文件
#import <MediaPlayer/MediaPlayer.h>
@interface AmakerViewController : UIViewController
// 播放方法
- (IBAction)play:(id)sender;
// 显示缩略图的 UIImageView
@property (strong, nonatomic) IBOutlet UIImageView *myImage;
// 播放器属性
@property(nonatomic,strong)MPMoviePlayerController *player;
@end
```

④ 在控制器的.m 文件中实现播放方法，获得视频文件路径，实例化 MPMovie PlayerController，并向通知中心添加观察者，当请求缩略图发出时调用 capture 方法，设置播放参数，发出截屏请求。

```
    - (IBAction)play:(id)sender {
        // 视频文件路径
        NSString *path = [[NSBundle mainBundle]pathForResource:@"syz" ofType:@"mp4"];
        NSURL *url = [NSURL fileURLWithPath:path];
        // 实例化 MPMoviePlayerController
        self.player = [[MPMoviePlayerController alloc]initWithContentURL:url];
        // 播放
        [self.player play];
        // 向通知中心添加观察者，当请求缩略图发出时调用 capture 方法
        [[NSNotificationCenter defaultCenter]addObserver:self selector:@selector(capture:)
name:MPMoviePlayerThumbnailImageRequestDidFinishNotification object:self.player];
        // 将播放视图添加到当前视图
        [self.view addSubview:self.player.view];
        // 设置为全屏
        [self.player setFullscreen:YES];
        // 截屏时间点
        NSNumber *thirdSecondThumbnail = [NSNumber numberWithFloat:10.0f];
        // 创建数组，只截一张屏
        NSArray *requestedThumbnails =
        [NSArray arrayWithObject:thirdSecondThumbnail];
        // 发出截屏请求
        [self.player requestThumbnailImagesAtTimes:requestedThumbnails timeOption:
MPMovieTimeOptionExact];
    }
```

⑤ 在 capture 方法中将截屏图片设置为 UIImageView 的属性。

```
      // 将截屏图片设置为图片视图
    -(void)capture:(NSNotification *)param{
        MPMoviePlayerController *controller = [param object];
        UIImage *thumbnail = [param.userInfo
                            objectForKey:MPMoviePlayerThumbnailImageKey];
        self.myImage.image = thumbnail;
    }
```

⑥ 程序运行结果如图 21.7 所示。

图 21.7　使用 MPMoviePlayerController 截图

21.8 使用 MPMediaPickerController 选择系统音乐

一个音乐播放器应该具备播放本地视频的功能，可以使用 MPMediaPickerController 类选择系统音乐，并通过其代理 MPMediaPickerControllerDelegate 来实现音乐的选择。下面通过一个案例来演示如何通过 MPMediaPickerController 从系统中选择音乐文件。实现步骤如下。

① 创建一个项目，并添加 MediaPlayer.framework 框架。

② 在界面上添加一个按钮来选择音乐。

③ 在控制器的.h 文件中设置代理，并添加选择音乐的事件方法。

```
#import <UIKit/UIKit.h>
// 导入头文件
#import <MediaPlayer/MediaPlayer.h>
// 设置代理
@interface AmakerViewController : UIViewController<MPMediaPickerControllerDelegate>
// 选择方法
- (IBAction)pick:(id)sender;
@end
```

④ 在控制器的.m 文件中实现选择音乐事件方法，实例化 MPMediaPickerController，设置代理和其他参数，并跳转到该控制器。

```
// 选择音乐方法
- (IBAction)pick:(id)sender {
    // 实例化 MPMediaPickerController
    MPMediaPickerController *mediaPicker = [[MPMediaPickerController alloc]
initWithMediaTypes:MPMediaTypeAny];
    // 设置代理
    mediaPicker.delegate = self;
    // 允许一次选择多个音乐文件
    mediaPicker.allowsPickingMultipleItems = YES;
    mediaPicker.prompt = @"请选择要播放的音乐文件";
    // 显示该视图控制器
    [self presentModalViewController:mediaPicker animated:YES];
}
```

⑤ 覆盖两个代理方法，获得选择的音乐。

```
// 代理方法，当选择音乐后触发该方法
- (void)mediaPicker:(MPMediaPickerController *)mediaPicker didPickMediaItems:
(MPMediaItemCollection *)mediaItemCollection{
    if (mediaItemCollection.count>0) {
        NSArray *array = mediaItemCollection.items;
        // 遍历该数组
    }
}
// 当前取消选择时触发该方法
```

```
- (void)mediaPickerDidCancel:(MPMediaPickerController *)mediaPicker{

}
```

21.9 使用 UIImagePickerController 进行拍照和录像

使用 UIImagePickerController 可以进行拍照和录像，通过设置 UIImagePickerController 的 sourceType 属性来控制是拍照还是录像，设置好属性后，跳转到该控制器即可实现拍照或录像。下面首先实现一个拍照程序，在界面上添加一个按钮和一个图片视图，拍照后的照片使用图片视图来显示。程序实现步骤如下。

① 创建一个项目，添加 MobileCoreServices.framework 和 AssetsLibrary.framework 两个框架。

② 在界面上添加一个按钮和一个图片视图控件，单击按钮进行拍照，拍照后的照片显示在图片视图中。

③ 在控制器的.h 头文件中，实现 UIImagePickerControllerDelegate 和 UINavigation ControllerDelegate 协议，并添加拍照事件方法和显示照片的图片视图。

```
#import <UIKit/UIKit.h>
#import <MobileCoreServices/MobileCoreServices.h>
#import <AssetsLibrary/AssetsLibrary.h>
@interface AmakerViewController : UIViewController<UIImagePickerControllerDelegate,
UINavigationControllerDelegate>
// 拍照
- (IBAction)take:(id)sender;
// 显示照片
@property (strong, nonatomic) IBOutlet UIImageView *pic;
@end
```

④ 在.m 文件的拍照事件方法中实现拍照功能，实例化 UIImagePickerController，设置图片源类型为照相机输入源，设置代理，并跳转到拍照视图控制器。

```
- (IBAction)take:(id)sender {
    // 实例化 UIImagePickerController
    UIImagePickerController *controller =
    [[UIImagePickerController alloc] init];
    // 设置图片源类型为照相机输入源
    controller.sourceType = UIImagePickerControllerSourceTypeCamera;
    // 媒体类型
    NSString *requiredMediaType = (__bridge NSString *)kUTTypeImage;
    // 设置媒体类型
    controller.mediaTypes = [[NSArray alloc]
                            initWithObjects:requiredMediaType, nil];
    // 是否允许编辑
    controller.allowsEditing = YES;
    // 设置代理
    controller.delegate = self;
```

```
    // 跳转到该控制器
    [self presentViewController:controller animated:YES completion:nil];
}
```

⑤ 在代理方法中获得照片并显示。

```
- (void)imagePickerController:(UIImagePickerController *)picker
didFinishPickingMediaWithInfo:(NSDictionary *)info{
    NSLog(@"info=%@",info);
    // 获得照片
    UIImage *myImage =
    [info objectForKey:
     UIImagePickerControllerOriginalImage];
    // 设置UIImageView的属性
    self.pic.image = myImage;
    // 取消显示
    [picker dismissViewControllerAnimated:YES completion:nil];
}
- (void)imagePickerControllerDidCancel:(UIImagePickerController *)picker;{
    NSLog(@"imagePickerControllerDidCancel");
}
```

⑥ 程序运行结果如图 21.8 所示。

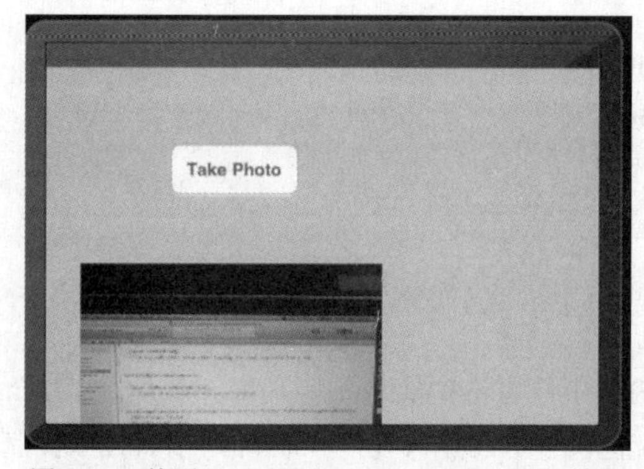

图 21.8　使用 UIImagePickerController 进行拍照

接下来介绍如何使用 UIImagePickerController 来实现录像功能。实现步骤如下。

① 创建一个项目，并添加 MediaPlayer.framework、MobileCoreServices.framework、CoreMedia.framework 和 AssetsLibrary.framework 框架。

② 在 XIB 文件中添加两个按钮，分别用来实现录像和播放功能。

③ 在控制器的.h 头文件中添加类库，并实现代理，声明录像和播放事件方法，声明视频播放器属性和当前 URL 路径属性。

```
#import <UIKit/UIKit.h>
#import <AssetsLibrary/AssetsLibrary.h>
#import <MobileCoreServices/MobileCoreServices.h>
#import <MediaPlayer/MediaPlayer.h>
```

```
    @interface AmakerViewController : UIViewController<UINavigationControllerDelegate,
UIImagePickerControllerDelegate>
    // 录像事件方法
    - (IBAction)start:(id)sender;
    // 播放事件方法
    - (IBAction)play:(id)sender;
    // 视频播放器属性
    @property(nonatomic,strong)MPMoviePlayerController *mPlayer;
    // 当前 URL 路径
    @property(nonatomic,strong)NSURL *currentURL;
    @end
```

④ 实现录像事件方法，实例化 UIImagePickerController，并设置媒体源类型为录像以及其他参数，然后跳转到该控制器。

```
    - (IBAction)start:(id)sender {
        // 实例化 UIImagePickerController
        UIImagePickerController *controller =
        [[UIImagePickerController alloc] init];
        // 设置媒体源类型为录像
        controller.sourceType = UIImagePickerControllerSourceTypeCamera;

        NSString *requiredMediaType = (__bridge NSString *)kUTTypeMovie;
        controller.mediaTypes = [[NSArray alloc]
                                  initWithObjects:requiredMediaType, nil];
        // 设置是否允许编辑
        controller.allowsEditing = YES;
        // 设置代理
        controller.delegate = self;
        // 录制质量
        controller.videoQuality = UIImagePickerControllerQualityTypeHigh;
        // 最大录制时间
        controller.videoMaximumDuration = 30.0f;
        // 跳转到该控制器
        [self presentViewController:controller animated:YES completion:nil];
    }
```

⑤ 在代理方法中获得视频保存的 URL 路径。

```
    - (void)imagePickerController:(UIImagePickerController *)picker
didFinishPickingMediaWithInfo:(NSDictionary *)info{
        NSLog(@"info=%@",info);
        // 获得媒体类型
        NSString    *mediaType = [info objectForKey:
                                   UIImagePickerControllerMediaType];
        // 判断媒体类型是否是视频
        if ([mediaType isEqualToString:(__bridge NSString *)kUTTypeMovie]){

            // 获得视频路径
            NSURL *urlOfVideo =
            [info objectForKey:UIImagePickerControllerMediaURL];
            self.currentURL = urlOfVideo;
```

```
    }
    [picker dismissViewControllerAnimated:YES completion:nil];
}
```

⑥ 根据上面的 URL 路径来播放录制的视频。

```
- (IBAction)play:(id)sender {
    self.mPlayer = [[MPMoviePlayerController alloc]initWithContentURL:self.currentURL];
    // 设置控制样式
    self.mPlayer.controlStyle = MPMovieControlStyleDefault;
    // 设置是否自动播放
    self.mPlayer.shouldAutoplay = YES;
    // 添加播放视图到当前视图
    [self.view addSubview:self.mPlayer.view];
    // 设置全屏
    [self.mPlayer setFullscreen:YES animated:YES];
}
```

⑦ 程序运行结果如图 21.9 所示。

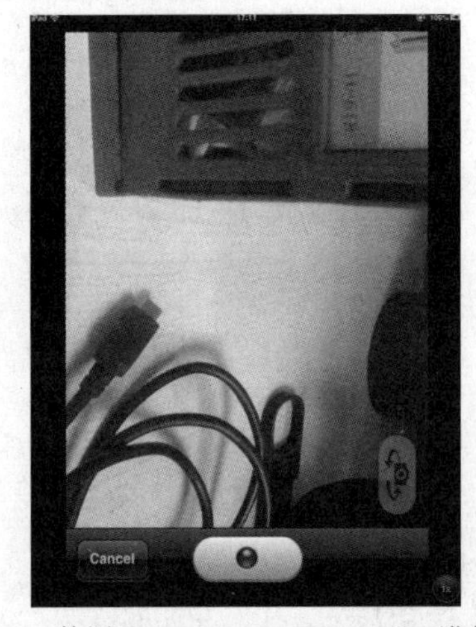

图 21.9　使用 UIImagePickerController 进行录像

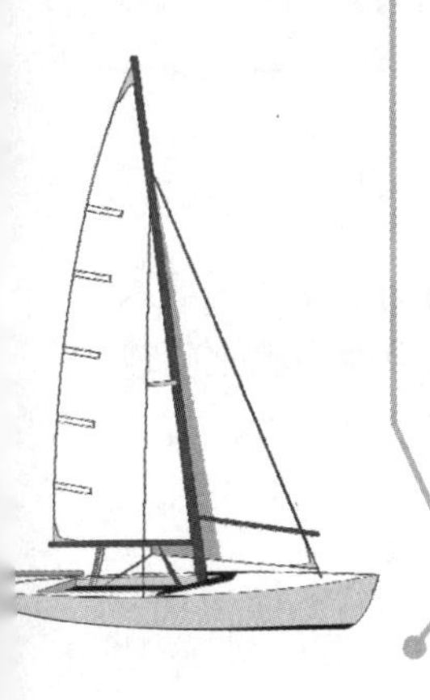

第 22 章　iOS SQLite 数据库

本章内容

- SQLite 简介
- 在命令行使用 SQLite
- 使用 SQLite 实现表的增、删、查、改
- SQLite 和 UITableView 结合使用

22.1 SQLite 简介

SQLite 是一个开源的嵌入式数据库引擎，广泛应用在嵌入式设备操作系统中，例如，早期的 Symbian、Android、iOS 等系统中。

SQLite 的官方站点是：http://sqlite.org/index.html，更多详细用法可以从该站点找到。标准的 SQL 语言在 SQLite 数据库中都支持。这里我们需要了解的是 SQLite 数据类型，如表 22.1 所示。

表 22.1　SQLite数据类型

名　称	描　述
NULL	空值
INTEGER	带符号的整型，具体取决于存入数字的范围大小
REAL	浮点数字，存储为 8byte IEEE 浮点数
TEXT	字符串文本
BLOB	二进制对象

22.2 在命令行使用 SQLite

Mac 提供了对 SQLite 的支持，可以通过命令行的方法来创建数据库和表，在命令行通过 SQL 语句来操作数据库和表。

在 Mac 系统中打开终端，使用 sqlite3 命令来打开或创建数据库。例如，在终端输入 sqlite3 test.db 命令就可以在当前目录下创建一个 test.db 数据库。我们通过下面步骤来创建一个数据库 test.db，在该库中创建一个 UserTbl 数据表，并对该表进行增、删、查、改等操作。

① 打开终端输入如下命令，可以创建一个数据库，如图 22.1 所示。

```
sqlite3 test.db
```

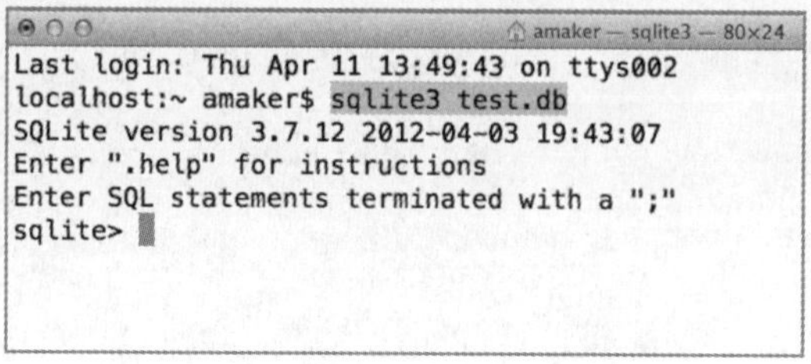

```
amaker — sqlite3 — 80×24
Last login: Thu Apr 11 13:49:43 on ttys002
localhost:~ amaker$ sqlite3 test.db
SQLite version 3.7.12 2012-04-03 19:43:07
Enter ".help" for instructions
Enter SQL statements terminated with a ";"
sqlite>
```

图 22.1　使用 sqlite3 命令创建数据库

② 当前提示符变成了 sqlite>，可以输入.help 寻求帮助，如图 22.2 所示。

```
sqlite> .help
.backup ?DB? FILE      Backup DB (default "main") to FILE
.bail ON|OFF           Stop after hitting an error.  Default OFF
.databases             List names and files of attached databases
.dump ?TABLE? ...      Dump the database in an SQL text format
                         If TABLE specified, only dump tables matching
                         LIKE pattern TABLE.
.echo ON|OFF           Turn command echo on or off
.exit                  Exit this program
.explain ?ON|OFF?      Turn output mode suitable for EXPLAIN on or off.
                         With no args, it turns EXPLAIN on.
.header(s) ON|OFF      Turn display of headers on or off
.help                  Show this message
.import FILE TABLE     Import data from FILE into TABLE
.indices ?TABLE?       Show names of all indices
                         If TABLE specified, only show indices for tables
                         matching LIKE pattern TABLE.
.log FILE|off          Turn logging on or off.  FILE can be stderr/stdout
```

图 22.2　使用 sqlite3 命令帮助

有很多命令，常用的有.databases（查看当前目录下的数据库）、.tables（查看当前库下面的表）以及.schema tablename（查看表结构）等命令。

③ 在 test.db 数据库中创建一个 UserTbl 表。

```
create table UserTbl(uid integer primary key autoincrement,username text,pwd text);
```

这里 uid 是主键，并且是自动增加的。

④ 通过 insert into SQL 语句插入几条记录。

```
insert into UserTbl(username,pwd)values('tom','123');
insert into UserTbl(username,pwd)values(kite,'456');
```

⑤ 使用 SQL 语句可以查询到 uid=1 的用户。

```
select username,pwd from UserTbl where uid=1;
```

⑥ 删除 uid 为 1 的用户。

```
delete from UserTbl where uid=1;
```

⑦ 修改 uid 为 2 的用户名称。

```
update UserTbl set username='big kite' where uid=2;
```

以上是 sqlite 命令行操作的常用 SQL 语句，这些语句在实际的项目测试和项目开发中都能应用到。

22.3 使用 SQLite 实现表的增、删、查、改

上一节我们讲述了如何在命令行进行数据库和表的操作，在实际开发中更多的是通过程序 API 接口来实现表的增、删、查、改等操作。本节我们将通过程序的方式实现 SQLite 的增、删、查、改。

在程序中使用 SQLite 数据库，需要导入 SQLite 数据库的动态库 libsqlite3.dylib。选择项目名称，在右边的“TARGETS”→“Build Phases”下选择“Link Binary With Libraries”，点击“+”号添加，如图 22.3 所示。

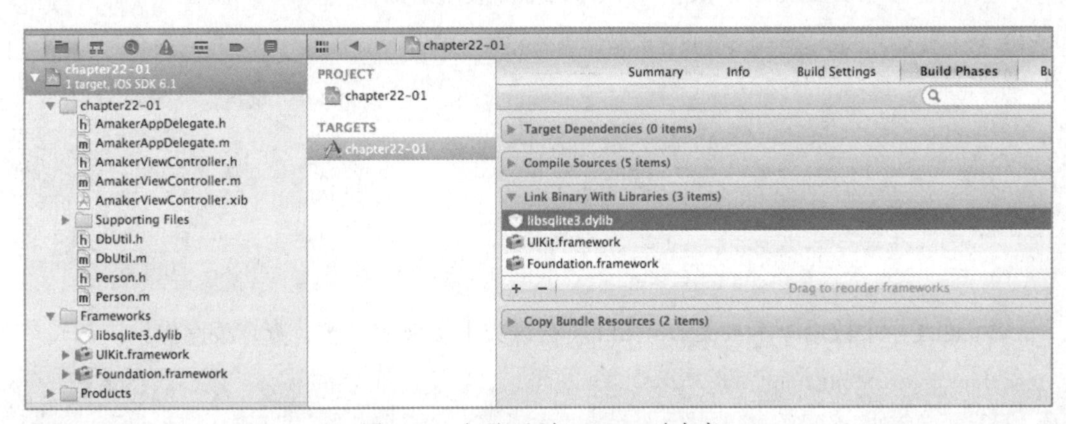

图 22.3　为项目添加 SQLite 动态库

并且在程序中需要通过#import "/usr/include/sqlite3.h"语句导入头文件。

在 SQLite 数据库编程中，使用了一组以 sqlite3 打头的函数来实现数据库和表的操作。通过表 22.2 我们先来认识一下这些函数。

表 22.2　SQLite数据库函数

函 数 名 称	描　述
sqlite3	表示数据库对象
sqlite3_open	打开数据库
sqlite3_close	关闭数据库

续表

函数名称	描　述
sqlite3_exec	执行 SQL 语句
sqlite3_prepare_v2	预定义语句
sqlite3_bind_xxx	绑定数据
sqlite3_step	执行预定义语句
sqlite3_column_text	获得某列数据

SQLite 数据库编程的基本步骤如下。

① 创建或者打开库。

② 创建表。

③ 进行增、删、查、改操作。

④ 关闭库。

下面通过一个案例来演示如何使用 SQLite 数据库，实现步骤如下。

① 创建一个项目，添加 libsqlite3.dylib 库。

② 在 XIB 文件中添加 5 个按钮，分别实现创建库和表、插入、删除、更新和查询操作。

③ 创建一个类 Person 和数据库中的 Person 表映射。

```
#import <Foundation/Foundation.h>
@interface Person : NSObject
// id
@property(nonatomic)int pid;
// 姓名
@property(nonatomic,retain)NSString *name;
// 密码
@property(nonatomic,retain)NSString *pwd;
@end
```

④ 创建一个数据库工具类 DbUtil.h，在该类中实现增、删、查、改操作。

```
#import <Foundation/Foundation.h>
// 导入头文件
#import "/usr/include/sqlite3.h"
#import "Person.h"
// 定义数据库名称
#define kDbName @"test.db"
@interface DbUtil : NSObject

// 获得数据库文件路径方法
-(NSString*)getPath;
// 打开库
-(sqlite3*)open;
// 关闭库
-(void)close:(sqlite3*)db;
// 创建表
-(void)createTable:(sqlite3*)db;
```

```
// 插入
-(void)insert:(Person*)per;
// 删除
-(void)del:(int)pid;
// 更新
-(void)update:(Person*)per;
// 查询
-(NSMutableArray*)query;
// 根据 id 查询
-(Person*)findPerson:(int)pid;
@end
```

⑤ 获得数据库保存路径，获得程序文件路径，并附加数据库名称即可。

```
// 获得数据库保存路径
-(NSString*)getPath{
    // 获得文件路径
    NSArray *docPaths = NSSearchPathForDirectoriesInDomains(NSDocumentDirectory,
NSUserDomainMask, YES);
    NSString *path = [docPaths objectAtIndex:0];
    // 创建数据库路径
    path = [path stringByAppendingPathComponent:kDbName];
    return  path;
}
```

⑥ 打开数据库，声明 sqlite3 数据库对象，调用 sqlite3_open 函数，传递数据库文件路径和 sqlite3 二级指针打开库。

```
// 打开数据库
-(sqlite3*)open{
    // 声明数据库
    sqlite3 *database;
    // 获得数据库路径
    NSString *path = [self getPath];
    NSLog(@"%@",path);
    // 打开库
    NSInteger result = sqlite3_open([path UTF8String], &database);
    if (result==SQLITE_OK) {
        // 返回数据库
        return database;
    }
    return nil;
}
```

⑦ 关闭库，调用 sqlite3_close 函数，传递 sqlite3 对象关闭数据库。

```
// 关闭库
-(void)close:(sqlite3 *)db{
    if(db!=nil)
        sqlite3_close(db);
}
```

⑧ 创建表方法，准备创建表的 SQL 语句，调用 sqlite3_exec 方法来执行。

```
    // 创建表
    -(void)createTable:(sqlite3 *)db{
        // 创建表的 SQL 语句
        char *sql = "create table PerTbl (pid integer primary key autoincrement, name
text,pwd text) ";
        // 执行 SQL 语句创建表
        int result = sqlite3_exec(db, sql, 0, nil, nil);
        // 判断是否创建成功
        if (result==SQLITE_OK) {
            NSLog(@"%@",@"create ok.");
        }else{
             NSLog(@"%@",@"create fail.");
        }
    }
```

⑨ 插入数据，需要打开数据库，准备 SQL 语句，准备预定义语句，绑定数据，并执行 SQL 语句。

```
    // 插入数据
    -(void)insert:(Person *)per{
        // 打开数据库
        sqlite3 *db = [self open];
        // 插入 SQL 语句
        char *sql = "insert into PerTbl(name,pwd)values(?,?) ";
        // 预定义语句
        sqlite3_stmt *stmt;
        // 准备预定义语句
        if(sqlite3_prepare_v2(db, sql , -1, &stmt, nil)==SQLITE_OK){
            // 绑定数据
            sqlite3_bind_text(stmt, 1, "tom", -1, nil);
            sqlite3_bind_text(stmt, 2, "123", -1, nil);
        }
        // 执行 SQL 语句
        if(sqlite3_step(stmt)==SQLITE_DONE){
            NSLog(@"%@",@"insert ok.");
        }else{
            NSLog(@"%@",@"insert fail.");
        }
        // 释放语句
        sqlite3_finalize(stmt);
        // 关闭数据库
        [self close:db];
    }
```

⑩ 删除数据的流程和插入数据类似，这里不多赘述。

```
    // 删除数据
    -(void)del:(int)pid{
        // 打开数据库
        sqlite3 *db = [self open];
        // 准备 SQL 语句
        char *sql = "delete from PerTbl where pid=? ";
```

```
    // 定义预定义语句
    sqlite3_stmt *stmt;
    // 准备预定义语句
    if(sqlite3_prepare_v2(db, sql , -1, &stmt, nil)==SQLITE_OK){
        // 绑定数据
        sqlite3_bind_int(stmt, 1, pid);
    }
    // 执行语句
    if(sqlite3_step(stmt)==SQLITE_DONE){
        NSLog(@"%@",@"del ok.");
    }else{
        NSLog(@"%@",@"del fail.");
    }
    // 释放资源
    sqlite3_finalize(stmt);
    // 关闭数据库
    [self close:db];
}
```

⑪ 更新数据。

```
// 更新
-(void)update:(Person *)per{
    // 打开库
    sqlite3 *db = [self open];
    // 更新 SQL 语句
    char *sql = "update PerTbl set name =?,pwd=? where pid=?";
    // 声明预定义语句
    sqlite3_stmt *stmt;
    // 准备预定义语句
    if(sqlite3_prepare_v2(db, sql , -1, &stmt, nil)==SQLITE_OK){
        // 绑定数据
        sqlite3_bind_text(stmt, 1, [[per name] UTF8String], -1, nil);
        sqlite3_bind_text(stmt, 2, [[per pwd]UTF8String], -1, nil);
        sqlite3_bind_int(stmt, 3, [per pid]);
    }
    // 执行预定义语句
    if(sqlite3_step(stmt)==SQLITE_DONE){
        NSLog(@"%@",@"update ok.");
    }else{
        NSLog(@"%@",@"update fail.");
    }
    // 释放资源
    sqlite3_finalize(stmt);
    // 关闭数据库
    [self close:db];
}
```

⑫ 查询数据，查询流程和插入、删除类似，不同的地方是循环调用 sqlite3_step 方法获得数据，并使用 sqlite3_column_xxx 方法获得列数据。

```
// 查询
-(NSMutableArray*)query{
    // 打开数据库
    sqlite3 *db = [self open];
    // 查询 SQL 语句
    char *sql = " select pid,name,pwd from PerTbl ";
    // 声明预定义语句
    sqlite3_stmt *stmt;
    // 可变数组
    NSMutableArray *array = [NSMutableArray arrayWithCapacity:10];
    // 准备预定义语句
    if(sqlite3_prepare_v2(db, sql , -1, &stmt, nil)==SQLITE_OK){
        // 循环获得数据
        while (sqlite3_step(stmt)==SQLITE_ROW) {
            // 获得第一列数据
            int pid = sqlite3_column_int(stmt, 0);
            // 第二列
            const char *name = (char*)sqlite3_column_text(stmt, 1);
            // 第三列
            char *pwd = (char*)sqlite3_column_text(stmt, 2);
            // 实例化 Person
            Person *per = [[Person alloc]init];
            // 赋值
            [per setPid:pid];
            [per setPwd:[NSString stringWithUTF8String:pwd]];
            [per setName:[NSString stringWithUTF8String:name]];

            // 添加到数组
            [array addObject:per];
        }
    }
    // 释放资源
    sqlite3_finalize(stmt);
    // 关闭数据库
    [self close:db];
    return array;
}
```

⑬ 以上是数据的处理方法，下面在界面按钮的事件方法中调用上述方法实现数据库的维护。

```
// 创建表
- (IBAction)create:(id)sender {
    sqlite3 *db;
    db = [util open];
    [util createTable:db];
    [util close:db];
}
// 插入数据
- (IBAction)insert:(id)sender {
    Person *per = [[Person alloc]init];
    [per setPid:1];
    [per setName:@"tom"];
```

```
    [per setPwd:@"123"];

    [util insert:per ];
}
// 删除数据
- (IBAction)delete2:(id)sender{
    [util del:1];
}
// 更新数据
- (IBAction)update:(id)sender {
    Person *per = [[Person alloc]init];
    [per setPid:3];
    [per setName:@"tom3"];
    [per setPwd:@"333"];
    [util update:per];
}
// 查询数据
- (IBAction)query:(id)sender {
    [util query];
}
```

⑭ 程序运行结果如图 22.4 所示。

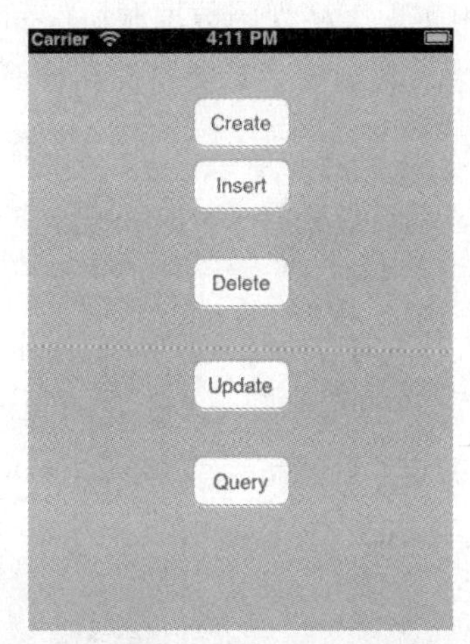

图 22.4　实现数据库数据的增、删、查、改

22.4 SQLite 和 UITableView 结合使用

上一节我们只是孤立、枯燥地演示了 SQLite 数据库的用法，在实际项目中数据库数据是需要通过漂亮界面加以维护的，本节将 SQLite 数据库和 UITableView 结合在一起来讲述它们的组合应用。

在上一节的基础上创建如图 22.5 所示的界面，导航栏中有添加和删除按钮，点击添加按钮弹出对话框实现添加，点击删除按钮删除数据，表格视图显示当前数据库中的数据。

图 22.5　SQLite 和 UITableView 结合使用效果

实现步骤如下。

① 创建一个项目，在界面上添加 UITableView。

② 在控制器的.h 头文件中实现表格视图数据源协议和代理协议、警告视图代理协议，以及表格视图属性、数据源属性、数据库工具类属性和导航按钮属性。

```
    #import <UIKit/UIKit.h>
    #import "DbUtil.h"
    // 实现表格视图数据源协议和代理协议，以及警告视图代理协议
    @interface AmakerViewController : UIViewController<UITableViewDataSource,
UITableViewDelegate,UIAlertViewDelegate>
    // 表格视图属性
    @property (strong, nonatomic) IBOutlet UITableView *tableView;
    // 数据源属性
    @property(nonatomic,strong)NSMutableArray *dataSource;
    // 数据库工具类属性
    @property(nonatomic,strong)DbUtil *util;
    // 导航按钮属性
    @property(nonatomic,strong)UIBarButtonItem *addItem,*delItem;
    @end
```

③ 在控制器的.m 实现文件的 viewDidLoad 方法中实例化数据库工具类，创建表，查询数据库数据并赋值给数据源，实例化导航按钮并绑定插入和删除方法。

```
    - (void)viewDidLoad
    {
       [super viewDidLoad];
       // 实例化数据库工具类
      self.util = [[DbUtil alloc]init];
       // 创建表
       [self.util createTable];
       // 查询数据
       self.dataSource = [self.util query];
```

```
        // 添加按钮
        self.addItem = [[UIBarButtonItem alloc]initWithTitle:@"Add" style:
UIBarButtonItemStylePlain target:self action:@selector(add)];
        self.navigationItem.rightBarButtonItem = self.addItem;
        // 删除按钮
        self.delItem = [[UIBarButtonItem alloc]initWithTitle:@"Del" style:
UIBarButtonItemStylePlain target:self action:@selector(del)];
        self.navigationItem.leftBarButtonItem = self.delItem;
    }
```

④ 点击导航栏上的添加按钮显示添加对话框。

```
    // 使用对话框添加
    -(void)add{
        UIAlertView  *alert  =  [[UIAlertView  alloc]initWithTitle:@"Add"  message:nil
delegate:self cancelButtonTitle:@"Add" otherButtonTitles:@"Cancel", nil];
        alert.alertViewStyle = UIAlertViewStyleLoginAndPasswordInput;
        [alert show];
    }
```

⑤ 点击删除按钮更改表格视图的编辑模式。

```
    // 删除方法，更改表格的编辑状态
    -(void)del{
        BOOL result = [self.tableView isEditing];
        if (result) {
            [self.tableView setEditing:NO];
            self.delItem.title=@"Del";
        }else{
            [self.tableView setEditing:YES];
            self.delItem.title = @"Done";
        }
    }
```

⑥ 在对话框的代理方法中实现添加数据。获得输入框的数据，根据该数据创建 Person 对象，调用数据库工具类添加数据，并重新加载表。

```
    // 添加数据
    - (void)alertView:(UIAlertView *)alertView clickedButtonAtIndex:(NSInteger)buttonIndex{
        UITextField *nameTf = [alertView textFieldAtIndex:0];
        UITextField *pwdTf = [alertView textFieldAtIndex:1];

        NSString *name = nameTf.text;
        NSString *pwd = pwdTf.text;

        Person *p = [[Person alloc]init];
        p.name = name;
        p.pwd = pwd;

        nameTf.text=@"";
        pwdTf.text=@"";

        [self.util insert:p];
```

```
    [self.tableView reloadData];
}
```

⑦ 实现表格视图的代理方法，查询数据库作为该方法的返回值。

```
// 表格行数
- (NSInteger)tableView:(UITableView *)tableView numberOfRowsInSection:(NSInteger)
section{
    self.dataSource = [self.util query];
    return [self.dataSource count];
}
```

⑧ 实现表格视图代理的获得表格单元方法，将数据库数据显示在表格中。

```
// 表格单元
- (UITableViewCell *)tableView:(UITableView *)tableView cellForRowAtIndexPath:
(NSIndexPath *)indexPath{
    static NSString *cid = @"cid";
    UITableViewCell *cell = [tableView dequeueReusableCellWithIdentifier:cid];
    if (cell==nil) {
        cell = [[UITableViewCell alloc]initWithStyle:UITableViewCellStyleSubtitle
reuseIdentifier:cid];
    }

    Person *p = [self.dataSource objectAtIndex:[indexPath row]];
    cell.textLabel.text = p.name;
    cell.detailTextLabel.text = p.pwd;

    return cell;
}
```

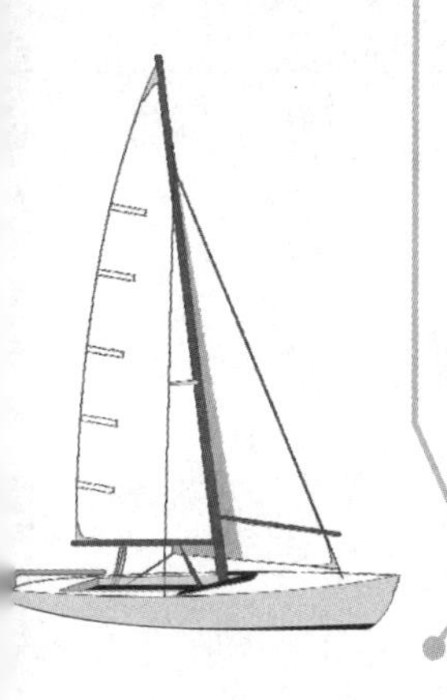

第 23 章　iOS Core Data 编程

本章内容

- Core Data 简介
- 使用 Xcode 模板创建 Core Data 项目
- 使用 Core Data 实现数据的增、删、查、改
- Core Data 数据在 UITableView 中展现

23.1 Core Data 简介

在传统的编程中我们使用普通文件或者 SQLite 数据库保存数据，普通文件给查询数据带来不便，而 SQLite 数据库对于没有使用数据库经验的程序员来说也是一种挑战。

苹果在 SDK 3.0 之后提供了 Core Data 框架，这给程序员带来了福音。Core Data 框架以面向对象的方式来操作数据库，后台数据库对于程序是完全透明的，即使你不懂数据库和 SQL 语句，也可以开发出像样的基于数据库的应用程序。

使用 Core Data 框架编程时，如下几个核心类是必须要掌握的。

（1）NSPersistentStoreCoordinator，持久存储调停者，是应用程序和物理数据库之间的桥梁。

（2）NSManagedObjectContext，管理对象上下文，是程序员和应用程序之间的桥梁，使用该上下文可以实现数据的增、删、查、改功能。

（3）NSManagedObjectModel，管理对象模型，映射数据库中的表结构。

（4）NSManagedObject，管理对象，映射表中的一行。

（5）NSEntityDescription，实体描述类，关联数据库中的表、实例化表中的一个对象时使用。

（6）NSFetchRequest，查询请求类，查询时使用。

（7）NSPredicate，定义查询条件。

（8）NSSortDescriptor，排序描述符。

下面我们分析这些类之间的关系。

（1）物理文件、持久存储和上下文之间的关系，如图 23.1 所示。

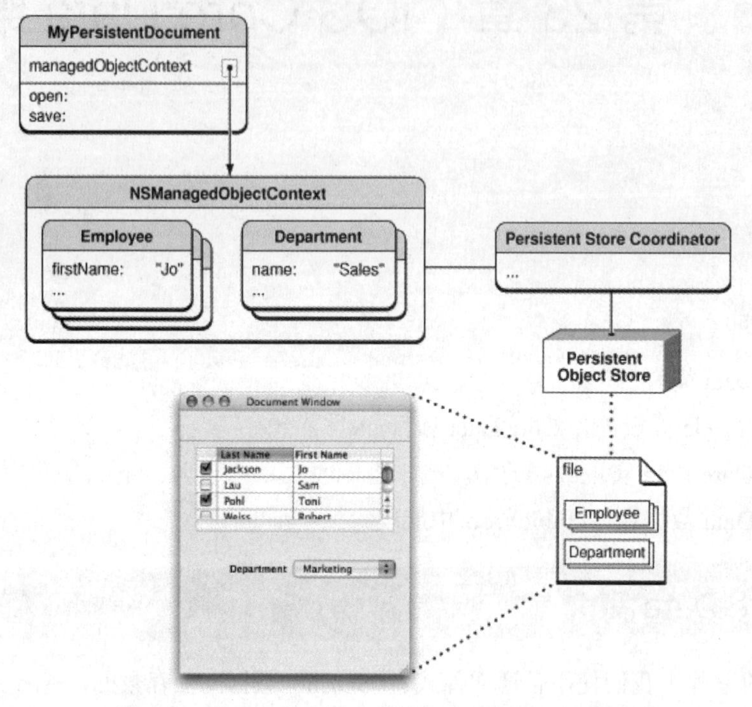

图 23.1　物理文件、持久存储和上下文之间的关系

（2）查询、条件和排序之间的关系，如图 23.2 所示。

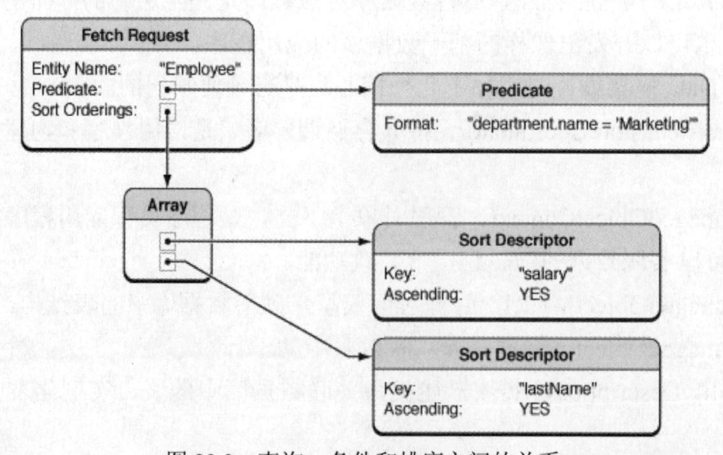

图 23.2　查询、条件和排序之间的关系

23.2 使用 Xcode 模板创建 Core Data 项目

进行 Core Data 基本配置也是一个烦琐的过程，幸好 Xcode 提供了创建 Core Data 项目模板。使用 Xcode 模板创建项目的过程如下。

① 启动 Xcode，创建一个空项目，如图 2.3.3 所示。

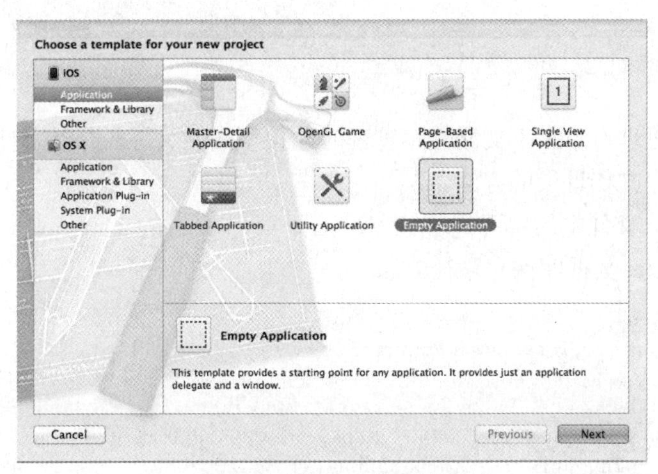

图 23.3　创建一个空项目

② 在下一步的对话框中选择“Use Core Data”选项，如图 23.4 所示。

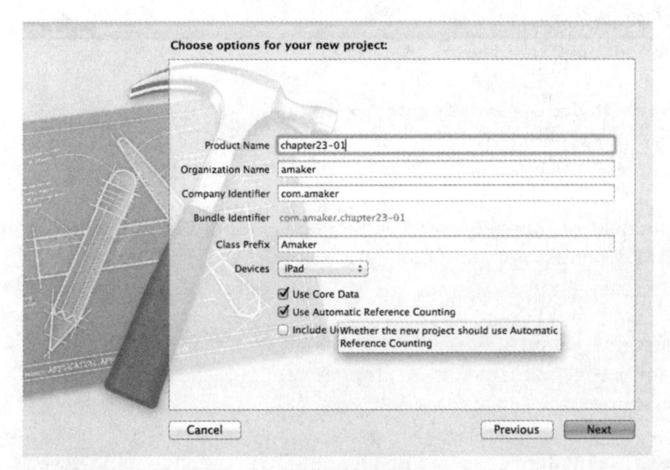

图 23.4　选择使用 Core Data

③ 在代理的头文件中生成了如下代码。

```
#import <UIKit/UIKit.h>

@interface AmakerAppDelegate : UIResponder <UIApplicationDelegate>
@property (strong, nonatomic) UIWindow *window;
```

```
    // 管理上下文
    @property (readonly, strong, nonatomic) NSManagedObjectContext *managedObjectContext;
    // 管理对象模型
    @property (readonly, strong, nonatomic) NSManagedObjectModel *managedObjectModel;
    // 持久存储
    @property (readonly, strong, nonatomic) NSPersistentStoreCoordinator
*persistentStoreCoordinator;
    // 保存上下文
    - (void)saveContext;
    // 应用程序文档目录
    - (NSURL *)applicationDocumentsDirectory;
    @end
```

这里声明了管理对象上下文属性、管理对象模型属性、持久存储属性、保存上下文方法和获得应用程序文档目录的方法。

④ 下面是.m 文件中的实现。

① 获得 SQLite 数据库保存路径方法。

```
    // 返回应用程序路径
    - (NSURL *)applicationDocumentsDirectory
    {
        // 应用程序路径
        return [[[NSFileManager defaultManager] URLsForDirectory:
NSDocumentDirectoryinDomains:NSUserDomainMask] lastObject];
    }
```

② 实例化持久存储，并建立持久存储和物理文件之间的关系。

```
    // 根据物理文件的位置，获得持久存储
    - (NSPersistentStoreCoordinator *)persistentStoreCoordinator
    {
        if (_persistentStoreCoordinator != nil) {
            return _persistentStoreCoordinator;
        }
        // 找到物理文件的位置
        NSURL *storeURL = [[self applicationDocumentsDirectory]
URLByAppendingPathComponent:@"chapter23_01.sqlite"];

        NSError *error = nil;
        // 实例化持久存储
        _persistentStoreCoordinator = [[NSPersistentStoreCoordinator alloc]
initWithManagedObjectModel:[self managedObjectModel]];
        // 建立持久存储和物理文件之间的关系
        if (![_persistentStoreCoordinator addPersistentStoreWithType:
NSSQLiteStoreTypeconfiguration:nil URL:storeURL options:nil error:&error]) {
            NSLog(@"Unresolved error %@, %@", error, [error userInfo]);
            abort();
        }

        return _persistentStoreCoordinator;
    }
```

③ 实例化管理对象模型。

```
// 如果管理对象模型不存在，则从应用程序文件中创建它
- (NSManagedObjectModel *)managedObjectModel
{
    if (_managedObjectModel != nil) {
        return _managedObjectModel;
    }
    // 获得模型文件的 URL
    NSURL *modelURL = [[NSBundle mainBundle] URLForResource:@"chapter23_01"
withExtension:@"momd"];
    // 根据 URL 实例化管理对象模型
    _managedObjectModel = [[NSManagedObjectModel alloc] initWithContentsOfURL:
modelURL];
    return _managedObjectModel;
}
```

④ 创建上下文，并绑定持久存储。

```
// 如果上下文不存在，则创建它并绑定持久存储
- (NSManagedObjectContext *)managedObjectContext
{
    if (_managedObjectContext != nil) {
        return _managedObjectContext;
    }
    // 获得持久存储
    NSPersistentStoreCoordinator *coordinator = [self persistentStoreCoordinator];
    if (coordinator != nil) {
        // 实例化上下文
        _managedObjectContext = [[NSManagedObjectContext alloc] init];
        // 设置上下文和持久存储的关系
        [_managedObjectContext setPersistentStoreCoordinator:coordinator];
    }
    return _managedObjectContext;
}
```

⑤ 保存上下文。

```
// 保存上下文
- (void)saveContext
{
    NSError *error = nil;
    // 管理上下文
    NSManagedObjectContext *managedObjectContext = self.managedObjectContext;
    if (managedObjectContext != nil) {
        // 在上下文中有改变但是没有保存，则保存
        if ([managedObjectContext hasChanges] && ![managedObjectContext save:&error]) {
            NSLog(@"Unresolved error %@, %@", error, [error userInfo]);
            abort();
        }
    }
}
```

⑥ 数据模型界面如图 23.5 所示。

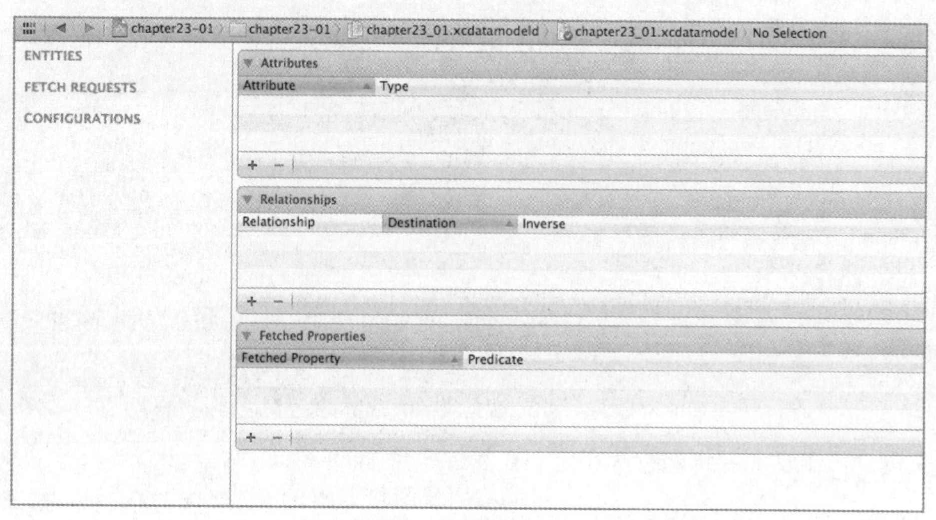

图 23.5　数据模型界面

23.3 使用 Core Data 实现数据的增、删、查、改

本节我们以客户和订单为模型，使用 Core Data 框架实现客户和订单数据的增、删、查、改。实现步骤如下。

① 使用 Xcode 模板创建一个空项目，并且勾选“Use Core Data”选项，如图 23.6 所示。

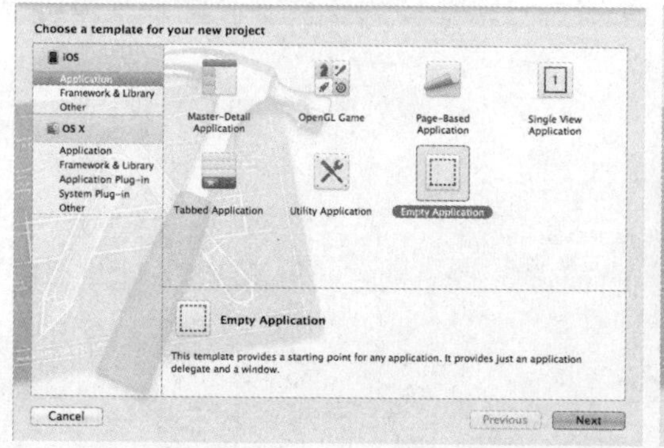

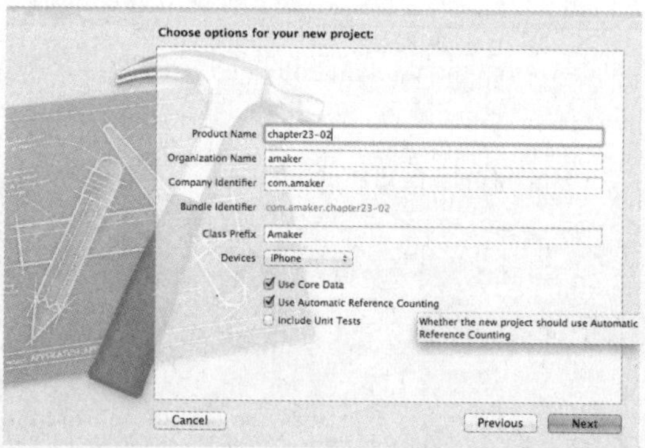

图 23.6　创建一个空项目并选择使用 Core Data

② 创建一个 Core Data 工具类，声明一组维护客户和订单的方法。

```
#import <Foundation/Foundation.h>
@interface CoreDataUtil : NSObject
// 添加客户
-(void)addCustomer;
```

```
// 删除客户
-(void)deleteCustomer;
// 更新客户
-(void)updateCustmer;
// 查询客户
-(void)queryCustomer;
// 添加订单
-(void)addOrder;
// 删除订单
-(void)deleteOrder;
// 更新订单
-(void)updateOrder;
// 查询订单
-(void)queryOrder;
// 根据客户查询订单
-(void)queryOrderByCustomer;
@end
```

③ 实现 Core Data 工具类的初始化方法，该方法从应用程序代理中获得 NSManaged ObjectContext 对象，并赋值给前面声明的静态 NSManagedObjectContext 实例。

```
// 声明静态 NSManagedObjectContext
static NSManagedObjectContext *context;
@implementation CoreDataUtil
// 初始化方法
- (id)init
{
    self = [super init];
    if (self) {
        // 从 AmakerAppDelegate 中获得 NSManagedObjectContext 实例
        if (context==nil) {
            AmakerAppDelegate *delegate = [UIApplication sharedApplication].delegate;
            context = delegate.managedObjectContext;
        }
    }
    return self;
}
```

④ 添加客户。使用 NSEntityDescription 的静态方法 insertNewObjectForEntityForName 创建一个客户对象，该方法有两个参数，其中第一个参数是要创建对象的实体名称，第二个参数是 NSManagedObjectContext 实例。为客户对象的属性赋值，并调用 NSManagedObject Context 的 save 方法保存对象到数据库。

```
// 添加客户
-(void)addCustomer{
    // 使用 NSEntityDescription 的静态方法 insertNewObjectForEntityForName 创建一个客户对象
    Customer *c = [NSEntityDescription insertNewObjectForEntityForName:@"Customer"
inManagedObjectContext:context];
    if (c!=nil) {
        // 为客户属性赋值
```

```
        c.age = [NSNumber numberWithInt:20];
        c.name = @"tom";
        // 使用 NSManagedObjectContext 保存客户
        BOOL result = [context save:nil];
        // 判断是否保存成功
        if (result) {
            NSLog(@"Save OK!");
        }else{
            NSLog(@"Save Fail!");
        }
    }
}
```

⑤ 删除客户。首先查询到要删除的客户，查询使用 NSManagedObjectContext 对象的 executeFetchRequest 方法，该方法需要一个 NSFetchRequest 对象，该对象可以直接实例化，并为其指定要查询的实体对象，即 NSEntityDescription 实例。查询到该对象后，调用 NSManagedObjectContext 对象的 delete 方法删除此对象，并调用 save 方法保存。

```
// 删除客户
-(void)deleteCustomer{
    [self addCustomer];
    // 实例化 NSFetchRequest，用来查询
    NSFetchRequest *request = [[NSFetchRequest alloc]init];
    // 通过实体名称实例化 NSEntityDescription 对象
    NSEntityDescription *c = [NSEntityDescription entityForName:@"Customer"
inManagedObjectContext:context];
    // 设置查询对象
    [request setEntity:c];
    // 进行查询
    NSArray *customers = [context executeFetchRequest:request error:nil];
    // 如果查询结果大于 0，获得第一个对象，并删除
    if ([customers count]>0) {
        // 获得集合中的第一个对象
        Customer *c1 = [customers objectAtIndex:0];
        // 删除之
        [context deleteObject:c1];
        // 保存
        BOOL result = [context save:nil];
        // 判断结果
        if (result) {
            NSLog(@"Delete OK!");
        }else{
            NSLog(@"Delete Fail!");
        }
    }

}
```

⑥ 更新客户。和查询类似，首先查询到要更新的对象，然后重新设置属性，并调用 save 方法保存。

```
-(void)updateCustmer{
    [self addCustomer];
    // 实例化NSFetchRequest对象
    NSFetchRequest *request = [[NSFetchRequest alloc]init];
    // 获得NSEntityDescription实例
    NSEntityDescription *c = [NSEntityDescription entityForName:@"Customer"
inManagedObjectContext:context];
    // 设置查询实体
    [request setEntity:c];
    // 执行查询
    NSArray *customers = [context executeFetchRequest:request error:nil];

    if ([customers count]>0) {
        Customer *c1 = [customers objectAtIndex:0];
        // 重新设置属性
        [c1 setAge:[NSNumber numberWithInt:100]];
        [c1 setName:@"new name"];
        // 保存
        BOOL result = [context save:nil];
        // 判断结果
        if (result) {
            NSLog(@"update OK!");
        }else{
            NSLog(@"update Fail!");
        }
    }
}
```

⑦ 订单的添加、删除、修改都和对客户的维护一致，这里不再赘述。现在介绍根据客户条件查询订单。这里使用NSPredicate指定查询条件，使用该实例的predicateWithFormat格式化方法指定。

```
// 根据客户条件查询订单
-(void)queryOrderByCustomer{
    // 实例化NSFetchRequest
    NSFetchRequest *request = [[NSFetchRequest alloc]init];
    // 根据实体类名称，获得NSEntityDescription实例
    NSEntityDescription *c = [NSEntityDescription entityForName:@"Customer"
inManagedObjectContext:context];
    // 设置查询实体
    [request setEntity:c];
    // 执行查询，获得第一个客户
    NSArray *customers = [context executeFetchRequest:request error:nil];
    Customer *c1;
    if ([customers count]>0) {
        c1 = [customers objectAtIndex:0];
    }
    // 实例化NSFetchRequest
    NSFetchRequest *request2 = [[NSFetchRequest alloc]init];
    // 根据实体类名称，获得NSEntityDescription实例
```

```
        NSEntityDescription *o = [NSEntityDescription entityForName:@"Order"
inManagedObjectContext:context];
        // 实例化 NSPredicate
        NSPredicate *p = [NSPredicate predicateWithFormat:@"customer=%@",c1];
        // 为请求指定条件
        request2.predicate = p;
        // 设置查询实体
        [request2 setEntity:o];
        //执行查询
        NSArray *orders = [context executeFetchRequest:request error:nil];
        // 遍历，输出
        for(Order *o in orders){
            NSLog(@"%@",o.name);
        }
    }
```

在 XIB 文件中添加若干按钮，添加单击事件方法，调用 Core Data 工具类方法，查看执行结果，如图 23.7 所示。

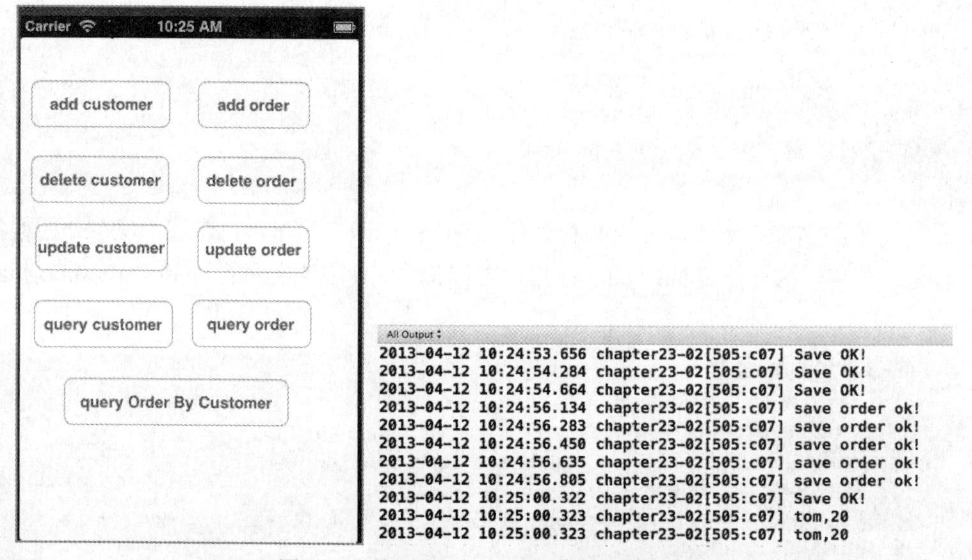

图 23.7　使用 Core Data 维护客户和订单

23.4 Core Data 数据在 UITableView 中展现

在上一节的基础上，本节增加 UI 界面，使用 UITableView 来可视化维护数据。在 XIB 文件中添加 UITableView，使用该视图展示数据。另外，在导航栏增加添加和删除按钮，点击按钮添加或删除数据。我们先来看一下程序运行结果（见图 23.8），一睹为快吧。

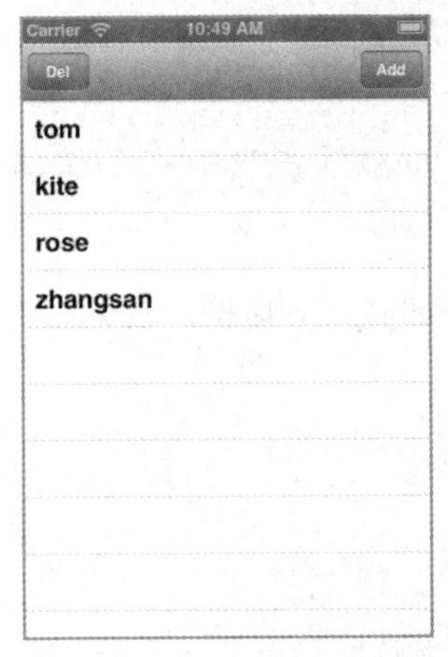

图 23.8 使用 Core Data 和 UITableView 维护数据

实现步骤如下。

① 创建一个项目，在界面上添加一个 UITableView，并在导航栏上添加两个按钮。

② 在.h 头文件中实现 UITableViewDataSource、UITableViewDelegate 和 UIAlertView Delegate 协议，添加 Core Data 工具类属性、数据源属性、表格视图属性和删除按钮。

```
#import <UIKit/UIKit.h>
#import "CoreDataUtil.h"
// 实现 UITableViewDataSource、UITableViewDelegate 和 UIAlertViewDelegate 协议
@interface AmakerRootViewController : UIViewController<UITableViewDataSource,
UITableViewDelegate,UIAlertViewDelegate>
// CoreData 工具类
@property(nonatomic,strong)CoreDataUtil *util;
// 数据源
@property(nonatomic,strong)NSMutableArray *dataSource;
// 表格视图
@property (strong, nonatomic) IBOutlet UITableView *tableView;
// 添加删除按钮
@property(nonatomic,strong)UIBarButtonItem *addItem,*delItem;
@end
```

③ 在 viewDidLoad 方法中实例化 CoreDataUtil，根据查询客户列表数组初始化数据源，实例化添加、删除按钮。

```
- (void)viewDidLoad
{
    [super viewDidLoad];
    // 实例化 CoreDataUtil
    self.util = [[CoreDataUtil alloc]init];
    // 查询客户列表
    NSArray *array = [self.util queryCustoer];
    // 初始化数据源
    self.dataSource = [NSMutableArray arrayWithArray:array];
    // 实例化添加、删除按钮
    self.addItem = [[UIBarButtonItem alloc]initWithTitle:@"Add" style:
UIBarButtonItemStylePlain target:self action:@selector(add)];
```

```
        self.navigationItem.rightBarButtonItem = self.addItem;

        self.delItem = [[UIBarButtonItem alloc]initWithTitle:@"Del" style:
UIBarButtonItemStylePlain target:self action:@selector(del)];
        self.navigationItem.leftBarButtonItem = self.delItem;
    }
```

④ 点击添加按钮，显示添加客户对话框，设置对话框属性，使得用户可以输入客户名称。

```
    // 添加方法
    -(void)add{
        // 显示对话框
        UIAlertView *alert = [[UIAlertView alloc]initWithTitle:@"Add Customer" message:
nil delegate:self cancelButtonTitle:@"Add" otherButtonTitles:nil, nil];
        alert.alertViewStyle = UIAlertViewStylePlainTextInput;
        [alert show];
    }
```

⑤ 点击删除按钮，设置表格视图的编辑属性。

```
    // 删除方法，设置编辑属性
    -(void)del{
        if (![self.tableView isEditing]) {
            self.delItem.title=@"Done";
            [self.tableView setEditing:YES];
        }else{
            self.delItem.title=@"Del";
            [self.tableView setEditing:NO];
        }
    }
```

⑥ 在表格视图代理的 commitEditingStyle 方法中删除客户信息，首先获得要删除的客户信息，从数据源删除数据，从数据库删除数据，重新加载表格视图。

```
    // 删除数据
    -(void)tableView:(UITableView *)tableView commitEditingStyle:
(UITableViewCellEditingStyle)editingStyle forRowAtIndexPath:(NSIndexPath *)indexPath{
        // 获得当前数据
        Customer *c = [self.dataSource objectAtIndex:[indexPath row]];
        // 从数据源删除
        [self.dataSource removeObject:c];
        // 从数据库删除
        [self.util deleteCustomer:c];
        // 重新加载表格视图
        [self.tableView reloadData];
    }
```

⑦ 实现对话框的代理方法，通过判断按钮标题添加或更新客户信息。获得输入框内容，调用 Core Data 工具类来实现添加或删除。

```
    // 对话框代理方法，实现添加数据
    - (void)alertView:(UIAlertView *)alertView clickedButtonAtIndex:(NSInteger)
buttonIndex{
        // 获得按钮标题
        NSString *title = [alertView buttonTitleAtIndex:0];
```

```
        // 获得输入框
        UITextField *nameTf = [alertView textFieldAtIndex:0];
        // 获得输入框内容
        NSString *name = nameTf.text;
        // 添加
        if ([title isEqualToString:@"Add"]) {
            [self.util addCustomer:name];
        }else{
            // 更新
            self.currentCustomer.name = name;
            [self.util updateCustomer:self.currentCustomer];
        }
        // 重新加载表格视图
        [self.tableView reloadData];
    }
```

⑧ 实现表格视图的数据源方法，根据客户列表数，返回表格行数，获得表格单元。

```
    // 根据客户列表数，返回表格行数
    - (NSInteger)tableView:(UITableView *)tableView numberOfRowsInSection:(NSInteger)
section{
        NSArray *array = [self.util queryCustoer];
        self.dataSource = [NSMutableArray arrayWithArray:array];
        return [self.dataSource count];
    }
    // 获得表格单元
    - (UITableViewCell *)tableView:(UITableView *)tableView cellForRowAtIndexPath:
(NSIndexPath *)indexPath{
        UITableViewCell *cell = [tableView dequeueReusableCellWithIdentifier:@"cid"];
        if (cell==nil) {
            cell = [[UITableViewCell alloc]initWithStyle:
UITableViewCellStyleDefaultreuseIdentifier:@"cid"];
        }
        Customer *c = [self.dataSource objectAtIndex:[indexPath row]];
        cell.textLabel.text = c.name;
        return cell;
    }
```

⑨ 实现选中行，编辑客户信息功能，弹出对话框，显示要更新的数据。

```
    // 选中行，修改客户信息
    - (void)tableView:(UITableView *)tableView didSelectRowAtIndexPath:(NSIndexPath*)
indexPath{
        // 弹出对话框，显示要更新的数据
        UIAlertView *alert = [[UIAlertView alloc]initWithTitle:@"Update Customer"
message:nil delegate:self cancelButtonTitle:@"Update" otherButtonTitles:nil, nil];
        alert.alertViewStyle = UIAlertViewStylePlainTextInput;

        UITextField *nameTf = [alert textFieldAtIndex:0];
        Customer *c = [self.dataSource objectAtIndex:[indexPath row]];
        self.currentCustomer = c;
        nameTf.text = c.name;
        [alert show];
    }
```

第 24 章　iOS 网络编程

本章内容

- 检测网络状态
- 使用 NSURLConnection 从网络获取数据
- 使用 NSMutableURLRequest 向服务器发送数据
- JSON 数据解析
- XML 数据解析
- 使用开源框架 ASIHttpRequest 实现网络编程

24.1 检测网络状态

客户端程序完全依赖网络，如果没有网络基本上程序就无法运行。因为数据都在服务器端，客户端只是展现数据，这样就需要在程序启动时检测网络状态，甚至在程序运行时实时检测网络状态。

苹果官方帮助文档中提供了一个例程，该程序详细演示了如何检测网络状态。该项目的名称是 Reachability，在本书的源码中可以找到。此项目的核心类是 Reachability，在我们自己的项目中使用时，直接添加 Reachability.h 和 Reachability.m 这两个文件，并添加 SystemConfiguration.framework 框架即可。

Reachability 类的内容如下：

```
#import <Foundation/Foundation.h>
#import <SystemConfiguration/SystemConfiguration.h>

typedef enum {
  NotReachable = 0,
  ReachableViaWiFi,
  ReachableViaWWAN
```

```
} NetworkStatus;
#define kReachabilityChangedNotification @"kNetworkReachabilityChangedNotification"

@interface Reachability: NSObject
{
  BOOL localWiFiRef;
  SCNetworkReachabilityRef reachabilityRef;
}

//reachabilityWithHostName- Use to check the reachability of a particular host name.
+ (Reachability*) reachabilityWithHostName: (NSString*) hostName;

//reachabilityWithAddress- Use to check the reachability of a particular IP address.
+ (Reachability*) reachabilityWithAddress: (const struct sockaddr_in*) hostAddress;

//reachabilityForInternetConnection- checks whether the default route is available.
//  Should be used by applications that do not connect to a particular host
+ (Reachability*) reachabilityForInternetConnection;

//reachabilityForLocalWiFi- checks whether a local wifi connection is available.
+ (Reachability*) reachabilityForLocalWiFi;

//Start listening for reachability notifications on the current run loop
- (BOOL) startNotifier;
- (void) stopNotifier;

- (NetworkStatus) currentReachabilityStatus;
//WWAN may be available, but not active until a connection has been established.
//WiFi may require a connection for VPN on Demand.
- (BOOL) connectionRequired;
@end
```

使用该类的步骤如下。

① 使用+ (Reachability*) reachabilityWithHostName: (NSString*) hostName;方法检测某个网络 URL 是否可以连接，或者使用+ (Reachability*) reachabilityForLocalWiFi;方法检测 WiFi 的连接状况，或者使用+ (Reachability*) reachabilityForInternetConnection;方法检测内网状态。

② 根据这些方法的返回值，调用- (NetworkStatus) currentReachabilityStatus;方法判断网络状态。网络状态值有三个：NotReachable 为 0，不能连接；为 ReachableViaWiFi，可以连接 WiFi；为 ReachableViaWWAN，可以通过移动网络连接，例如 GSM、3G 等。

③ 要实时检测网络状态，需要向通知中心添加一个通知，然后调用 startNotifier 启动通知。

```
    [[NSNotificationCenter defaultCenter] addObserver: self selector: @selector
(reachabilityChanged:) name: kReachabilityChangedNotification object: nil];
    [hostReach startNotifier];
```

24.2 使用 NSURLConnection 从网络获取数据

使用 NSURLConnection 类从网络获取数据，通过该类可以发出同步请求和异步请求。发出的请求被封装在 NSURLRequest 对象中，而构建该对象还需要 NSURL 对象。下面通过一个案例来演示如何发出一个异步请求从网络上获取数据。该项目在 XIB 文件中添加一个按钮和一个 UIWebView 组件，点击按钮发出请求，将请求数据显示在 UIWebView 中。这里我们获得苹果官方网站首页，地址是 http://www.apple.com。实现步骤如下。

① 创建一个项目，在 XIB 文件中添加一个按钮和一个 UIWebView 组件，并添加按钮的点击事件方法和 UIWebView 属性。

```
#import <UIKit/UIKit.h>
@interface AmakerViewController : UIViewController
// UIWebView 属性
@property (strong, nonatomic) IBOutlet UIWebView *myWebView;
// 按钮点击方法
- (IBAction)get:(id)sender;
@end
```

② 实现按钮点击事件方法，定义要访问的网站地址，根据该地址创建 NSURL 对象，根据该对象创建 NSURLRequest 对象，再创建一个 NSOperationQueue 对象。使用 NSURLConnection 的静态方法+ (void)sendAsynchronousRequest:(NSURLRequest *)request queue:(NSOperationQueue *)queue completionHandler:(void (^)(NSURLResponse*, NSData*, NSError*))handler 发出异步请求，在 Block 回调方法中获得返回的数据，并显示在 UIWebView 中。

```
- (IBAction)get:(id)sender {
    // 访问网站地址
    NSString *str = @"http://www.apple.com/";
    // 实例化 NSURL 对象
    NSURL *url = [NSURL URLWithString:str];
    // 实例化 NSURLRequest 对象
    NSURLRequest *request = [NSURLRequest requestWithURL:url];
    // 实例化操作队列
    NSOperationQueue *queue = [[NSOperationQueue alloc]init];
    // 发出异步请求
    [NSURLConnection sendAsynchronousRequest:request queue:queue completionHandler:
^(NSURLResponse *response, NSData * data, NSError *error) {
        // 获得网络抓取的数据
        if ([data length] >0 && error == nil){
            // 将 NSData 转换为 NSString
            NSString *html = [[NSString alloc] initWithData:data encoding:
NSUTF8StringEncoding];
            // 使用 UIWebView 显示网页
            [self.myWebView loadHTMLString:html baseURL:nil];
            NSLog(@"HTML = %@", html);
        }
    }];
}
```

③ 程序运行结果如图 24.1 所示。

图 24.1　使用 NSURLConnection 从网络异步获取数据

另外，可以使用 NSURLConnection 的同步方法+ (NSData *)sendSynchronousRequest:(NSURLRequest *)request returningResponse:(NSURLResponse **)response error:(NSError **)error 向服务器发出同步请求。使用同步请求的时候不多，如果真的使用同步请求，也是在单独的一个线程中进行的，这样可以避免程序阻塞。下面是在另一个线程中发出同步请求的代码片段。

```
        // 使用 GCD
        dispatch_queue_t queue= dispatch_get_global_queue(DISPATCH_QUEUE_PRIORITY_DEFAULT,
0);
        dispatch_async(queue, ^{
            NSString *str  = @"http://www.apple.com";
            NSURL *url = [NSURL URLWithString:str];
            NSURLRequest *request = [NSURLRequest requestWithURL:url];
            NSURLResponse *response;
            NSError *error;
            NSData *data = [NSURLConnection sendSynchronousRequest:request returningResponse:
&response error:&error];
            if ([data length]>0&&error==nil) {
                NSString *str = [[NSString alloc]initWithData:data encoding:
NSUTF8StringEncoding];
                NSLog(@"%@",str);
            }
        });
```

24.3 使用 NSMutableURLRequest 向服务器发送数据

NSMutableURLRequest 请求是一个可变请求，可以附加更多的请求信息。例如，向服务器发送数据，在登录时需要向服务器发送用户名和密码。下面通过一个案例来演示 NSMutableURLRequest 的用法。这里我们获得新浪的天气预报信息，使用 NSMutable URLRequest 的 setURL 方法设置 URL，使用 setTimeoutInterval 方法设置请求超时时间，使用 setHTTPMethod 设置请求方法，使用 setHTTPBody 设置请求参数。实现步骤如下。

① 创建一个项目，在 XIB 文件中添加一个按钮和一个 UIWebView 组件，并在头文件中添加按钮点击实现方法和 UIWebView 属性。

```
@interface AmakerViewController : UIViewController
// 请求发送
- (IBAction)get:(id)sender;
// UIWebView 属性
@property (strong, nonatomic) IBOutlet UIWebView *myWebView;
@end
```

② 实现按钮点击事件方法，创建另一个线程，在 Block 中异步获得网络数据，创建 NSMutableURLRequest 对象，设置请求方法以及 body、url 等属性，并将网络返回结果在 UIWebView 中展示。

```
- (IBAction)get:(id)sender {
    // 创建另一个线程
    dispatch_queue_t  queue  =  dispatch_get_global_queue(DISPATCH_QUEUE_PRIORITY_
DEFAULT, 0);
    // 执行异步任务
    dispatch_async(queue, ^(void){
        // http://php.weather.sina.com.cn/xml.php?city=%B1% B1%BE%A9&password=DJOYnieT
8234jlsK&day=0
        // 在 Bock 中从网络获取数据
        NSString *str = @"http://php.weather.sina.com.cn/xml.php";
        // 创建 NSURL 对象
        // ?w=2151330&u=c
        NSURL *url = [NSURL URLWithString:str];
        // 可变 URL 请求
        NSMutableURLRequest *mRequest = [[NSMutableURLRequest alloc]init];
        // 为请求设置 URL
        [mRequest setURL:url];
        // 设置请求超时时间
        [mRequest setTimeoutInterval:10];
        // 设置请求方法为 post
        [mRequest setHTTPMethod:@"POST"];
        // body 内容
        NSString *body = @"city=%B1%B1%BE%A9&password=DJOYnieT8234jlsK&day=0";
        // 设置 body
        [mRequest setHTTPBody:[body dataUsingEncoding:NSUTF8StringEncoding]];

       // NSLog(@"test=%@",[mRequest ]);
        // 获得响应
        NSURLResponse *response;
        NSError *error;
        // 获得返回数据
        NSData *data = [NSURLConnection sendSynchronousRequest: mRequest
returningResponse:&response error:&error];
        // 将 NSData 转换为字符串
        NSString *content = [[NSString alloc]initWithData:data encoding:
NSUTF8StringEncoding];
```

```
        // 使用 UIWebView 加载数据
        [self.myWebView loadHTMLString:content baseURL:nil];
        // 输出结果
        NSLog(@"content=%@",content);
    });
}
```

③ 程序运行结果如图 24.2 所示。

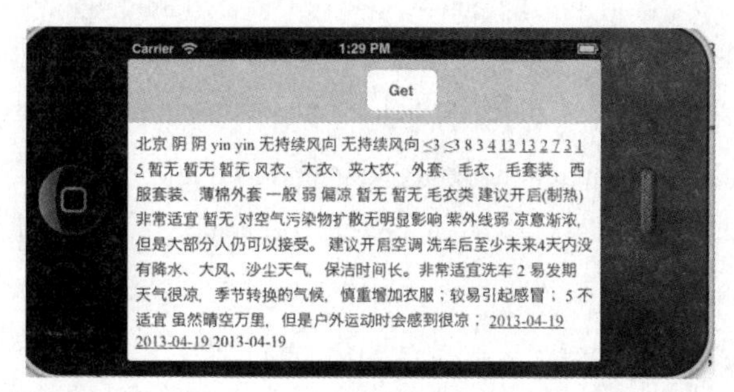

图 24.2　使用 NSMutableURLRequest 向服务器发送数据

24.4 JSON 数据解析

在网络编程中，从服务器获取的数据格式大致分为两种：JSON 和 XML。其中 JSON 作为一种轻量级的数据交换格式，正在逐步取代 XML，成为网络数据的通用格式。

从 iOS 5 开始，Apple 提供了对 JSON 的原生支持（NSJSONSerialization），但是为了兼容以前的 iOS 版本，可以使用第三方库来解析 JSON。

第三方库有如下几种。

- TouchJson 包下载：http://toxicsoftware.com/cocoajson/
- SBJson 包下载：http://superloopy.io/json-framework/
- JSONKit 包下载：https://github.com/johnezang/JSONKit

本节我们通过使用 SBJson 库和 Apple 自带的 NSJSONSerialization 来演示 JSON 数据的解析过程。首先使用 Apple 自带的 NSJSONSerialization 来解析 JSON 数据。这里我们调用的是一个天气预报 API，地址是 http://m.weather.com.cn/data/101010100.html，该 API 返回的结果如下：


```
{"weatherinfo":{"city":"北京","city_en":"beijing","date_y":"2013年4月19日","date":"","week":"星期五","fchh":"11","cityid":"101010100","temp1":"6℃~3℃","temp2":"16℃~5℃","temp3":"18℃~7℃","temp4":"20℃~10℃","temp5":"23℃~11℃","temp6":"23℃~9℃","tempF1":"42.8℉~37.4℉","tempF2":"60.8℉~41℉","tempF3":"64.4℉~44.6℉","tempF4":"68℉~50℉","tempF5":"73.4℉~51.8℉","tempF6":"73.4℉~48.2℉","weather1":"小雨转阴","weather2":"多云转晴","weather3":"晴转多云","weather4":"多云","weather5":"多云","weather6":"多云转晴","img1":"7","img2":"2","img3":"1","img4":"0","img5":"0","img6":"1","img7":"1","img8":"99","img9":"1","img10":"99","img11":"1","img12":"0","img_single":"7","img_title1":"小雨","img_title2":"阴","img_title3":"多云","img_title4":"晴
```

```
","img_title5":"晴","img_title6":"多云","img_title7":"多云","img_title8":"多云","img_title9":" 多 云 ","img_title10":" 多 云 ","img_title11":" 多 云 ","img_title12":" 晴","img_title_single":"小雨","wind1":"微风","wind2":"微风","wind3":"微风","wind4":"微风","wind5":"微风","wind6":"微风","fx1":"微风","fx2":"微风","fl1":"小于 3 级","fl2":"小于 3 级","fl3":"小于 3 级","fl4":"小于 3 级","fl5":"小于 3 级","fl6":"小于 3 级","index":"冷","index_d":"天气冷，建议着棉服、羽绒服、皮夹克加羊毛衫等冬季服装。年老体弱者宜着厚棉衣、冬大衣或厚羽绒服。","index48":"冷","index48_d":"天气冷，建议着棉服、羽绒服、皮夹克加羊毛衫等冬季服装。年老体弱者宜着厚棉衣、冬大衣或厚羽绒服。","index_uv":"最弱","index48_uv":"弱","index_xc":"不宜","index_tr":"适宜","index_co":"较舒适","st1":"2","st2":"1","st3":"17","st4":"6","st5":"18","st6":"7","index_cl":"较不宜","index_ls":"不宜","index_ag":"易发"}}
```


通过返回结果我们看到，一般 JSON 返回的是一个数组，数组中嵌套一个字典，我们可以遍历数组，获得 NSDictionary，再通过 key 获得 value。下面我们看一下实现步骤。

① 创建一个项目，在界面上添加一个按钮，并添加按钮的点击事件方法。

```
#import <UIKit/UIKit.h>
#define weatherInfo @"weatherinfo"
@interface AmakerViewController : UIViewController
// 点击事件方法
- (IBAction)parse:(id)sender;
// 线程方法
-(void)action1;
@end
```

② 在按钮点击事件中另外启动一个线程，在该线程中调用 action1 方法，在该方法中获得网络数据，将网络数据 NSData 数据格式通过 NSJSONSerialization 的 JSONObjectWithData 方法转换为字典，并遍历字典。

```
// 使用系统自带库
- (IBAction)parse:(id)sender {
    // 创建另一个线程
    NSThread *t = [[NSThread alloc]initWithTarget:self selector:@selector(action1)
object:nil];
    // 启动线程
    [t start];
}

-(void)action1{
    // 天气预报地址
    NSURLRequest *request = [NSURLRequest requestWithURL:[NSURL URLWithString:
@"http://m.weather.com.cn/data/101010100.html"]];
    // 获得数据
    NSData *data = [NSURLConnection sendSynchronousRequest:request returningResponse:
nil error:nil];
    // 将 NSData 转换为 NSString
    NSString *str = [[NSString alloc]initWithData:data encoding:NSUTF8StringEncoding];
    NSLog(@"str=%@",str);
    // 将 NSData 转换为 NSDictionary
    NSDictionary *dic = [NSJSONSerialization JSONObjectWithData:data options:
NSJSONReadingMutableLeaves error:nil];
```

```
        // 获得 key 为 weatherinfo 的字典
        NSDictionary *dic2 = [dic objectForKey:weatherInfo];
        // 遍历字典
        for (NSString *key in dic2) {
            NSLog(@"%@:%@",key,[dic2 objectForKey:key]);
        }
    }
```

③ 程序运行结果如图 24.3 所示。

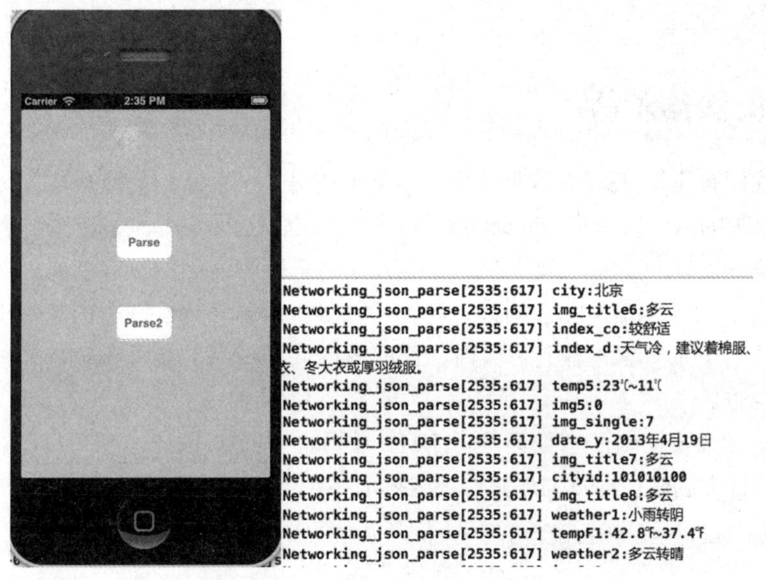

图 24.3　使用 NSJSONSerialization 解析 JSON 数据

另外，可以使用第三方库来实现 JSON 数据解析，这里使用 SBJson。实现步骤如下。

① 下载 SBJson，并添加到项目中。下载地址为：https://github.com/stig/json-framework/tags。

② 在界面上添加一个按钮，并添加点击事件方法。在另一个线程中，从网络获得数据，实例化 SBJsonParser，调用 objectWithString 方法解析数据。

```
    // 启动另一个线程
    - (IBAction)parse2:(id)sender {
        NSThread *t = [[NSThread alloc]initWithTarget:self selector:@selector(action2) 
object:nil];
        [t start];
    }
    -(void)action2{
        // 天气预报地址
        NSURL *url = [NSURL URLWithString:@"http://m.weather.com.cn/data/101010100.html"];
        // 通过 URL 直接获得字符串内容
        NSString *jsonString = [NSString stringWithContentsOfURL:url encoding:
NSUTF8StringEncoding error:nil];
```

```
    // 实例化 JSON 解析类 SBJsonParser
    SBJsonParser *parser2 = [[SBJsonParser alloc]init];
    // 调用解析方法，转换为字典
    NSDictionary *dic = [parser2 objectWithString:jsonString];
    // 解析
    NSDictionary *dic2 = [dic objectForKey:weatherInfo];
    // 遍历
    for (NSString *key in dic2) {
        NSLog(@"%@:%@",key,[dic2 objectForKey:key]);
    }
}
```

24.5 XML 数据解析

上一节我们讲述了 JSON 数据解析，本节讲述另外一种常用的数据格式——XML，可以通过苹果自带的 API NSXMLParser 和其代理类 NSXMLParserDelegate 来解析 XML 数据。

NSXMLParserDelegate 代理类中有一组方法用来检测文档的读取状态，例如，文档开始、文档结束、元素开始、元素结束、内容开始等。解析 XML 数据的基本思路是，在元素开始时创建一个空对象，找到内容时，读取内容并为对象的属性赋值，元素结束时将对象添加到集合中。

下面通过一个案例来演示如何解析 XML 数据。步骤如下。

① 在项目中创建一个 XML 文件，内容如下：

```
<?xml version="1.0" encoding="UTF-8"?>
<customers>
    <customer>
        <id>1</id>
        <name>tom</name>
        <age>20</age>
    </customer>
    <customer>
        <id>2</id>
        <name>kite</name>
        <age>21</age>
    </customer>

    <customer>
        <id>3</id>
        <name>rose</name>
        <age>22</age>
    </customer>
</customers>
```

② 创建一个 Customer 类。

```
@interface Customer : NSObject
// 客户 id
@property(nonatomic)int cid;
```

```
// 客户姓名
@property(nonatomic,retain)NSString *name;
// 客户年龄
@property(nonatomic)int age;
@end
```

③ 在界面上添加一个按钮，在头文件中添加点击事件方法、Customer 属性、NSXMLParser 属性、NSMutableArray 属性并实现 NSXMLParserDelegate 代理协议。

```
#import <UIKit/UIKit.h>
#import "Customer.h"
@interface AmakerViewController : UIViewController<NSXMLParserDelegate>

- (IBAction)parse:(id)sender;
// 客户实例
@property(nonatomic,retain)Customer *customer;
// XML 解析器
@property(nonatomic,retain)NSXMLParser *parser;
// 可变数组
@property(nonatomic,retain)NSMutableArray *array;
// 当前元素
@property(nonatomic,strong)NSString *currentElement;
@end
```

④ 在 viewDidLoad 方法中初始化数组，用来容纳客户对象，获得客户 XML 文件的 URL 路径，将客户 XML 转换为 NSData，实例化 XML 解析器，并为其设置代理。

```
- (void)viewDidLoad
{
    [super viewDidLoad];
    // 初始化数组，用来容纳客户对象
    self.array = [NSMutableArray arrayWithCapacity:10];
    // 获得客户 XML 文件的 URL 路径
    NSString  *str = [[NSBundle mainBundle]pathForResource:@"customers" ofType:@"xml"];
    // 将客户 XML 转换为 NSData
    NSData *data = [[NSData alloc]initWithContentsOfFile:str];
    // 实例化 XML 解析器
    self.parser = [[NSXMLParser alloc]initWithData:data];
    // 设置代理
    self.parser.delegate = self;
}
```

⑤ 实现协议的开始读文档和结束读文档方法。

```
// 读文档开始
- (void)parserDidStartDocument:(NSXMLParser *)parser{
    NSLog(@"parserDidStartDocument...");
}

// 读文档结束
- (void)parserDidEndDocument:(NSXMLParser *)parser{
    NSLog(@"parserDidEndDocument...");
}
```

⑥ 实现协议的开始读取元素方法，创建客户实例。

```
// 读元素开始
- (void)parser:(NSXMLParser *)parser didStartElement:(NSString *)elementName namespaceURI:(NSString *)namespaceURI qualifiedName:(NSString *)qName attributes:(NSDictionary *)attributeDict{
    NSLog(@"didStartElement...%@",elementName);
    self.currentElement = elementName;
    if ([ self.currentElement isEqualToString:@"customer"]) {
        self.customer = [[Customer alloc]init];
    }
}
```

⑦ 在协议的找到内容的方法中，获得各个元素内容，并为对象属性赋值。

```
// 找到内容
- (void)parser:(NSXMLParser *)parser foundCharacters:(NSString *)string{
    NSLog(@"foundCharacters...%@",string);
    if ([ self.currentElement isEqualToString:@"id"]) {
        int cid = [string integerValue];
        [customer setCid:cid];
    }else if([ self.currentElement isEqualToString:@"name"]){
        [customer setName:string];
    }else if([ self.currentElement isEqualToString:@"age"]){
        int age = [string integerValue];
        [customer setAge:age];
    }
}
```

⑧ 在协议的结束读元素方法中，将客户对象添加到数组中。

```
// 读元素结束
- (void)parser:(NSXMLParser *)parser didEndElement:(NSString *)elementName namespaceURI:(NSString *)namespaceURI qualifiedName:(NSString *)qName{
    NSLog(@"didEndElement...");
    if ([elementName isEqualToString:@"customer"]) {
        [self.array addObject:customer];
    }
   self.currentElement=nil;
}
```

⑨ 实现解析方法 parse，删除数组中的所有元素，调用 parse 方法开始解析。

```
- (IBAction)parse:(id)sender {
    // 删除数组中的所有数据
    [self.array removeAllObjects];
    // 开始解析
    [self.parser parse];
    // 获得数组大小
    NSInteger count = [self.array count];
    NSLog(@"count=%d",count);
}
```

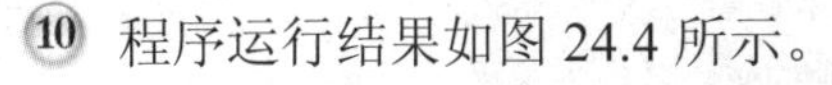

⑩ 程序运行结果如图 24.4 所示。

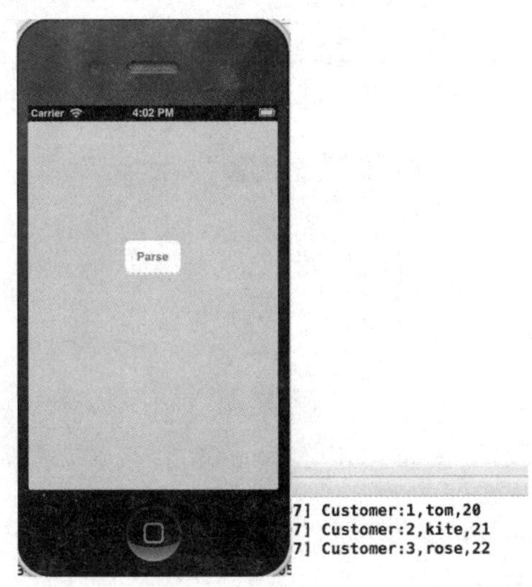

图 24.4　解析 XML 数据

24.6 使用开源框架 ASIHttpRequest 实现网络编程

ASIHttpRequest 是 iOS 网络开发中最优秀的框架，虽然我们可以使用 Apple 自己的网络 API，但是其功能有限，不够强大。而 ASIHttpRequest 框架简单易用，而且功能强大，例如，可以使用同步请求，异步请求，使用队列，实现文件的上传和下载，以及显示上传和下载进度等。

ASIHttpRequest 的官方站点是：http://allseeing-i.com/ASIHTTPRequest/，这里包括了下载地址、项目搭建和开发文档。ASIHttpRequest 框架的下载地址是：http://github.com/pokeb/asi-http-request/tarball/master，点击此链接可以直接下载该框架。

下面我们来看如何搭建开发框架，步骤如下。

① 创建一个项目，添加 CFNetwork、SystemConfiguration、MobileCoreServices、CoreGraphics 和 libz 框架，如图 24.5 所示。

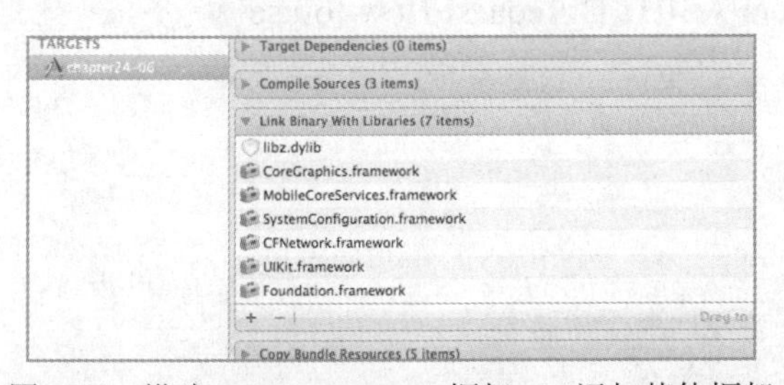

图 24.5　搭建 ASIHttpRequest 框架——添加其他框架

② 从下载的框架中将如图 24.6 所示的文件添加到自己的项目中。

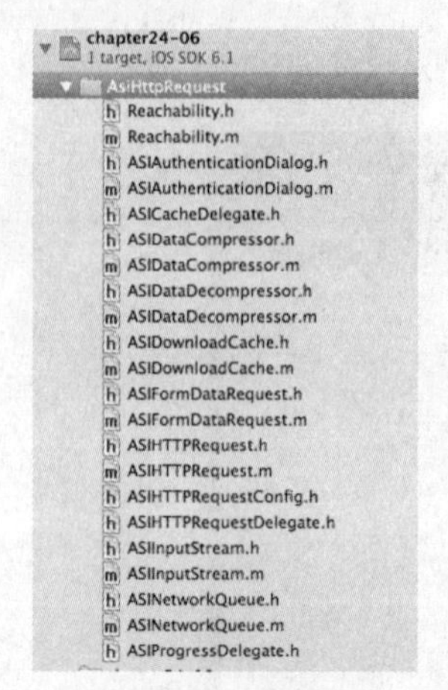

图 24.6　搭建 ASIHttpRequest 框架——添加文件

③ 当前框架并不支持 arc，如果项目中使用了 arc，则需要设置如图 24.7 所示的编译选项，设置这些类不使用 arc。

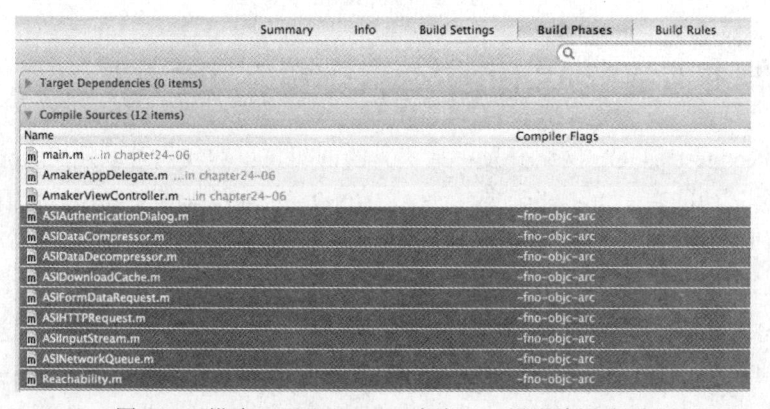

图 24.7　搭建 ASIHttpRequest 框架——设置编译选项

④ 重新编译整个项目，如果没有报错，则项目配置成功。

该框架的更多详细用法可以通过如下链接获得帮助：

http://allseeing-i.com/ASIHTTPRequest/How-to-use

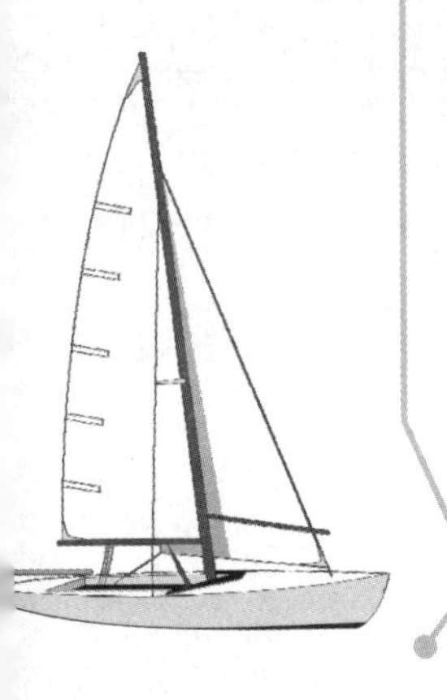

第 25 章　iOS 多线程

本章内容

- NSThread
- Block 基础
- Grand Central Dispatch（GCD）
- 操作对象（Operation Object）

多线程在任何程序开发中都是非常重要的，在有些情况下甚至是必需的，例如，网络服务器、文件上传、文件下载等。许多耗时的操作都应该在另外的线程中运行，这样才不会使程序阻塞，提高程序的运行效率。iOS 程序开发也提供了多种多线程处理方法，包括：NSThread、操作对象队列和 Grand Central Dispatch（GCD）等。

25.1 NSThread

NSThread 是 iOS 中最基本的线程处理方法，目前逐渐被 Operation Object 和 GCD 所取代。线程的操作包括：线程初始化、启动/停止线程、检测线程的状态等。创建并启动一个 NSThread 的方法如下。

① 初始化 NSThread 并指定一个 selector 方法，调用 start 方法启动线程。

```
NSThread *t=[[NSThread alloc]initWithTarget:self selector:@selector(loop) object:nil];
// 设置线程名称
t.name = @"My Thread";
// 启动线程
[t start];
```

② 调用 NSThread 的静态方法。

```
[NSThread detachNewThreadSelector:@selector(loop) toTarget:self withObject:nil];
```

③ 定义一个类继承 NSThread，并覆盖 main 方法。

```
#import <Foundation/Foundation.h>
@interface MyThread : NSThread
@end

@implementation MyThread
-(void)main{
    for (int i=0; i<10; i++) {
        NSLog(@"i=%d",i);
        [NSThread sleepForTimeInterval:1];
    }
}
@end
```

另外，我们还可以检测当前线程的运行状态，例如，是否被取消、是否正在执行、是否执行结束和是否是主线程等。

```
    // 判断线程状态
    if (t.isCancelled) {
        NSLog(@"已经被取消");
    }else{
        NSLog(@"未被取消");
    }
    if (t.isExecuting) {
        NSLog(@"正在执行");
    }
    if (t.isFinished) {
        NSLog(@"已经结束");
    }
    if (t.isMainThread) {
        NSLog(@"是主线程");
    }else{
        NSLog(@"非主线程");
    }
```

目前 NSThread 在高版本的 iOS SDK 中已经很少用到，因此这里我们将不再赘述其他更多内容。

25.2 Block 基础

Block，顾名思义，就是一个代码块单元，帮助我们组织独立的代码段，并提高复用性和可读性。Block 类似 C 语言中的函数指针，是一种方法回调机制。

Block 是对 C 语言的扩展，用来实现匿名内部函数的特性，Block 可以实现函数的嵌套，可以访问函数的内部变量。Block 的语法比较怪异，给初学者带来一些困难。

25.2.1 Block 的声明与调用

Block 的语法结构如下：

```
返回值(^block 名称)(参数类型列表)=^(参数列表){函数体;};
```

下面声明一个没有返回值，也没有参数的 Block，该 Block 使用 NSLog 打印一句话。我们在 main 主函数中可以调用它。

```
void(^myBloc)(void)=^(void){
    NSLog(@"Hello Block");
};
int main(int argc, const char * argv[])
{
    @autoreleasepool {
        myBloc();
    }
    return 0;
}
```

程序输出结果如下：

```
Hello Block
```

25.2.2　有返回值和参数的 Block

下面我们通过 Block 定义一个两个数求和的功能块，并调用它。代码如下：

```
// 求和
int(^sumBlock)(int,int)=^(int a,int b){
    return a+b;
};
```

调用：

```
int s = sumBlock(1,2);
NSLog(@"sum=%d",s);
```

程序输出：

```
sum=3
```

25.3 Grand Central Dispatch（GCD）

Grand Central Dispatch 的中文意思是大中心调度，一般简称 GCD，是苹果主推的多线程处理机制，该机制在多核 CPU 状态下，性能很高。GCD 一般和 Block 一起使用，在 Block 回调中处理程序操作。GCD 声明了一系列以 dispatch 打头的方法来实现多线程操作，例如，获得线程队列，启动同步、异步线程等。

下面代码演示了如何定义一个线程队列，并执行一个异步操作。

```
- (IBAction)test:(id)sender {
    // 获得全局队列
    dispatch_queue_t  queue  =  dispatch_get_global_queue(DISPATCH_QUEUE_PRIORITY_
DEFAULT, 0);
    // 执行异步请求
```

```
    dispatch_async(queue, ^{
        [self loop];
    });
}
// 循环
-(void)loop{
    for (int i=0; i<10; i++) {
        // 睡眠 1 秒
        [NSThread sleepForTimeInterval:1];
        NSLog(@"i=%d",i);
    }
}
```

在 iOS SDK 中可以使用三种调度队列。

（1）Main queue，在该 queue 中定义的任务执行在程序的主线程中，一般是和 UI 相关的任务，例如，更新 UI 界面的显示。获得 queue 的方法是：dispatch_get_main_queue。

（2）Concurrent queue，在该 queue 中定义的任务执行在用户线程中，一般是后台长时间执行的任务，例如，下载文件。获得 queue 的方法是：dispatch_get_global_queue。

（3）Serial queue，在该 queue 中定义的任务是序列执行的，即先进先出（FIFO）。获得 queue 的方法是：dispatch_queue_create，并且要使用 dispatch_release 方法释放。

下面通过一个案例来演示 GCD 的用法。该案例模拟一个网络下载任务，并使用进度条显示当前进度。实现步骤如下。

① 创建一个项目，在 XIB 文件中添加一个进度条和一个按钮，在.h 头文件中声明进度条的属性和按钮点击事件。

```
@interface AmakerViewController : UIViewController
// 进度条属性
@property (strong, nonatomic) IBOutlet UIProgressView *myProgress;
// 启动方法
- (IBAction)start:(id)sender;
@end
```

② 实现 start 事件方法，点击按钮后，启动一个异步线程更新进度值，在主线程中更新进度条的进度。

```
- (IBAction)start:(id)sender {
    // 声明队列
    dispatch_queue_t queue = dispatch_get_global_queue(DISPATCH_QUEUE_PRIORITY_DEFAULT,
0);
    // 异步任务
    dispatch_async(queue, ^{
        // 总进度
        float total = 0.0;
        // 进度为 1.0 时退出
        while (total<=1.0) {
            // 增加进度
            total+=0.1;
```

```
            [NSThread sleepForTimeInterval:1];
            // 在主线程中更新 UI
            dispatch_async(dispatch_get_main_queue(), ^{
                [self.myProgress setProgress:total];
            });
        }
    });
}
```

③ 程序运行结果如图 25.1 所示。

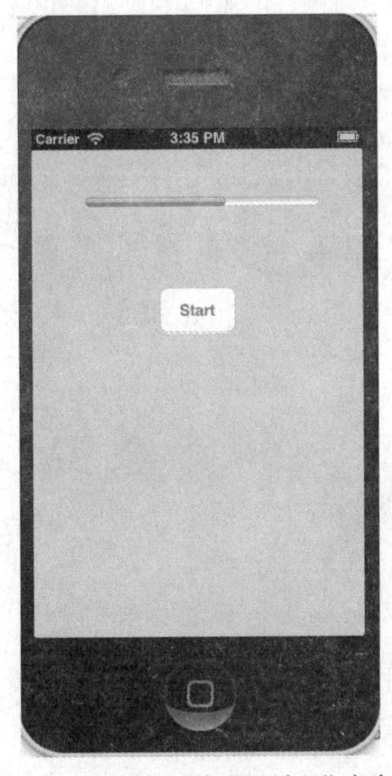

图 25.1　使用线程更新进度条

25.4 操作对象（Operation Object）

在 iOS 多线程处理中另外一种处理方法是操作对象，即把要执行的任务封装成操作对象 NSOpetation，并将操作对象放到操作队列 NSOperationQueue 中，可以设置这些任务的执行顺序以及依赖关系等。

使用操作对象处理多线程使用到如下几个类。

（1）操作队列 NSOperationQueue。

（2）操作对象 NSOperation。

（3）操作对象的子类 NSInvocationOperation，可以使用该类指定一个 selector 来执行任务。

（4）操作对象的子类 NSBlockOperation，可以使用该类指定一个 Block 来执行任务。

下面通过一个案例来演示操作对象的使用。该案例在界面上添加一个按钮，创建一个操作类继承 NSOperation，自定义一个初始化方法，并覆盖 main 方法，循环打印那个操作在执行。创建一个操作队列，并实例化两个操作添加到操作队列中。步骤如下。

① 创建一个项目，在界面上添加一个按钮，在.h 头文件中添加点击事件方法。

```
- (IBAction)test1:(id)sender;
```

② 创建一个操作对象继承 NSOperation，添加初始化方法，并覆盖 main 方法。

```
#import <Foundation/Foundation.h>
// 自定义一个操作类，继承 NSOperation
@interface MyOpetation : NSOperation
// 操作名称属性
@property(nonatomic,strong)NSString *name;
// 初始化方法
-(id)initWithName:(NSString*)name;
@end

#import "MyOpetation.h"
@implementation MyOpetation
// 实现初始化方法
-(id)initWithName:(NSString*)name{
    self = [super init];
    if (self) {
        self.name = name;
    }
    return self;
}
// 覆盖 main 方法
-(void)main{
    // 循环打印操作在执行
    for (int i=0; i<10; i++) {
        [NSThread sleepForTimeInterval:1];
        NSLog(@"%@'s i=%d",self.name,i);
    }
}
@end
```

③ 在按钮点击方法中，创建一个队列、两个操作，并将两个操作添加到队列中。

```
- (IBAction)test1:(id)sender {
    // 创建线程队列
    NSOperationQueue *queue = [[NSOperationQueue alloc]init];
    // 创建操作 1
    MyOpetation *ope = [[MyOpetation alloc]initWithName:@"Opetation1"];
    // 添加到队列中
    [queue addOperation:ope];
    // 创建操作 2
    MyOpetation *ope2 = [[MyOpetation alloc]initWithName:@"Opetation2"];
    // 添加到队列中
    [queue addOperation:ope2];
}
```

④ 程序运行结果如下：

```
2013-04-22 16:19:02.997 chapter25-05[2147:1b03] Opetation1's i=0
```

```
2013-04-22 16:19:02.997 chapter25-05[2147:1303] Opetation2's i=0
2013-04-22 16:19:04.001 chapter25-05[2147:1b03] Opetation1's i=1
2013-04-22 16:19:04.001 chapter25-05[2147:1303] Opetation2's i=1
2013-04-22 16:19:05.003 chapter25-05[2147:1303] Opetation2's i=2
2013-04-22 16:19:05.003 chapter25-05[2147:1b03] Opetation1's i=2
2013-04-22 16:19:06.005 chapter25-05[2147:1303] Opetation2's i=3
2013-04-22 16:19:06.005 chapter25-05[2147:1b03] Opetation1's i=3
2013-04-22 16:19:07.008 chapter25-05[2147:1303] Opetation2's i=4
2013-04-22 16:19:07.008 chapter25-05[2147:1b03] Opetation1's i=4
2013-04-22 16:19:08.010 chapter25-05[2147:1303] Opetation2's i=5
2013-04-22 16:19:08.010 chapter25-05[2147:1b03] Opetation1's i=5
2013-04-22 16:19:09.013 chapter25-05[2147:1303] Opetation2's i=6
2013-04-22 16:19:09.013 chapter25-05[2147:1b03] Opetation1's i=6
2013-04-22 16:19:10.015 chapter25-05[2147:1b03] Opetation1's i=7
2013-04-22 16:19:10.015 chapter25-05[2147:1303] Opetation2's i=7
2013-04-22 16:19:11.017 chapter25-05[2147:1b03] Opetation1's i=8
2013-04-22 16:19:11.017 chapter25-05[2147:1303] Opetation2's i=8
2013-04-22 16:19:12.020 chapter25-05[2147:1b03] Opetation1's i=9
2013-04-22 16:19:12.020 chapter25-05[2147:1303] Opetation2's i=9
```

除了继承 NSOperation 之外，还可以使用 NSInvocationOperation 操作对象。使用 NSInvocationOperation 操作对象可以不使用子类，直接定义要执行的任务方法。下面代码定义了一个队列、两个操作，循环打印那个操作在执行。

```
- (IBAction)test2:(id)sender {
    // 创建线程队列
    NSOperationQueue *queue = [[NSOperationQueue alloc]init];
    // 创建操作对象，指定任务执行方法
    NSInvocationOperation *ope1 = [[NSInvocationOperation alloc]initWithTarget:
selfselector:@selector(loop:) object:@"Operation1"];
    // 将任务添加到队列中
    [queue addOperation:ope1];

    // 创建操作对象，指定任务执行方法
    NSInvocationOperation *ope2 = [[NSInvocationOperation alloc]initWithTarget:
selfselector:@selector(loop:) object:@"Operation2"];
    // 将任务添加到队列中
    [queue addOperation:ope2];
}
```

我们还可以使用 NSBlockOperation 操作对象，以 Block 方式来使用该操作对象，要执行的任务代码被定义在该 Block 中。下面代码实现了相同的功能，只是使用了 Block 方式。

```
- (IBAction)test3:(id)sender {
    // 创建线程队列
    NSOperationQueue *queue = [[NSOperationQueue alloc]init];
    // 创建操作对象 1
    NSBlockOperation *ope1 = [NSBlockOperation blockOperationWithBlock:^{
        for (int i=0; i<10; i++) {
            [NSThread sleepForTimeInterval:1];
            NSLog(@"%@'s i=%d",@"Operation1",i);
        }
```

```
    }];
    // 创建操作对象 2
    NSBlockOperation *ope2 = [NSBlockOperation blockOperationWithBlock:^{
        for (int i=0; i<10; i++) {
            [NSThread sleepForTimeInterval:1];
            NSLog(@"%@'s i=%d",@"Operation2",i);
        }
    }];
    // 将操作对象添加到队列中
    [queue addOperation:ope1];
    [queue addOperation:ope2];
}
```

另外，操作之间可以添加依赖关系，例如，B 操作依赖 A 操作，那么只有 A 操作执行完 B 操作才执行。实现依赖的代码如下：

```
- (IBAction)test4:(id)sender {
    // 创建线程队列
    NSOperationQueue *queue = [[NSOperationQueue alloc]init];
    // 创建操作对象 1
    NSBlockOperation *ope1 = [NSBlockOperation blockOperationWithBlock:^{
        for (int i=0; i<5; i++) {
            [NSThread sleepForTimeInterval:1];
            NSLog(@"%@'s i=%d",@"Operation1",i);
        }
    }];
    // 创建操作对象 2
    NSBlockOperation *ope2 = [NSBlockOperation blockOperationWithBlock:^{
        for (int i=0; i<5; i++) {
            [NSThread sleepForTimeInterval:1];
            NSLog(@"%@'s i=%d",@"Operation2",i);
        }
    }];
    // 操作 2 依赖操作 1
    [ope2 addDependency:ope1];
    // 将操作对象添加到队列中
    [queue addOperation:ope1];
    [queue addOperation:ope2];
}
```

程序运行结果如下：

```
2013-04-22 16:49:27.117 chapter25-05[2416:1303] Operation1's i=0
2013-04-22 16:49:28.120 chapter25-05[2416:1303] Operation1's i=1
2013-04-22 16:49:29.122 chapter25-05[2416:1303] Operation1's i=2
2013-04-22 16:49:30.124 chapter25-05[2416:1303] Operation1's i=3
2013-04-22 16:49:31.126 chapter25-05[2416:1303] Operation1's i=4
2013-04-22 16:49:32.134 chapter25-05[2416:61b] Operation2's i=0
2013-04 22 16:49:33.136 chapter25-05[2416:61b] Operation2's i=1
2013-04-22 16:49:34.138 chapter25-05[2416:61b] Operation2's i=2
2013-04-22 16:49:35.139 chapter25-05[2416:61b] Operation2's i=3
2013-04-22 16:49:36.140 chapter25-05[2416:61b] Operation2's i=4
```

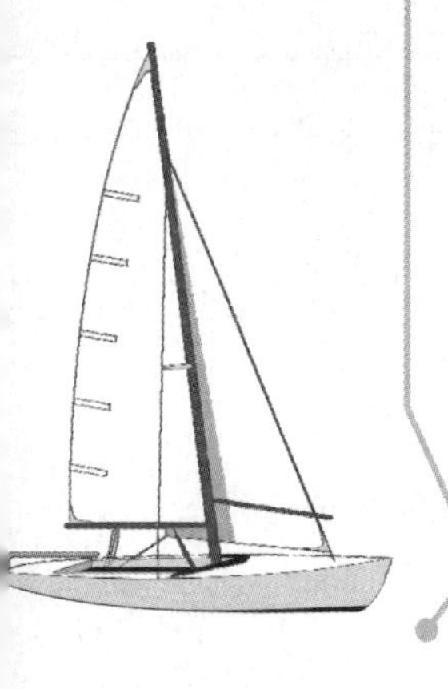

第 26 章　iOS GPS 定位应用

本章内容

- 为项目添加必要的框架
- 使用 MKMapView 显示地图
- 使用 MKMapView 的代理 MKMapViewDelegate
- 使用 CLLocationManager 获得设备当前经纬度信息
- 在地图上标注位置
- 使用 CLGeocoder 将位置描述转换为经纬度信息
- 使用 CLGeocoder 将经纬度信息转换为位置描述
- 使用 Google Place API 查询周边位置信息

在 iOS SDK 中提供了两个框架来实现位置服务，这两个框架分别是 CoreLocaton.framework 和 MapKit.framework。其中 CoreLocation.framework 主要提供了获得设备位置信息的 API，例如，经纬度信息；而 MapKit.framework 主要提供了展示地图的 API。这两个框架中的核心类是 CLLocationManager 类和 MKMapView 类，CLLocationManager 提供了获得位置信息的功能，MKMapView 提供了展示地图的功能。我们可以使用 CLGeoCoder 类来实现位置描述和经纬度之间的转换，可以通过一些其他 API 来实现位置标注、距离测量等功能。另外，我们还可以通过 Google Place API 查询周边位置信息。

26.1 为项目添加必要的框架

使用 Xcode 模板创建的项目，在默认情况下是没有添加 CoreLocation.framewok 和 MapKit.framework 框架的，所以在使用之前必须添加这两个框架，并导入必要的头文件。

实现步骤如下：

① 选择项目名称。

② 在右边选择“TARGETS”。

③ 选择“Build Phases”。

④ 在下面的“Link Binary With Libraries”中点击“+”号，找到这两个框架并添加它们。

⑤ 在头文件中包含这两个框架的头文件，代码如下：

```
#import <UIKit/UIKit.h>
#import <MapKit/MapKit.h>
#import <CoreLocation/CoreLocation.h>
@interface AmakerViewController : UIViewController
@end
```

添加过程如图 26.1 所示。

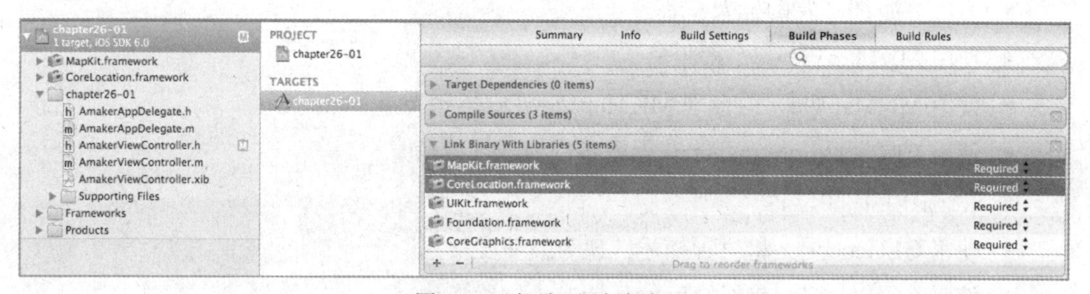

图 26.1　为项目添加框架

26.2 使用 MKMapView 显示地图

iOS 中显示地图非常简单，最简单的做法是在界面中添加 MapView 组件，运行项目即可显示地图。但是，大部分情况下我们还是需要自己定义一些功能来显示地图，例如，改变地图的显示类型，可以显示标准、卫星和混合等不同类型的地图。

26.2.1 使用 MapView 组件直接显示地图

使用 MapView 显示地图非常简单，只要将 MapView 组件放在界面上，运行项目即可显示地图。实现步骤如下：

① 创建一个项目，并为项目添加 MapKit.framework 框架。

② 将 MapView 组件添加到界面上。

③ 运行项目，结果如图 26.2 所示。

图 26.2 使用 MapView 组件直接显示地图

26.2.2 使用代码显示地图

通过添加 MapView 组件只能显示简单的地图，要想实现一些其他功能，我们需要在代码中实例化 MKMapView，通过改变该实例的一些属性，或者调用其中的一些方法来实现其他功能，下面程序使用 MKMapView 和 UISegmentControl 来切换地图的三种显示模式。实现步骤如下。

① 创建一个项目，并添加 MapKit.framework 框架。

② 在.h 文件中声明 MKMapView 属性，为 UISegmentControl 添加值改变事件。

```
#import <UIKit/UIKit.h>
#import <MapKit/MapKit.h>
@interface AmakerViewController : UIViewController
- (IBAction)change:(id)sender;
@property (strong, nonatomic) IBOutlet MKMapView *myMapView;
```

③ 在.m 文件中实现事件，通过改变 MKMapView 的 mapType 属性来改变显示类型。

```
- (IBAction)change:(id)sender {
   UISegmentedControl *sc = (UISegmentedControl*)sender;
   switch (sc.selectedSegmentIndex) {
      case 0:
         self.myMapView.mapType = MKMapTypeStandard;
         break;
      case 1:
         self.myMapView.mapType = MKMapTypeSatellite;
         break;
      case 2:
         self.myMapView.mapType = MKMapTypeHybrid;
         break;
```

```
        default:
            break;
    }
}
```

④ 程序运行结果如图 26.3 所示。

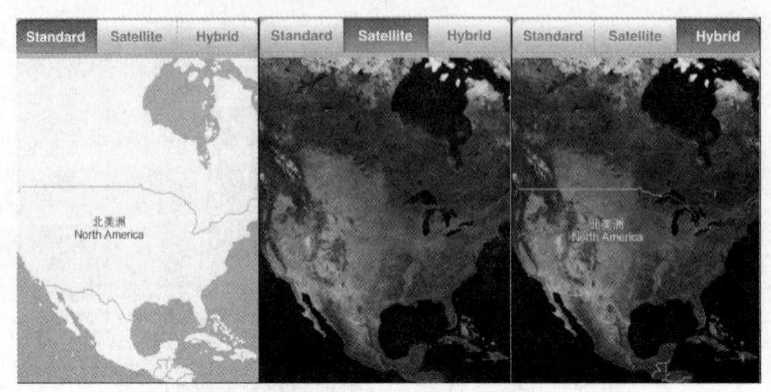

图 26.3 使用 MKMapView 显示不同类型的地图

26.3 使用 MKMapView 的代理 MKMapViewDelegate

MKMapViewDelegate 协议中定义了一些监控 MapView 更新的相关消息，例如，地图位置的改变、地图数据的加载、用户位置的跟踪、标记视图的管理等信息。下面是该代理的方法分类。

（1）响应地图位置的改变。

```
- mapView:regionWillChangeAnimated:
- mapView:regionDidChangeAnimated:
```

（2）响应加载地图。

```
- mapViewWillStartLoadingMap:
- mapViewDidFinishLoadingMap:
- mapViewDidFailLoadingMap:withError:
```

（3）用户位置的跟踪。

```
- mapViewWillStartLocatingUser:
- mapViewDidStopLocatingUser:
- mapView:didUpdateUserLocation:
- mapView:didFailToLocateUserWithError:
- mapView:didChangeUserTrackingMode:animated:
```

（4）标记视图的管理。

```
- mapView:viewForAnnotation:
- mapView:didAddAnnotationViews:
- mapView:annotationView:calloutAccessoryControlTapped:
- mapView:annotationView:didChangeDragState:fromOldState:
```

```
- mapView:didSelectAnnotationView:
- mapView:didDeselectAnnotationView:
```

（5）图层的管理。

```
- mapView:viewForOverlay:
- mapView:didAddOverlayViews:
```

下面程序实现了使用 MKMapViewDelegate 协议监控地图位置的变化和地图的加载功能。实现步骤如下。

① 创建一个项目，添加 MapKit.framework 框架。

② 在.h 文件中实现 MKMapViewDelegate 协议。

③ 在界面上添加 MapView 组件，并添加属性，建立连接。

④ 为 MapView 的 delegate 属性指定值为 self。

```
#import <MapKit/MapKit.h>
@interface AmakerViewController : UIViewController<MKMapViewDelegate>
@property (strong, nonatomic) IBOutlet MKMapView *myMapView;

- (void)viewDidLoad
{
   [super viewDidLoad];
   self.myMapView.delegate = self;
}
```

⑤ 通过 NSLog 打印方法名称，查看方法的调用时机。

```
- (void)mapView:(MKMapView *)mapView regionWillChangeAnimated:(BOOL)animated{
   NSLog(@"regionWillChangeAnimated.......");
}
- (void)mapView:(MKMapView *)mapView regionDidChangeAnimated:(BOOL)animated{
   NSLog(@"regionDidChangeAnimated.......");
}

- (void)mapViewWillStartLoadingMap:(MKMapView *)mapView{
   NSLog(@"mapViewWillStartLoadingMap.......");
}
- (void)mapViewDidFinishLoadingMap:(MKMapView *)mapView{
   NSLog(@"mapViewDidFinishLoadingMap.......");
}
- (void)mapViewDidFailLoadingMap:(MKMapView *)mapView withError:(NSError *)error{
   NSLog(@"mapViewDidFailLoadingMap.......");
}
```

⑥ 程序运行结果如图 26.4 所示。

```
2013-01-27 00:19:03.308 chapter26-04[3112:c07] regionWillChangeAnimated.......
2013-01-27 00:19:03.309 chapter26-04[3112:c07] regionDidChangeAnimated.......
2013-01-27 00:19:03.430 chapter26-04[3112:c07] mapViewWillStartLoadingMap.......
2013-01-27 00:19:03.432 chapter26-04[3112:c07] mapViewDidFinishLoadingMap.......
2013-01-27 00:19:15.420 chapter26-04[3112:c07] regionWillChangeAnimated.......
2013-01-27 00:19:16.043 chapter26-04[3112:c07] regionDidChangeAnimated.......
```

图 26.4　MKMapViewDelegate 的应用效果

26.4 使用 CLLocationManager 获得设备当前经纬度信息

几乎所有的苹果设备都有 GPS 模块，通过 GPS 模块可以获得设备的当前位置信息，可以通过 CLLocationManager 和其代理类 CLLocationManagerDelegate 来启动和停止跟踪，并获得设备当前经纬度信息。另外，还可以为设备进入某个特定区域做出提示。

下面程序实现了当用户点击按钮时，开始跟踪设备，并通过 UILabel 实时显示当前设备的经纬度信息。实现步骤如下。

① 创建一个项目，并为项目添加 CoreLocation.framework 框架。

② 在界面上添加 UIButton 和 UILabel 组件。

③ 在.h 文件中实现 CLLocationManagerDelegate 代理，声明 CLLocationManager 和 UILabel 属性，并声明 UIButton 的点击事件方法。

```
#import <UIKit/UIKit.h>
#import <CoreLocation/CoreLocation.h>
@interface AmakerViewController : UIViewController<CLLocationManagerDelegate>
- (IBAction)start:(id)sender;
@property (strong, nonatomic) IBOutlet UILabel *myLocatoinInfo;
@property (strong,nonatomic) CLLocationManager *lm;
@end
```

④ 在 viewDidLoad 方法中判断定位服务是否可以利用，实例化并指定属性。

```
- (void)viewDidLoad
{
    [super viewDidLoad];
  if ([CLLocationManager locationServicesEnabled]) {
        self.lm = [[CLLocationManager alloc]init];
        self.lm.delegate = self;
        // 最小距离
        self.lm.distanceFilter=kCLDistanceFilterNone;
    }else{
        NSLog(@"定位服务不可利用");
    }
}
```

⑤ 在 CLLocationManagerDelegate 的更新方法中实时获得最新位置信息，并显示在 UILabel 中。

```
- (void)locationManager:(CLLocationManager *)manager
  didUpdateToLocation:(CLLocation *)newLocation
         fromLocation:(CLLocation *)oldLocation{
    self.myLocatoinInfo.text = [NSString stringWithFormat:@"[%f,%f]",newLocation.
coordinate.latitude,newLocation.coordinate.longitude];
}
```

⑥ 在 UIButton 的点击事件中启动跟踪。

```
- (IBAction)start:(id)sender {
    if (self.lm!=nil) {
        [self.lm startUpdatingLocation];
    }
}
```

⑦ 程序运行结果如图 26.5 所示。

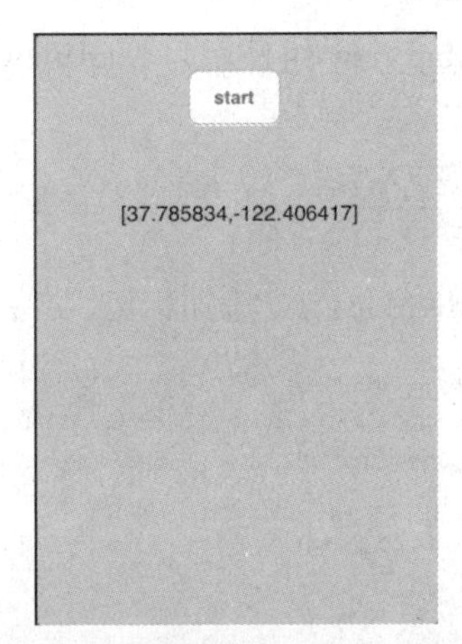

图 26.5 使用 CLLocationManager 获得当前设备位置信息

26.5 在地图上标注位置

有时候我们知道了经纬度信息，需要在地图上标注该位置。下面的程序就实现了这一功能，当我们点击按钮时，程序根据设定的经纬度信息，使用大头针标记并移动到当前位置。程序实现步骤如下。

① 创建一个项目，并为项目添加 CoreLocation.framework 和 MapKit.framework 框架。

② 创建一个标记类，并实现 MKAnnotation 协议，通过初始化方法为其坐标、标题和子标题赋值。

```
#import <Foundation/Foundation.h>
#import <MapKit/MapKit.h>
@interface MyAnnotation : NSObject<MKAnnotation>

@property (nonatomic, readonly) CLLocationCoordinate2D coordinate;
@property (nonatomic, readonly, copy) NSString *title;
@property (nonatomic, readonly, copy) NSString *subtitle;

-(id)initWith:(CLLocationCoordinate2D)coordiante andTitle:(NSString*)myTitle andSubTitle:
(NSString*)mySubTitle;
@end

-(id)initWith:(CLLocationCoordinate2D)myCoordinate  andTitle:(NSString  *)myTitle
andSubTitle:(NSString *)mySubTitle{
    self = [super init];
```

```
        if (self) {
            _coordinate = myCoordinate;
           _title = myTitle;
           _subtitle = mySubTitle;
        }
        return self;
    }
```

③ 在界面上添加按钮和 MapView 组件，为 MapView 添加对应的属性并连接，为按钮添加点击事件。

```
    @property (strong, nonatomic) IBOutlet MKMapView *myMapView;
    - (IBAction)pin:(id)sender;
```

④ 在按钮点击事件中为 MKMapView 添加标记，并移动到当前位置。

```
    - (IBAction)pin:(id)sender {
        CLLocationCoordinate2D coord = CLLocationCoordinate2DMake(30.5, 110.6);
        MyAnnotation *ann = [[MyAnnotation alloc]initWith:coord andTitle:@"My Title"
andSubTitle:@"My Sub Title"];
        [self.myMapView addAnnotation:ann];
        //移动到该位置并设置 Level
        MKCoordinateRegion region;
        region.center.latitude = 30.5;
        region.center.longitude = 110.6;
        region.span.latitudeDelta = 10;
        region.span.longitudeDelta = 10;
        self.myMapView.region = region;
    }
```

⑤ 程序运行结果如图 26.6 所示。

图 26.6　为地图添加标记

26.6 使用 CLGeocoder 将位置描述转换为经纬度信息

很多时候我们需要将位置描述转换为经纬度信息，例如，用户想要查找某个位置。

CLGeocoder 可以将位置描述转换为经纬度信息，也可以将经纬度信息转换为位置描述（下一节将讨论这个问题）。

下面我们通过一个实例来讲解这方面内容。该实例要求用户输入要查找的位置信息，点击定位按钮，在地图上显示当前位置信息。实例步骤如下。

① 创建一个项目，并添加 MapKit.framework 和 CoreLocation.framework 框架。

② 在界面上添加输入框 UITextField、定位按钮 UIButton 和地图 MapView。

③ 在.h 文件中定义 UITextField 输入框属性、UIButton 属性、CLGeocoder 属性，并定义一个按钮点击事件方法。

```
#import <UIKit/UIKit.h>
#import <MapKit/MapKit.h>
#import <CoreLocation/CoreLocation.h>
@interface AmakerViewController : UIViewController
@property (strong, nonatomic) IBOutlet UITextField *addressInfo;
@property (strong, nonatomic) IBOutlet MKMapView *myMapView;
@property(strong,nonatomic)CLGeocoder *geoCoder;
- (IBAction)locate:(id)sender;
@end
```

④ 在按钮点击事件方法中实例化 CLGeocoder，并调用 CLGeocoder 的 geocoder AddressString 方法，在该回调方法中获得当前位置描述的经纬度信息，并在地图上显示。

```
- (IBAction)locate:(id)sender {
    self.geoCoder = [[CLGeocoder alloc]init];
    [self.geoCoder   geocodeAddressString:self.addressInfo.textcompletionHandler:
^(NSArray *placemarks, NSError *error) {
        if ([placemarks count]>0&&error==nil) {
            CLPlacemark *mark = [placemarks objectAtIndex:0];
            double lat = mark.location.coordinate.latitude;
            double lon = mark.location.coordinate.longitude;
            CLLocationCoordinate2D coord = CLLocationCoordinate2DMake(lat,lon);
            MyAnnotation *ann = [[MyAnnotation alloc]initWith:coord andTitle:
@"My Title" andSubTitle:@"My Sub Title"];
            [self.myMapView addAnnotation:ann];
            //移动到该位置并设置 Level
            MKCoordinateRegion region;
            region.center.latitude = lat;
            region.center.longitude = lon;
            region.span.latitudeDelta = 10;
            region.span.longitudeDelta = 10;
            self.myMapView.region = region;
        }
    }];
    [self.addressInfo resignFirstResponder];
}
```

⑤ 程序运行结果如图 26.7 所示。

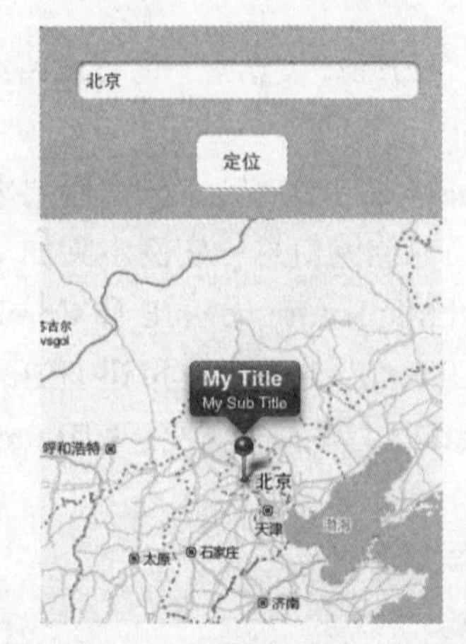

图 26.7 使用 CLGeocoder 将位置描述转换为经纬度信息

26.7 使用 CLGeocoder 将经纬度信息转换为位置描述

上一节的实例是将位置描述转换为经纬度信息，这一节介绍将经纬度信息转换为位置描述，该转换过程也是通过 CLGeocoder 实现的。下面的实例演示了这个转换过程，首先获得设备当前的经纬度信息，再将经纬度信息转换为位置描述。实现步骤如下。

① 创建一个项目，并添加 MapKit.framework 和 CoreLocation.framework 框架。

② 在界面上添加一个按钮和一个 UILabel。

③ 在.h 文件中实现 CLLocationManagerDelegate 协议。

④ 在.h 文件中声明 UILabel、CLLocationManager、CLGeocoder 实例属性和经纬度属性，以及按钮点击事件方法。

```
#import <UIKit/UIKit.h>
#import <CoreLocation/CoreLocation.h>
@interface AmakerViewController : UIViewController<CLLocationManagerDelegate>
@property (strong, nonatomic) IBOutlet UILabel *addressInfo;
@property(strong,nonatomic) CLLocationManager *lm;
@property(strong,nonatomic) CLGeocoder *geoCoder;
@property(nonatomic)double lat,lon;
- (IBAction)locate:(id)sender;
@end
```

⑤ 在 viewDidLoad 方法中实例化 CLLocationManager 和 CLGeocoder。

```
- (void)viewDidLoad
{
    [super viewDidLoad];
    if ([CLLocationManager locationServicesEnabled]) {
        self.lm = [[CLLocationManager alloc]init];
        self.lm.delegate = self;
    }
    self.geoCoder = [[CLGeocoder alloc]init];
}
```

⑥ 在 CLLocationManagerDelegate 协议方法- (void)locationManager:(CLLocationManager *)managerdidUpdateToLocation:(CLLocation *)newLocation 中获得当前设备经纬度信息。

```
- (void)locationManager:(CLLocationManager *)manager
    didUpdateToLocation:(CLLocation *)newLocation
           fromLocation:(CLLocation *)oldLocation{
      self.lat = newLocation.coordinate.latitude;
      self.lon = newLocation.coordinate.longitude;
}
```

⑦ 在按钮点击事件方法中，将当前设备经纬度信息转换为位置描述。

```
- (IBAction)locate:(id)sender {
      CLLocation *l = [[CLLocation alloc]initWithLatitude:self.lat longitude:self.lon];
      [self.geoCoder reverseGeocodeLocation:l completionHandler:^(NSArray *placemarks,
NSError *error) {
          //ddd
          if ([placemarks count]>0&&error==nil) {
              CLPlacemark *mark= [placemarks objectAtIndex:0];
              self.addressInfo.text = [NSString stringWithFormat:@"%@,%@",mark.country,
mark.locality];
          }
      }];
}
```

⑧ 程序运行结果如图 26.8 所示。

图 26.8 使用 CLGeocoder 将经纬度信息转换为位置描述

26.8 使用 Google Place API 查询周边位置信息

如果我们想使用地图的更高级应用，例如，查询周边的宾馆、加油站、商店等信息，则可以使用谷歌的 Google Place API，该 API 提供了 iOS 地图应用的高级功能。下面的 URL

是该 API 的开发文档：

http://code.google.com/apis/maps/documentation/places/

iOS 客户端程序需要申请一个 ID，URL 如下：

http://code.google.com/apis/maps/documentation/webservices/index.html#URLSigning

另外，该 API 提供了一个演示程序，如图 26.9 所示。

图 26.9　Google Place API 演示

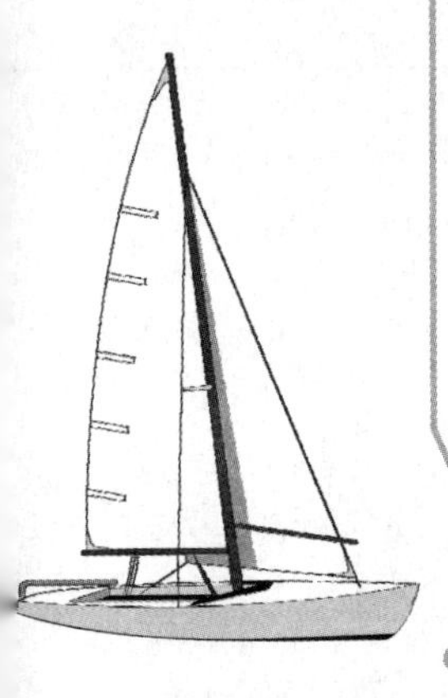

第 27 章　iOS 手势处理

本章内容

- 点击手势处理 UITapGestureRecognizer
- 捏合手势处理 UIPinchGestureRecognizer
- 旋转手势处理 UIRotationGestureRecognizer
- 滑动手势处理 UISwipeGestureRecognizer
- 拖动手势处理 UIPanGestureRecognizer
- 长按手势处理 UILongPressGestureRecognizer

iOS 手势处理是触屏事件的封装，用来处理复杂的触屏事件。例如，图片的缩放、翻页、拖动组件等操作。iOS 手势处理分为 6 种类型，分别是点击手势处理 UITapGestureRecognizer、捏合手势处理 UIPinchGestureRecognizer、旋转手势处理 UIRotationGestureRecognizer、滑动手势处理 UISwipeGestureRecognizer、拖动手势处理 UIPanGestureRecognizer 和长按手势处理 UILongPressGestureRecognizer。这些类都是 UIGestureRecognizer 的子类。

每个 UIView 及其子类都有一个- (void)addGestureRecognizer:(UIGestureRecognizer*) gestureRecognizer 方法，调用此方法为该视图类添加手势，一个视图类可以添加多个手势。手势被触发时，会调用类似下面的方法来处理手势。

```
- (void)handleGesture;
- (void)handleGesture:(UIGestureRecognizer *)gestureRecognizer;
```

27.1 点击手势处理 UITapGestureRecognizer

点击手势是最常用的手势，用于按下或选择一个控件或条目（类似于普通的鼠标点击）。下面通过一个实例来演示如何为一个视图添加点击手势并处理它。实现步骤如下。

① 创建一个项目。

② 在.h 头文件中添加 UITapGestureRecognizer、UILabel 和 int 类型的 count 属性，为 UILabel 添加点击手势，根据当前计数器 count 值来更改 UILabel 背景。

```
#import <UIKit/UIKit.h>
@interface AmakerViewController : UIViewController
@property(nonatomic,strong)UITapGestureRecognizer *tap;
@property(nonatomic,strong)UILabel *label;
@property(nonatomic)int count;
@end
```

③ 在 viewDidLoad 方法中实例化 UITapGestureRecognizer 和 UILabel，为当前 View 添加点击手势，并指定触发方法。

```
- (void)viewDidLoad
{
    [super viewDidLoad];
    self.label = [[UILabel alloc]initWithFrame:CGRectMake(20, 20, 100, 100)];
    self.label.text = @" Hello World!";
    self.label.backgroundColor = [UIColor redColor];
    [self.view addSubview:self.label];
    self.count = 0;
    self.tap = [[UITapGestureRecognizer alloc]initWithTarget:self action:@selector
(tapAction:)];
    [self.view addGestureRecognizer:self.tap];
}
```

④ 在触发方法中获得当前点，并改变 UILabel 背景。

```
-(void)tapAction:(UITapGestureRecognizer*)param{
  CGPoint point = [param locationInView:self.view];
  if (CGRectContainsPoint(self.label.frame,point)) {
      self.count++;
      if (self.count%2==0) {
          self.label.backgroundColor = [UIColor redColor];
      }else{
          self.label.backgroundColor = [UIColor blueColor];
      }
      NSLog(@"[%f,%f]",point.x,point.y);
  }
}
```

⑤ 程序运行结果如图 27.1 所示。

Hello World!
Hello World!

图 27.1　点击手势处理结果

27.2 捏合手势处理 UIPinchGestureRecognizer

捏合手势是对屏幕或图片等进行缩放显示，例如，苹果自带的图片管理软件就是很好的例子。下面我们通过一个实例来演示如何通过捏合手势进行图片的缩放。实现步骤如下。

① 创建一个项目。

② 在.h 头文件中声明 UIPinchGestureRecognizer 和 UIImageView 属性。

```
#import <UIKit/UIKit.h>
@interface AmakerViewController : UIViewController
// 捏合手势属性
@property(nonatomic,strong) UIPinchGestureRecognizer *pinch;
// 图片视图属性
@property(nonatomic,strong) UIImageView *img;
@end
```

③ 在- (void)viewDidLoad 方法中实例化捏合手势和图片，将图片添加到当前视图，并为当前视图添加捏合手势。

```
- (void)viewDidLoad
{
    [super viewDidLoad];
    // 实例化捏合手势
    self.pinch = [[UIPinchGestureRecognizer alloc]initWithTarget:self action:@selector
(pinchAction:)];
    // 实例化 UIImageView
    self.img = [[UIImageView alloc]initWithImage:[UIImage imageNamed:@"test.jpg"]];
    // 将 UIImageView 添加到当前 View
    [self.view addSubview:self.img];
    // 添加捏合手势
    [self.view addGestureRecognizer:self.pinch];
}
```

④ 在捏合触发事件中，获得当前缩放比例，根据当前缩放比例对图片进行缩放。

```
-(void)pinchAction:(UIPinchGestureRecognizer*)param{
    // 获得当前捏合缩放比例
    float scale = param.scale;
    // 根据捏合缩放比例，对图片进行缩放
    self.img.transform= CGAffineTransformMakeScale(scale, scale);
}
```

⑤ 程序运行结果如图 27.2 所示。

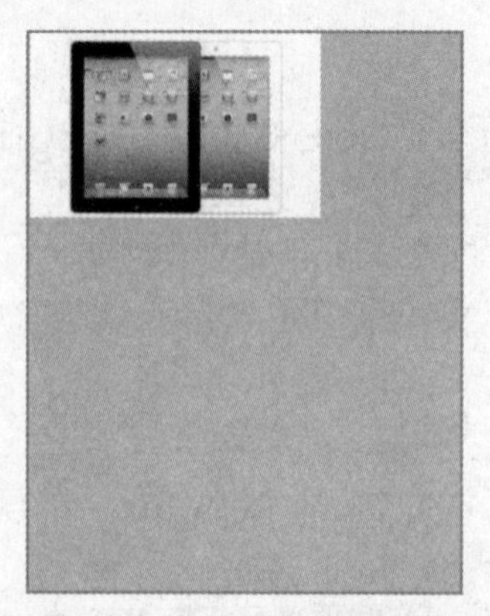

图 27.2　捏合手势处理结果

27.3 旋转手势处理 UIRotationGestureRecognizer

旋转手势可以获得当前的旋转角度，通过该角度可以对当前组件进行旋转，例如，旋转图片等。

下面的实例演示了如何通过旋转手势对图片进行旋转操作。实现步骤如下。

① 创建一个项目。

② 在.h 头文件中添加 UIRotationGestureRecognizer 和 UIImageView 属性。

```
@interface AmakerViewController : UIViewController
// 旋转手势属性
@property(nonatomic,strong)UIRotationGestureRecognizer *rotation;
// 图片属性
@property(nonatomic,strong)UIImageView *img;
@end
```

③ 在 viewDidLoad 方法中实例化 UIRotationGestureRecognizer 和 UIImageView，将 UIImageView 添加到当前 View，并为 View 添加旋转手势。

```
- (void)viewDidLoad
{
    [super viewDidLoad];
    // 实例化旋转手势
    self.rotation = [[UIRotationGestureRecognizer alloc]initWithTarget:self action:
@selector(rotationAction:)];
    // 实例化 UIImageView
    self.img = [[UIImageView alloc]initWithImage:[UIImage imageNamed:@"test2.jpg"]];
    // 为视图添加旋转手势
    [self.view addGestureRecognizer:self.rotation];
    // 将图片添加到当前视图
    [self.view addSubview:self.img];
}
```

④ 实现旋转手势触发的事件方法，获得当前旋转角度，对图片进行旋转。

```
-(void)rotationAction:(UIRotationGestureRecognizer*)param{
    // 获得旋转角度
    float r = param.rotation;
    // 对图片进行旋转
    self.img.transform =CGAffineTransformMakeRotation(r);
}
```

⑤ 程序运行结果如图 27.3 所示。

图 27.3　旋转手势处理结果

27.4 滑动手势处理 UISwipeGestureRecognizer

滑动手势的应用比较广泛，例如，电子书的翻页功能、页面控制 UIPageControl 和 UIImageView 实现图片的滑动切换等操作。下面我们就来实现一个页面控制 UIPageControl 和 UIImageView 的图片切换程序。程序实现步骤如下。

① 创建一个项目，并在项目中添加三张图片。

② 在界面上添加 UIPageControl 和 UIImageView 组件，并创建相应的属性，建立连接。

```
@interface AmakerFirstViewController : UIViewController
// 图片视图属性
@property (strong, nonatomic) IBOutlet UIImageView *image;
// 页面控制视图属性
@property (strong, nonatomic) IBOutlet UIPageControl *pageControl;
// 滑动手势属性
@property(nonatomic,strong)UISwipeGestureRecognizer *swipe;
@end
```

③ 在-(void)viewDidLoad 方法中实例化两个滑动手势，并分别指定左右滑动方向，添加到当前视图。

```
- (void)viewDidLoad
{
    [super viewDidLoad];
    // 实例化滑动手势，并指定触发方法
    self.swipe = [[UISwipeGestureRecognizer alloc]initWithTarget:self action:
@selector(swipe:)];
```

```
        // 指定滑动方向为向左
        self.swipe.direction= UISwipeGestureRecognizerDirectionLeft;
        // 为视图添加滑动手势
        [self.view addGestureRecognizer:self.swipe];
        // 重新实例化滑动手势，并指定触发方法
        self.swipe = [[UISwipeGestureRecognizer alloc]initWithTarget:self action:
@selector(swipe:)];
        // 指定滑动方向向右
        self.swipe.direction= UISwipeGestureRecognizerDirectionRight;
        // 为视图添加滑动手势
        [self.view addGestureRecognizer:self.swipe];
    }
```

④ 在滑动触发方法中，判断滑动方向，增减当前 page 数，根据 page 数改变图片，从而达到改变图片的效果。

```
    -(void)swipe:(UISwipeGestureRecognizer*)param{
        int d = param.direction;
        // 判断当前点在图片中
        CGPoint point = [param locationInView:self.view];
        // 判断手势是否在图片中
        if (CGRectContainsPoint(self.image.frame, point)){
            // 判断方向
            switch (d) {
                case UISwipeGestureRecognizerDirectionRight:
                    if (self.pageControl.currentPage>0) {
                        self.pageControl.currentPage--;
                    }
                    break;
                case UISwipeGestureRecognizerDirectionLeft:
                    if (self.pageControl.currentPage<self.pageControl.numberOfPages-1) {
                        self.pageControl.currentPage++;
                    }
                    break;
                default:
                    break;
            }

            // 根据当前页面，更改图片
            switch (self.pageControl.currentPage) {
                case 0:
                    self.image.image = [UIImage imageNamed:@"test1.jpg"] ;
                    break;
                case 1:
                    self.image.image = [UIImage imageNamed:@"test2.jpg"] ;
                    break;
                case 2:
                    self.image.image = [UIImage imageNamed:@"test3.jpg"] ;
                    break;
                default:
                    break;
            }
        }
    }
```

⑤ 程序运行结果如图 27.4 所示。

图 27.4　滑动手势处理结果

27.5 拖动手势处理 UIPanGestureRecognizer

拖动手势可以实现控件的拖曳效果，可以使用拖动手势来改变控件的 center 属性，从而改变当前控件的位置，下面程序实现了通过拖动手势移动按钮位置的功能。实现步骤如下。

① 创建一个项目，在界面上添加按钮，并添加按钮属性和拖动手势属性。

```
@interface AmakerDragViewController : UIViewController
// 按钮属性
@property (strong, nonatomic) IBOutlet UIButton *myBtn;
// 拖动手势
@property(nonatomic,strong)UIPanGestureRecognizer *pan;
@end
```

② 在 viewDidLoad 方法中实例化拖动手势，并添加到当前视图。

```
- (void)viewDidLoad
{
    [super viewDidLoad];
    // 实例化拖动手势，并指定手势触发调用方法
    self.pan = [[UIPanGestureRecognizer alloc]initWithTarget:self action:@selector
(panAction:)];
    // 为当前视图添加拖动手势
    [self.view addGestureRecognizer:self.pan];
}
```

③ 实现拖动手势触发方法，将当前触屏点设置为按钮的 center 属性。

```
-(void)panAction:(UIPanGestureRecognizer*)param{
    // 获得当前触屏点
    CGPoint point = [param locationInView:self.view];
    NSLog(@"[%f,%f]",point.x,point.y);
    // 判断当前触屏点是否在按钮上
```

```
    if (CGRectContainsPoint(self.myBtn.frame, point)) {
        // 将按钮 center 属性设置为当前点
        self.myBtn.center = point;
    }
}
```

④ 程序运行结果如图 27.5 所示。

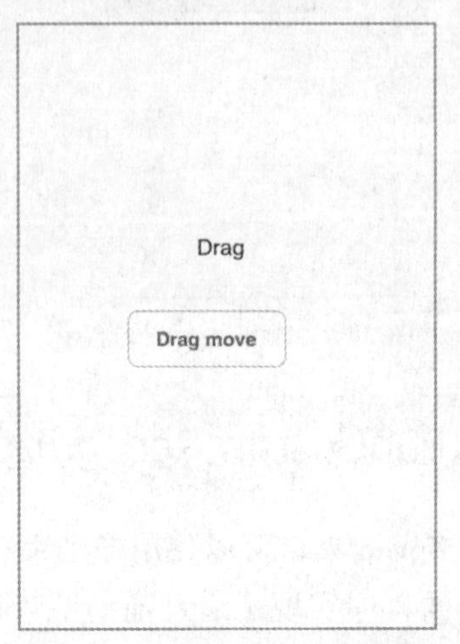

图 27.5　拖动手势处理结果

27.6 长按手势处理 UILongPressGestureRecognizer

长按手势和点击手势类似，当用户长时间按在某个控件上时将触发该手势。下面程序演示了当用户长按 UILabel 标签时，触发长按手势，从而更改 UILabel 背景。程序实现步骤如下。

① 创建一个项目，并在界面中添加 UILabel。

② 在.h 头文件中添加 UILabel 和 UILongPressGestureRecognizer 属性。

```
@interface LongPressViewController : UIViewController
// 长按手势属性
@property(nonatomic,strong)UILongPressGestureRecognizer *longPress;
// UILabel 属性
@property (strong, nonatomic) IBOutlet UILabel *myLabel;
@end
```

③ 在 viewDidLoad 方法中实例化 UILongPressGestureRecognizer，为 View 添加长按事件，并指定触发事件方法。

```
- (void)viewDidLoad
{
    [super viewDidLoad];
    // 实例化 UILongPressGestureRecognizer，并指定触发事件方法
    self.longPress = [[UILongPressGestureRecognizer alloc]initWithTarget:
```

```
selfaction:@selector(lp:)];
        // 为 View 添加长按手势
        [self.view addGestureRecognizer:self.longPress];
    }
```

④ 在触发事件方法中，改变 UILabel 背景。

```
    -(void)lp:(UILongPressGestureRecognizer*)param{
        NSLog(@"UILongPressGestureRecognizer........");
        // 改变 UILabel 背景
        self.myLabel.backgroundColor = [UIColor redColor];
    }
```

⑤ 程序运行结果如图 27.6 所示。

图 27.6　长按手势处理结果

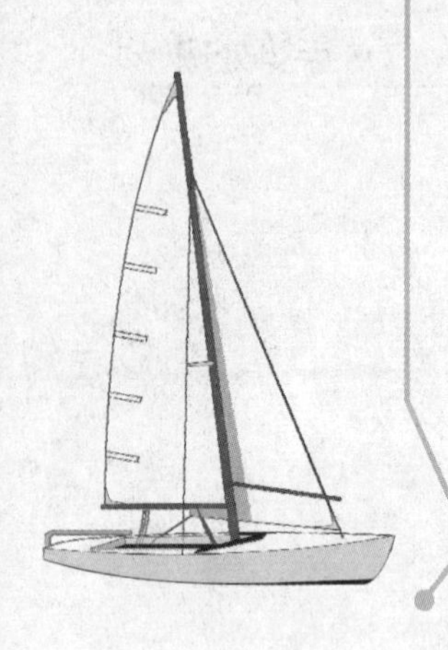

第 28 章　iOS 传感器编程

本章内容

- 传感器编程的准备工作
- 加速度传感器（Accelerometer）
- 陀螺仪传感器（Gyroscope）
- 磁力传感器（Magnetometer）
- 设备移动传感器（Device motion）
- 通过加速度传感器控制小球运动

设备传感器使我们的程序变得更加生动有趣，尤其在游戏开发中体现更加明显，例如，一些飞车类游戏可通过设备传感器来控制方向。iOS SDK 中提供了 4 种设备传感器，分别是：加速度传感器（Accelerometer）、陀螺仪传感器（Gyroscope）、磁力传感器（Magnetometer）和设备移动传感器（Device motion）。传感器编程的 API 框架是 CoreMotion.framework，使用时必须添加该框架。传感器编程的核心类是 CMMotionManager，可以调用 startXXX 和 stopXXX 方法对不同的传感器开始更新和停止更新。

如表 28.1 所示是本章将用到的核心类。

表 28.1　本章核心类一览

类 名 称	类 说 明
CMMotionManager	传感器管理类，用来启动和停止服务，以及获得当前传感器数据
CMAccelerometerData	加速度传感器数据封装类
CMAcceleration	是 CMAccelerometerData 的一个属性，类型是一个结构体，用 x、y、z 三个变量表示三个方向的重力加速度
CMMagnetometerData	磁力传感器数据封装类
CMMagneticField	是 CMMagnetometerData 的一个属性，类型是一个结构体，用 x、y、z 三个变量表示三个方向的磁力
CMGyroData	陀螺仪数据封装类

续表

类 名 称	类 说 明
CMRotationRate	是 CMGyroData 的一个属性，类型是一个结构体，用 x、y、z 三个变量表示三个方向的角速度旋转量
CMDeviceMotion	检测设备移动属性的封装类，可以测量设备的加速度、角速度和设备当前姿势等
CMAttitude	设备当前方向的测量值，分别使用 roll、pitch 和 yaw 来表示设备的旋转量、左右倾斜量和上下偏移量

28.1 传感器编程的准备工作

传感器编程的首要任务是将 CoreMotion.framework 添加到项目中，并将头文件添加到当前项目中。另外，我们需要检测当前传感器是否可利用，是否被激活。下面的案例用来检测传感器是否可利用、是否被激活。实现步骤如下。

① 创建一个项目，并将 CoreMotion.framework 添加到项目中。

② 在界面上添加一个按钮，并添加点击事件方法，声明 CMMotionManager 属性。

```
#import <UIKit/UIKit.h>
#import <CoreMotion/CoreMotion.h>
@interface AmakerViewController : UIViewController
@property(nonatomic,strong)CMMotionManager *mm;
- (IBAction)check:(id)sender;
@end
```

③ 在 viewDidLoad 方法中实例化 CMMotionManager。

```
- (void)viewDidLoad
{
    [super viewDidLoad];
  self.mm = [[CMMotionManager alloc]init];
}
```

④ 实现按钮点击事件方法。

```
- (IBAction)check:(id)sender {
    // 检测重力加速度传感器是否可利用，已经激活
    if (self.mm.isAccelerometerAvailable) {
        NSLog(@"Accelerometer Available...");
        if (self.mm.isAccelerometerActive) {
             NSLog(@"Accelerometer Active...");
        }else{
            NSLog(@"Accelerometer not Active...");
        }
    }else{
        NSLog(@"Accelerometer not Available...");
    }
    // 检测陀螺仪传感器是否可利用，已经激活
    if (self.mm.isGyroAvailable) {
```

```
        NSLog(@"Gyro Available...");
        if (self.mm.isGyroActive) {
            NSLog(@"Gyro Active...");
        }else{
             NSLog(@"Gyro not Active...");
        }
    }else{
        NSLog(@"Gyro not Available...");
    }

    // 检测磁力传感器是否可利用，已经激活
    if (self.mm.isMagnetometerAvailable) {
        NSLog(@"Magnetometer Available...");
        if (self.mm.isMagnetometerActive) {
            NSLog(@"Magnetometer Active...");
        }else{
            NSLog(@"Magnetometer not Active...");
        }
    }else{
        NSLog(@"Magnetometer not Available...");
    }

    // 检测设备移动传感器是否可利用，已经激活
    if (self.mm.isDeviceMotionAvailable) {
        NSLog(@"DeviceMotion Available...");
        if (self.mm.isDeviceMotionActive) {
            NSLog(@"DeviceMotion Active...");
        }else{
            NSLog(@"DeviceMotion not Active...");
        }
    }else{
        NSLog(@"DeviceMotion not Available...");
    }
}
```

⑤ 程序运行结果如图 28.1 所示。

```
2013-01-30 11:25:46.444 chapter28-01[1053:c07] Accelerometer not Available...
2013-01-30 11:25:46.445 chapter28-01[1053:c07] Gyro not Available...
2013-01-30 11:25:46.445 chapter28-01[1053:c07] Magnetometer not Available...
2013-01-30 11:25:46.445 chapter28-01[1053:c07] DeviceMotion not Available...
```

图 28.1　检测传感器当前状态

28.2 加速度传感器（Accelerometer）

通过加速度传感器，可以获得设备当前 x、y、z 轴三个方向的加速度坐标值。坐标系统如图 28.2 所示。

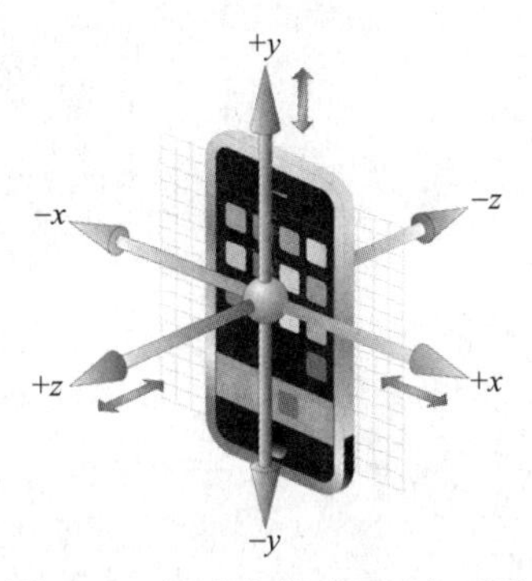

图 28.2　加速度传感器坐标系统

下面我们通过一个实例来演示加速度传感器的用法，该实例在界面上添加两个按钮，分别用于开启和停止当前传感器，一个 UILabel，用来显示三个方向上的加速度值。实现步骤如下。

① 创建一个项目，并添加 CoreMotion.framework 框架。

② 在界面上添加两个按钮和一个 UILabel 标签，为按钮创建点击事件方法，为标签添加属性，并声明 CMMotionManager 属性。

```
#import <UIKit/UIKit.h>
#import <CoreMotion/CoreMotion.h>
@interface AmakerViewController : UIViewController
// 开启方法
- (IBAction)start:(id)sender;
// 停止方法
- (IBAction)stop:(id)sender;
// 显示坐标数据的标签
@property (strong, nonatomic) IBOutlet UILabel *myData;
// 移动管理器属性
@property(strong,nonatomic) CMMotionManager *mm;
@end
```

③ 在 viewDidLoad 方法中实例化 CMMotionManager。

```
- (void)viewDidLoad
{
    [super viewDidLoad];
    // 实例化 CMMotionManager
  self.mm = [[CMMotionManager alloc]init];
}
```

④ 在开启方法中开启传感器服务，在 Block 方法中获得当前传感器数据。

```
- (IBAction)start:(id)sender {
    // 检测传感器是否可利用
    if (self.mm.isAccelerometerAvailable) {
        // 实例化操作队列
        NSOperationQueue *queue = [[NSOperationQueue alloc]init];
        // 开启传感器服务，在 Block 方法中获得当前传感器数据
```

```
        [self.mm startAccelerometerUpdatesToQueue:queue withHandler:
^(CMAccelerometerData*accelerometerData, NSError *error) {
            // 属性
            CMAcceleration data =  accelerometerData.acceleration;
            // 三个坐标值
            double x = data.x;
            double y = data.y;
            double z = data.z;
            // NSLog 打印
            NSString *str = [NSString stringWithFormat:@"[%f,%f,%f]",x,y,z];
            NSLog(@"%@",str);
            // 使用 UILabel 显示
           dispatch_async(dispatch_get_main_queue(), ^{
               self.myData.text = str;
           });
        }];
    }else{
        NSLog(@"Accelerometer not Available");
    }
}
```

⑤ 在停止方法中停止传感器。

```
- (IBAction)stop:(id)sender {
    // 停止传感器
    if (self.mm.isAccelerometerAvailable) {
        [self.mm stopAccelerometerUpdates];
    }else{
        NSLog(@"Accelerometer not Available");
    }
}
```

⑥ 程序运行结果如图 28.3 所示。

```
2013-01-31 14:43:54.922 chapter28-02[2872:1803] [0.040634,-0.151077,-0.975769]
2013-01-31 14:43:54.932 chapter28-02[2872:1803] [0.043610,-0.151093,-0.968979]
2013-01-31 14:43:54.943 chapter28-02[2872:1803] [0.047516,-0.151230,-0.977707]
2013-01-31 14:43:54.955 chapter28-02[2872:1803] [0.045532,-0.150192,-0.974792]
2013-01-31 14:43:54.966 chapter28-02[2872:1803] [0.045609,-0.153122,-0.974777]
2013-01-31 14:43:54.981 chapter28-02[2872:1803] [0.042313,-0.171326,-0.903137]
2013-01-31 14:43:54.987 chapter28-02[2872:1803] [0.047424,-0.155380,-1.021225]
2013-01-31 14:43:55.000 chapter28-02[2872:1803] [0.044495,-0.150253,-0.990280]
2013-01-31 14:43:55.010 chapter28-02[2872:1803] [0.044540,-0.150192,-0.978653]
```

图 28.3 加速度传感器数据输出结果

28.3 陀螺仪传感器（Gyroscope）

陀螺仪传感器，也称为角速度传感器，用来测量设备在 x、y、z 三个方向上的旋转角度。旋转坐标系统如图 28.4 所示。

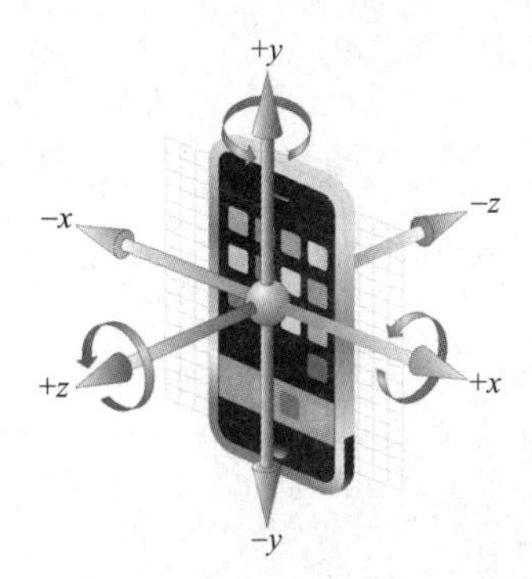

图 28.4　陀螺仪传感器坐标系统

下面我们通过一个实例来演示如何获得陀螺仪传感器的角速度数据。该实例在界面上添加两个按钮来开启和停止陀螺仪传感器，使用 NSLog 打印数据。实现步骤如下。

① 创建一个项目，并添加 CoreMotion.framework 框架。

② 在界面上添加两个按钮，并添加点击事件方法，声明 CMMotionManager 属性。

```
#import <UIKit/UIKit.h>
#import <CoreMotion/CoreMotion.h>
@interface AmakerViewController : UIViewController
// 开启方法
- (IBAction)start:(id)sender;
// 停止方法
- (IBAction)stop:(id)sender;
// 显示数据信息
@property (strong, nonatomic) IBOutlet UILabel *myLabel;
// 移动管理器属性
@property (strong,nonatomic) CMMotionManager *mm;
@end
```

③ 在 viewDidLoad 方法中实例化 CMMotionManager。

```
- (void)viewDidLoad
{
    [super viewDidLoad];
    // 实例化 CMMotionManager
    self.mm = [[CMMotionManager alloc]init];
}
```

④ 在 start 方法中开启传感器并获得数据。

```
- (IBAction)start:(id)sender {
    if (self.mm.isGyroAvailable) {
        // 开启传感器
        [self.mm startGyroUpdatesToQueue:[[NSOperationQueue alloc]init] withHandler:
^(CMGyroData*gyroData, NSError *error) {
            // 获得角速度数据
            CMRotationRate data = gyroData.rotationRate;
            double x = data.x;
            double y = data.y;
```

```
            double z = data.z;
            // 打印输出
            NSString *str = [NSString stringWithFormat:@"[%f,%f,%f]",x,y,z];
            NSLog(@"%@",str);
            // 在标签上显示
            dispatch_async(dispatch_get_main_queue(), ^{
                self.myLabel.text = str;
            });
        }];
    }
}
```

5. 在 stop 方法中停止传感器。

```
- (IBAction)stop:(id)sender {
    // 停止传感器
    if (self.mm.isGyroAvailable) {
        [self.mm stopGyroUpdates];
    }
}
```

6. 程序运行结果如图 28.5 所示。

```
2013-01-31 15:10:29.067 chapter28-03[2925:5203] [0.008748,-0.020227,-0.014613]
2013-01-31 15:10:29.086 chapter28-03[2925:1103] [0.014831,-0.016581,-0.012222]
2013-01-31 15:10:29.086 chapter28-03[2925:5203] [0.016165,-0.028529,-0.010925]
2013-01-31 15:10:29.105 chapter28-03[2925:5803] [0.016020,-0.012983,-0.011027]
2013-01-31 15:10:29.105 chapter28-03[2925:5203] [0.012362,-0.014210,-0.015898]
2013-01-31 15:10:29.124 chapter28-03[2925:1103] [0.022192,-0.018904,-0.008573]
2013-01-31 15:10:29.127 chapter28-03[2925:5203] [0.016087,-0.020153,-0.014655]
```

图 28.5　陀螺仪传感器数据输出结果

28.4 磁力传感器（Magnetometer）

磁力传感器可以检测当前设备周围磁场的强度值，磁力传感器的典型应用是指南针。下面通过一个实例来演示如何获得磁力传感器在 x、y、z 三个坐标轴方向的磁场数据。实现步骤如下。

1. 创建一个项目，并添加 CoreMotion.framework 框架。
2. 在界面上添加两个按钮和一个 UILabel 标签。
3. 在.h 文件中声明两个点击事件方法和 CMMotionManager、UILabel 属性。

```
#import <UIKit/UIKit.h>
#import <CoreMotion/CoreMotion.h>
@interface AmakerViewController : UIViewController
// 开启方法
- (IBAction)start:(id)sender;
// 停止方法
- (IBAction)stop:(id)sender;
// 移动管理器属性
@property(nonatomic,strong)CMMotionManager *mm;
```

```
// 显示当前数据信息
@property (strong, nonatomic) IBOutlet UILabel *myLabel;
@end
```

④ 在 viewDidLoad 方法中实例化 CMMotionManager。

```
- (void)viewDidLoad
{
    [super viewDidLoad];
    // 实例化 CMMotionManager
    self.mm = [[CMMotionManager alloc]init];
}
```

⑤ 在按钮的开启事件方法中开启磁力传感器，并获取数据。

```
- (IBAction)start:(id)sender {
    if (self.mm.isMagnetometerAvailable) {
        // 开启
        [self.mm startMagnetometerUpdatesToQueue:[[NSOperationQueue alloc]init]
withHandler:^(CMMagnetometerData *magnetometerData, NSError *error) {
            // 获取实时数据
            CMMagneticField data = magnetometerData.magneticField;
            double x = data.x;
            double y = data.y;
            double z = data.z;
            // 打印数据
            NSString *str = [NSString stringWithFormat:@"[%f,%f,%f]",x,y,z];
            NSLog(@"%@",str);
            // 在 UILabel 上显示数据
            dispatch_async(dispatch_get_main_queue(), ^{
                self.myLabel.text = str;
            });
        }];
    }
}
```

⑥ 在按钮的停止事件方法中停止磁力传感器。

```
- (IBAction)stop:(id)sender {
    if (self.mm.isMagnetometerAvailable) {
        [self.mm stopMagnetometerUpdates];
    }
}
```

⑦ 程序运行结果如图 28.6 所示。

```
2013-01-31 16:00:30.137 chapter28-04[2985:5d2b] [-22.049988,-51.679688,-3.574219]
2013-01-31 16:00:30.164 chapter28-04[2985:5d2b] [-23.428116,-50.990616,-3.574219]
2013-01-31 16:00:30.190 chapter28-04[2985:5d2b] [-21.360931,-52.368744,-2.859375]
2013-01-31 16:00:30.217 chapter28-04[2985:5d2b] [-21.705460,-52.713272,-2.501953]
2013-01-31 16:00:30.243 chapter28-04[2985:5d2b] [-22.049988,-53.746872,-3.574219]
2013-01-31 16:00:30.269 chapter28-04[2985:5d2b] [-21.705460,-51.335144,-2.501953]
2013-01-31 16:00:30.295 chapter28-04[2985:5d2b] [-21.705460,-52.024216,-3.931641]
```

图 28.6　磁力传感器数据输出结果

28.5 设备移动传感器（Device motion）

如果设备有加速度传感器和角速度传感器，那么通过这两个传感器可以检测当前设备的运动情况，并获得运动数据。获得设备移动数据的方法和获得其他传感器数据的方法一致，下面我们通过实例来演示如何获得移动数据。操作步骤如下。

① 创建一个项目，并添加 CoreMotion.framework 框架。

② 在界面上添加两个按钮和一个 UILabel 标签。

③ 在.h 文件中声明两个按钮的事件方法，并声明标签属性和 CMMotionManager 属性。

```
#import <UIKit/UIKit.h>
#import <CoreMotion/CoreMotion.h>
@interface AmakerViewController : UIViewController
// 开启方法
- (IBAction)start:(id)sender;
// 停止方法
- (IBAction)stop:(id)sender;
// UILabel 属性
@property (strong, nonatomic) IBOutlet UILabel *myLabel;
// CMMotionManager 属性
@property(strong,nonatomic) CMMotionManager *mm;
@end
```

④ 在 viewDidLoad 方法中实例化 CMMotionManager。

```
- (void)viewDidLoad
{
    [super viewDidLoad];
    // 实例化 CMMotionManager
    self.mm = [[CMMotionManager alloc]init];
    // 更新频率
    self.mm.deviceMotionUpdateInterval= 1;
}
```

⑤ 在按钮的开启事件方法中开启传感器，并获得数据。

```
- (IBAction)start:(id)sender {
    if (self.mm.isDeviceMotionAvailable) {
        // 开启
        [self.mm startDeviceMotionUpdatesToQueue:[[NSOperationQueue alloc]init]
withHandler:^(CMDeviceMotion *motion, NSError *error) {
            // 获得数据
            CMAttitude *attr = motion.attitude;
            double roll = attr.roll;
            double pitch = attr.pitch;
            double raw = attr.yaw;
            // 打印数据
            NSString *str = [NSString stringWithFormat:@"[%f,%f,%f]",roll,pitch,raw];
            NSLog(@"str = %@",str);
```

```
            // 显示数据
            dispatch_async(dispatch_get_main_queue(), ^{
                self.myLabel.text = str;
            });
        }];
    }
}
```

⑥ 在按钮的停止事件方法中停止传感器。

```
- (IBAction)stop:(id)sender {
    if (self.mm.isDeviceMotionAvailable) {
        [self.mm stopDeviceMotionUpdates];
    }
}
```

⑦ 程序运行结果如图 28.7 所示。

```
2013-01-31 17:17:54.582 chapter28-05[3155:1803] str = [0.000052,0.000150,0.000086]
2013-01-31 17:17:55.573 chapter28-05[3155:1803] str = [-0.073057,0.514609,-0.110985]
2013-01-31 17:17:56.580 chapter28-05[3155:1803] str = [0.058184,0.283455,-0.018946]
2013-01-31 17:17:57.573 chapter28-05[3155:1803] str = [0.089657,0.093621,0.016863]
2013-01-31 17:17:58.566 chapter28-05[3155:1803] str = [-0.029775,0.135410,-0.071695]
2013-01-31 17:17:59.574 chapter28-05[3155:1803] str = [-0.031080,0.010040,-0.214080]
2013-01-31 17:18:00.567 chapter28-05[3155:1803] str = [-0.026803,0.013655,-0.196583]
2013-01-31 17:18:01.561 chapter28-05[3155:1803] str = [-0.024718,0.012146,-0.195808]
2013-01-31 17:18:02.567 chapter28-05[3155:1803] str = [-0.024957,0.012438,-0.194989]
2013-01-31 17:18:03.560 chapter28-05[3155:1803] str = [-0.024806,0.012123,-0.194304]
2013-01-31 17:18:04.553 chapter28-05[3155:1803] str = [-0.024534,0.012419,-0.193280]
```

图 28.7　设备移动传感器数据输出结果

28.6 通过加速度传感器控制小球运动

本节通过加速度传感器控制小球运动的游戏模型。该案例首先获得加速度传感器 *x*、*y* 坐标值，然后通过该值动态改变小球图片的 frame 属性的 *x*、*y* 坐标。实现步骤如下。

① 创建一个项目，并添加 CoreMotion.framework 框架。

② 在界面上添加 UIImageView 和 UIButton。

③ 在.h 文件中添加按钮点击事件方法、图片属性和 CMMotionManager 属性。

```
#import <CoreMotion/CoreMotion.h>
@interface AmakerViewController : UIViewController
// CMMotionManager 属性
@property(nonatomic,strong)CMMotionManager *mm;
// 图片属性
@property (strong, nonatomic) IBOutlet UIImageView *img;
// 点击方法
- (IBAction)start:(id)sender;
@end
```

④ 在 viewDidLoad 方法中实例化 CMMotionManager。

```
- (void)viewDidLoad
{
```

```
    [super viewDidLoad];
    self.mm = [[CMMotionManager alloc]init];
    //self.mm.accelerometerUpdateInterval=0.2;
}
```

⑤ 在按钮点击事件方法中开启加速度传感器，异步获取数据，并更新图片的 frame 属性。

```
- (IBAction)start:(id)sender {
    // 开启加速度传感器，异步获取数据
    [self.mm startAccelerometerUpdatesToQueue:[[NSOperationQueue alloc] init]
withHandler:^(CMAccelerometerData *accelerometerData, NSError *error) {
        dispatch_sync(dispatch_get_main_queue(), ^(void) {
            // 获得当前图片的 frame 属性
            CGRect imgFrame = self.img.frame;
            // 将当前传感器 x 属性赋值给图片 x
            imgFrame.origin.x += accelerometerData.acceleration.x;
            // 判断图片 x 是否越界
            if(!CGRectContainsRect(self.view.bounds, imgFrame))
                // 如果 x 越界，不变
                imgFrame.origin.x = self.img.frame.origin.x;
            // 将当前传感器 y 属性赋值给图片 y
            imgFrame.origin.y -= accelerometerData.acceleration.y;
            // 判断图片 y 是否越界
            if(!CGRectContainsRect(self.view.bounds, imgFrame))
                // 如果 y 越界，不变
                imgFrame.origin.y = self.img.frame.origin.y;
            // 更改 frame 属性
            self.img.frame = imgFrame;
        });
    }];
}
```

⑥ 程序运行结果如图 28.8 所示。

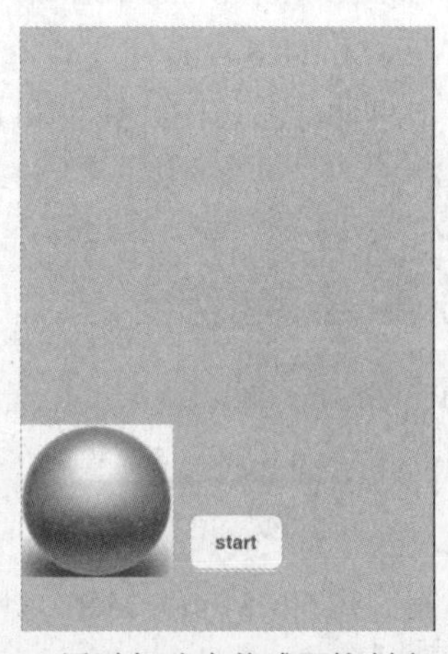

图 28.8　通过加速度传感器控制小球运动

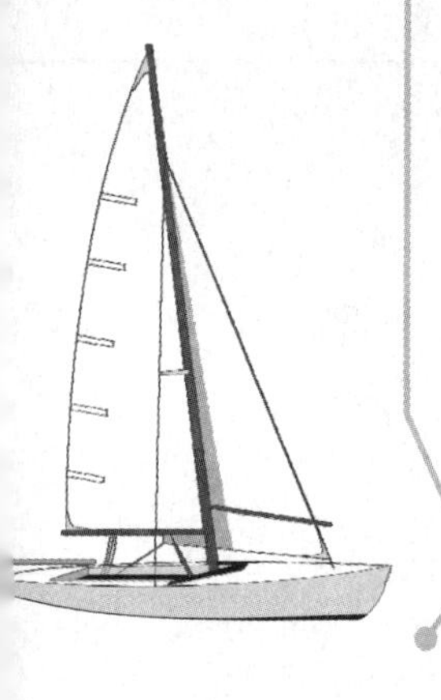

第 29 章　AddressBook 联系人管理

本章内容

- 概述
- 读取所有联系人
- 添加联系人

29.1 概述

苹果提供了读写联系人数据库的接口，这可以通过 AddressBook.framework 框架中的 API 来实现。可以通过 API 来查询联系人及其联系人的属性，可以对联系人进行分组，还可以添加联系人，以及设置联系人头像等。

在使用 AddressBook.framework 框架时，首先需要将该框架添加到项目中，并且在头文件中导入#import <AddressBook/AddressBook.h>。添加 AddressBook.framework 的步骤如下。

① 创建一个项目。

② 选择项目名称右边的“TARGETS”。

③ 在“Build Phases”选项中选择“Link Binary With Libraries”。

④ 点击“+”号将 AddressBook.framework 框架添加到项目中，如图 29.1 所示。

另外，联系人不是随便可以访问的，只有获得所有者的允许才能访问，为此，需要检测所有者是否允许用户访问。这里我们使用 ABAddressBookGetAuthorizationStatus()函数来判断，该函数返回一个 int 类型值，根据返回值可以判断结果。返回的结果定义为如下常量。

```
typedef CF_ENUM(CFIndex, ABAuthorizationStatus) {
kABAuthorizationStatusNotDetermined = 0,
kABAuthorizationStatusRestricted,
kABAuthorizationStatusDenied,
kABAuthorizationStatusAuthorized
};
```

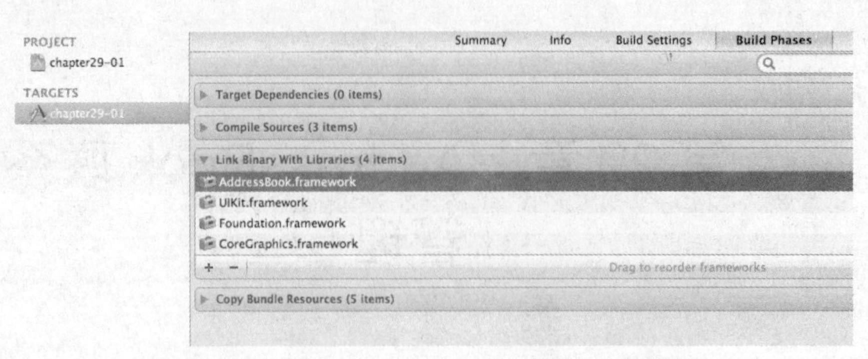

图 29.1　将 AddressBook.framework 框架添加到项目中

这些常量分别表示：没有授权、访问受限、拒绝访问和允许访问。下面通过一个案例来演示如何检测所有者的访问权限，步骤如下。

① 创建一个项目，将 AddressBook.framework 添加到项目中。

② 导入 AddressBook.h，并在界面上添加一个按钮，并添加单击事件方法。

```
#import <UIKit/UIKit.h>
// 导入头文件
#import <AddressBook/AddressBook.h>
@interface AmakerViewController : UIViewController
// 检测方法
- (IBAction)check:(id)sender;
@end
```

③ 实现检测方法，根据 ABAddressBookGetAuthorizationStatus()函数的返回值判断结果，并使用 UIAlertView 提示用户。

```
// 显示检测结果信息
-(void)showMsg:(NSString*)msg{
    UIAlertView *alert = [[UIAlertView alloc]initWithTitle:nil message:msg
delegate:nil cancelButtonTitle:@"Cancel" otherButtonTitles:nil, nil];
    [alert show];
}

// 检查是否允许访问联系人
- (IBAction)check:(id)sender {
    // 获得授权状态值
    int result = ABAddressBookGetAuthorizationStatus();
    // 判断
    switch (result) {
        case kABAuthorizationStatusAuthorized:
            [self showMsg:@"可以访问"];
            break;
        case kABAuthorizationStatusRestricted:
            [self showMsg:@"访问受限"];
            break;
        case kABAuthorizationStatusDenied:
            [self showMsg:@"拒绝访问"];
```

```
            break;
        case kABAuthorizationStatusNotDetermined:
            addressBook = ABAddressBookCreateWithOptions(NULL, nil);
            ABAddressBookRequestAccessWithCompletion
            (addressBook, ^(bool granted, CFErrorRef error) {
                if (granted){
                    NSLog(@"允许访问");
                } else {
                    NSLog(@"拒绝访问");
                }
                if (addressBook != NULL){
                    CFRelease(addressBook);
                }
            });
            break;
    }
}
```

④ 程序运行结果如图 29.2 所示。

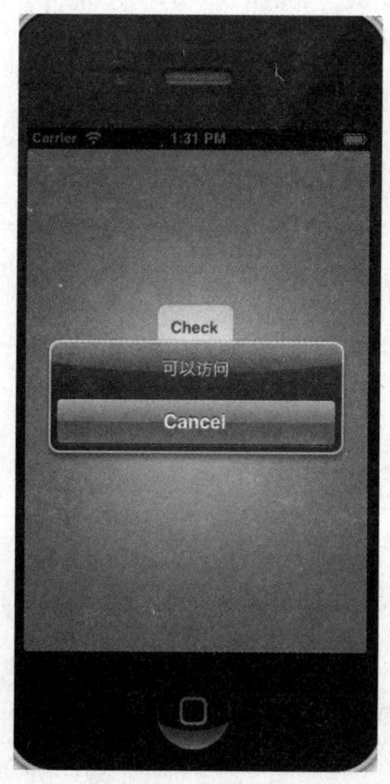

图 29.2　检测结果

29.2 读取所有联系人

读取所有联系人时，首先要判断用户是否允许访问联系人。如果允许，则使用 ABAddressBookRef ABAddressBookCreateWithOptions(CFDictionaryRef options,CFErrorRef* error);方法创建 ABAddressBookRef 对象引用，再调用 ABAddressBookCopyArrayOfAll People (ABAddressBookRef addressBook);方法获得联系人数组，并进行遍历。实现步骤如下。

1 创建一个项目，导入 AddressBook.framework 框架。

2 在界面上添加一个按钮，并添加点击事件方法。

```
#import <UIKit/UIKit.h>
// 导入头文件
#import <AddressBook/AddressBook.h>
@interface AmakerViewController : UIViewController
// 获得所有联系人方法
- (IBAction)get:(id)sender;
@end
```

3 添加一个 read 方法，在该方法中实现读取所有联系人。

① 通过 ABAddressBookCopyArrayOfAllPeople()函数获得所有联系人数组。

② 遍历数组获得 ABRecordRef 联系人记录引用对象。

③ 通过 ABRecordCopyValue()函数获得联系人属性。系统定义了大量联系人属性常量，通过这些常量可以访问属性。

```
// Property keys
AB_EXTERN const ABPropertyID kABPersonFirstNameProperty; // First name - kABStringPropertyType
AB_EXTERN const ABPropertyID kABPersonLastNameProperty; // Last name - kABStringPropertyType
AB_EXTERN const ABPropertyID kABPersonMiddleNameProperty; // Middle name - kABStringPropertyType
AB_EXTERN const ABPropertyID kABPersonPrefixProperty; // Prefix ("Sir" "Duke" "General") - kABStringPropertyType
AB_EXTERN const ABPropertyID kABPersonSuffixProperty; // Suffix ("Jr." "Sr." "III") - kABStringPropertyType
AB_EXTERN const ABPropertyID kABPersonNicknameProperty; // Nickname - kABStringPropertyType
AB_EXTERN const ABPropertyID kABPersonFirstNamePhoneticProperty; // First name Phonetic - kABStringPropertyType
AB_EXTERN const ABPropertyID kABPersonLastNamePhoneticProperty; // Last name Phonetic - kABStringPropertyType
AB_EXTERN const ABPropertyID kABPersonMiddleNamePhoneticProperty; // Middle name Phonetic - kABStringPropertyType
AB_EXTERN const ABPropertyID kABPersonOrganizationProperty; // Company name - kABStringPropertyType
AB_EXTERN const ABPropertyID kABPersonJobTitleProperty; // Job Title - kABStringPropertyType
AB_EXTERN const ABPropertyID kABPersonDepartmentProperty; // Department name - kABStringPropertyType
AB_EXTERN const ABPropertyID kABPersonEmailProperty; // Email(s) - kABMultiStringPropertyType
AB_EXTERN const ABPropertyID kABPersonBirthdayProperty; // Birthday associated with this person - kABDateTimePropertyType
AB_EXTERN const ABPropertyID kABPersonNoteProperty; // Note - kABStringPropertyType
```

```
    AB_EXTERN const ABPropertyID kABPersonCreationDateProperty; // Creation Date (when
first saved)
    AB_EXTERN const ABPropertyID kABPersonModificationDateProperty;   // Last saved date
```

④ 多值属性的返回值类型是 ABMultiValueRef，例如，联系电话，这还需要循环遍历。

```
    - (void) read:(ABAddressBookRef)ab{
        // 获得所有联系人
        NSArray *peoples = (__bridge_transfer NSArray *)
        ABAddressBookCopyArrayOfAllPeople(ab);
        // 遍历
        NSUInteger i = 0;
        for (i = 0;i < [peoples count];i++){
            // 获得联系人信息
            ABRecordRef per = (__bridge ABRecordRef)[peoples objectAtIndex:i];
            // 获得 lastname
            NSString *lastName = (__bridge_transfer NSString *)ABRecordCopyValue(per,
kABPersonLastNameProperty);
            // 输出 lastname
            NSLog(@"Name = %@", lastName);
            // 获得电话号码，因为电话号码有多个，所以返回 ABMultiValueRef
            ABMultiValueRef phone = ABRecordCopyValue(per, kABPersonPhoneProperty);

            // 遍历电话号码
            NSUInteger j = 0;
            for (j = 0;j < ABMultiValueGetCount(phone);j++){
                // 获得电话号码标签，例如：手机、办公电话等
                NSString *phoneLabel = (__bridge_transfer NSString *)
                ABMultiValueCopyLabelAtIndex(phone, j);
                // 获得电话号码
                NSString *phoneNumber = (__bridge_transfer NSString *)
                ABMultiValueCopyValueAtIndex(phone, j);
                // 输出电话标签和号码
                NSLog(@"Label = %@, phoneNumber = %@",phoneLabel,phoneNumber);
            }
        }
    }
```

④ 定义 check 检测方法，如果用户允许访问联系人，则调用 read 方法读取联系人信息。

```
    // 检查是否允许访问联系人
    - (void)check{
        // 获得授权状态值
        int result = ABAddressBookGetAuthorizationStatus();
        // 判断
        switch (result) {
            case kABAuthorizationStatusAuthorized:
                // 创建 ABAddressBookRef 引用
                addressBook = ABAddressBookCreateWithOptions(NULL, nil);
                // 读取所有联系人
                [self read:addressBook];
```

```
            break;
        case kABAuthorizationStatusRestricted:
            [self showMsg:@"访问受限"];
            break;
        case kABAuthorizationStatusDenied:
            [self showMsg:@"拒绝访问"];
            break;
            // 授权
        case kABAuthorizationStatusNotDetermined:
            // 创建 ABAddressBookRef 引用
            addressBook = ABAddressBookCreateWithOptions(NULL, nil);
            ABAddressBookRequestAccessWithCompletion
            (addressBook, ^(bool granted, CFErrorRef error) {
                if (granted){
                    // 如果允许访问，则读取所有联系人
                    [self read:addressBook];
                } else {
                    NSLog(@"拒绝访问");
                }
                if (addressBook != NULL){
                    CFRelease(addressBook);
                }
            });
            break;
    }
}
```

⑤ 程序运行结果如图 29.3 所示。

图 29.3 读取所有联系人

29.3 添加联系人

添加联系人，首先使用 ABPersonCreate()函数创建一个记录引用对象 ABRecordRef，然后使用 ABRecordSetValue()函数为属性赋值。如果是多值属性，还需要使用 ABMultiValueCreateMutable()函数创建多值引用对象 ABMutableMultiValueRef，然后使用 ABAddressBookAddRecord()函数添加一条记录，并使用 ABAddressBookSave()函数保存更改。实现步骤如下。

① 创建一个项目，添加 AddressBook.framework 框架。

② 在界面上添加一个按钮，并且添加点击事件方法。

```
#import <UIKit/UIKit.h>
// 导入头文件
#import <AddressBook/AddressBook.h>
@interface AmakerViewController : UIViewController
// 添加方法
- (IBAction)create:(id)sender;
@end
```

③ 添加一个 createNewPeople 方法，添加新的联系人。

```
// 添加一个新的联系人
- (ABRecordRef) createNewPeople:(NSString *)name
                    phoneNumber:(NSString *)phoneNumber
                    inAddressBook:(ABAddressBookRef)paramAddressBook{

    ABRecordRef result = NULL;
    // 创建一个 Person 记录
    result = ABPersonCreate();

    BOOL couldSetName = NO;
    BOOL couldSetPhone = NO;
    // 设置 lastname 值
    couldSetName = ABRecordSetValue(result,
                                kABPersonLastNameProperty,
                                (__bridge CFTypeRef)name,
                                NULL);
    // 设置电话号码

    ABMutableMultiValueRef multiPhone = ABMultiValueCreateMutable
(kABMultiStringPropertyType);

     couldSetPhone = ABMultiValueAddValueAndLabel(multiPhone, (__bridge CFTypeRef)
(phoneNumber), kABPersonPhoneMobileLabel, NULL);

    ABRecordSetValue(result, kABPersonPhoneProperty, multiPhone,nil);

    // 添加新记录
```

```
    BOOL couldAddPerson = ABAddressBookAddRecord(paramAddressBook,result,nil);

    if (couldAddPerson){
        NSLog(@"添加成功！");
    } else {
        NSLog(@"添加失败！");
        CFRelease(result);
        result = NULL;
        return result;
    }

    // 判断是否有未保存内容
    if (ABAddressBookHasUnsavedChanges(paramAddressBook)){
        CFErrorRef couldSaveAddressBookError = NULL;
        // 保存更新
        BOOL couldSaveAddressBook = ABAddressBookSave(paramAddressBook,
                                        &couldSaveAddressBookError);
        if (couldSaveAddressBook){
            NSLog(@"保存成功！");
        } else {
            NSLog(@"保存失败！");
        }
    }

    return result;
}
```

④ 添加一个检测方法 check，如果用户允许访问联系人，则调用 createNewPeople 方法添加联系人。

```
// 检查是否允许访问联系人
- (void)check{
    // 获得授权状态值
    int result = ABAddressBookGetAuthorizationStatus();
    // 判断
    switch (result) {
        case kABAuthorizationStatusAuthorized:
            // 创建 ABAddressBookRef 引用
            addressBook = ABAddressBookCreateWithOptions(NULL, nil);
            // 读取所有联系人
            [self createNewPeople:@"Tom" phoneNumber:@"13800" inAddressBook:
addressBook];
            break;
        case kABAuthorizationStatusRestricted:
            [self showMsg:@"访问受限"];
            break;
        case kABAuthorizationStatusDenied:
            [self showMsg:@"拒绝访问"];
            break;
            // 授权
        case kABAuthorizationStatusNotDetermined:
            // 创建 ABAddressBookRef 引用
```

```
            addressBook = ABAddressBookCreateWithOptions(NULL, nil);
            ABAddressBookRequestAccessWithCompletion
            (addressBook, ^(bool granted, CFErrorRef error) {
                if (granted){
                    // 如果允许访问，则读取所有联系人
                    [self createNewPeople:@"Tom" phoneNumber:@"13800" inAddressBook:
addressBook];
                } else {
                    NSLog(@"拒绝访问");
                }
            });
            break;
        }
    }
```

⑤ 程序运行结果如图 29.4 所示。

图 29.4　添加联系人

应 用 篇

第 30 章 在 App Store 掘金

本章内容

- 注册开发者账号
- 申请成为开发者
- 证书申请
- 真机调试
- 应用提交

30.1 注册开发者账号

苹果公司的开发资源网站是 https://developer.apple.com/，在这里可以下载 Xcode 开发环境和 SDK，并且可以获得文本和视频的帮助文档，还可以注册开发者账号，获得证书等。

苹果开发者账号分为个人（individual）、公司（company）和企业（enterprise）三种类型。个人账号只能有一个开发者，公司账号允许多个开发者协作开发，企业账号其 App 只能给内部员工使用，无法对外公开。所以，在通常情况下，大家都是选择个人或者公司账号。

下面介绍个人账号的申请流程。

① 在线注册 Apple ID。要想成为苹果开发者，必须注册一个苹果账号，也就是 Apple ID。首先登录到苹果开发网站 https://developer.apple.com/，然后单击“iOS Dev Center”，如图 30.1 所示。

② 在下一个页面中单击“Register”，如图 30.2 所示。

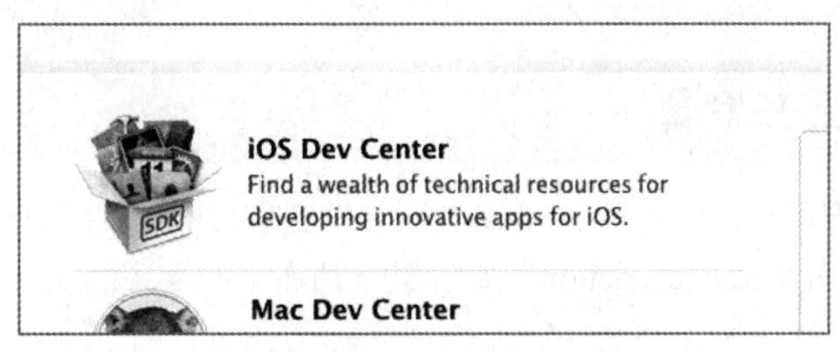

图 30.1　注册苹果账号——单击“iOS Dev Center”

图 30.2　注册苹果账号——单击“Register”

③ 在下一个页面中单击“Create Apple ID”按钮进行注册，如图 30.3 所示。

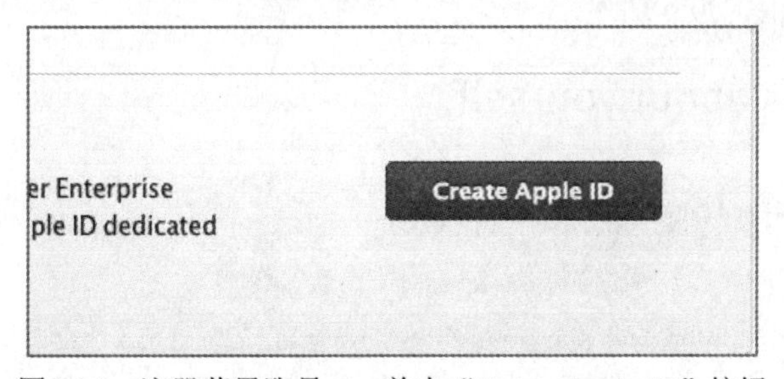

图 30.3　注册苹果账号——单击“Create Apple ID”按钮

④ 在注册页面中填写个人信息，如图 30.4 所示。

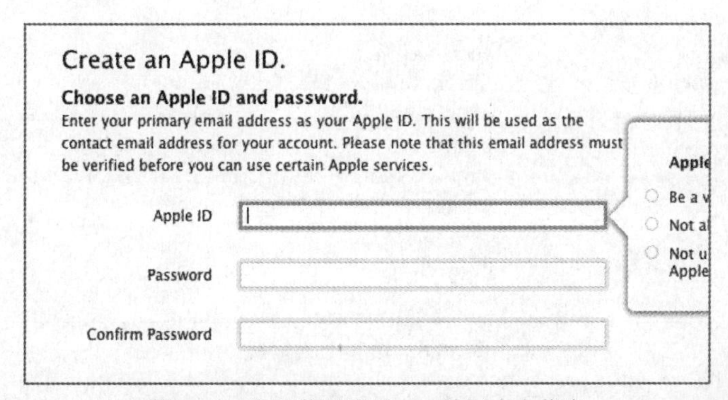

图 30.4　注册苹果账号——填写个人信息

正确填写个人信息后，会收到一封邮件，打开邮件确认后， 即可注册成功。

30.2 申请成为开发者

① 用我们注册的苹果账号登录，会跳转到开发者信息确认页面 https://developer.apple.com/register/developerAgreement.action，如图 30.5 所示。

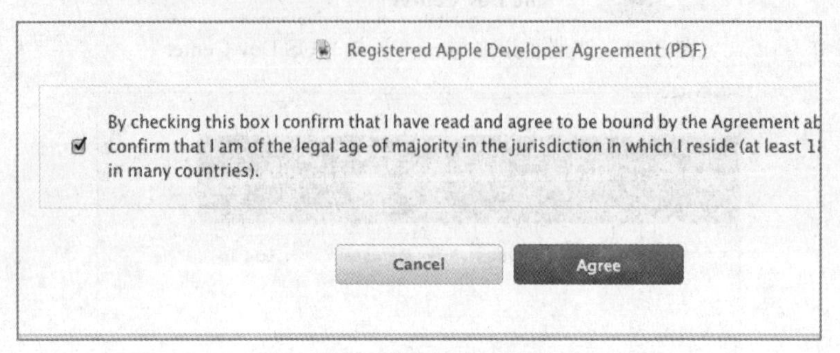

图 30.5 开发者信息确认页面

② 勾选复选框，单击“Agree”按钮，在下一个页面中填写一些要开发的软件平台及个人技能等信息，如图 30.6 所示。

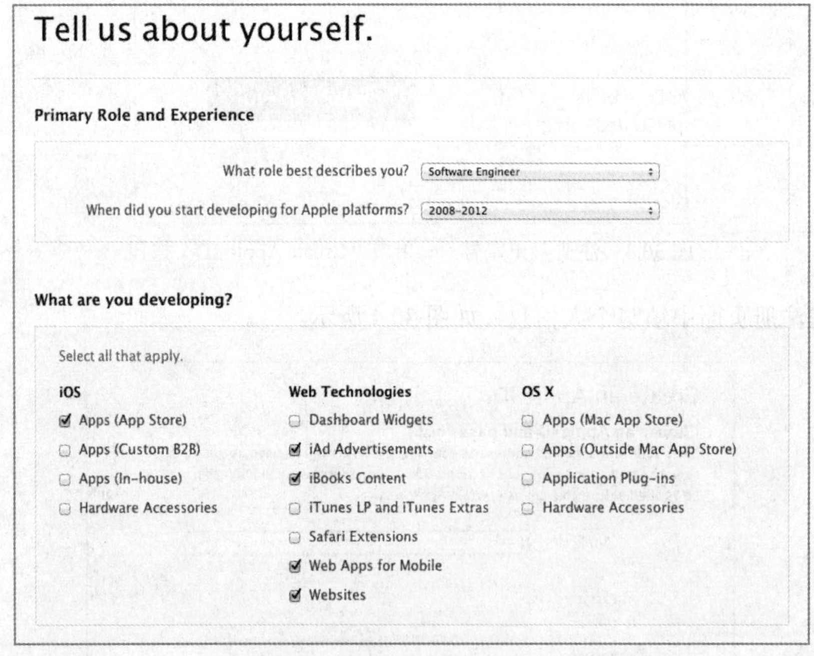

图 30.6 填写个人情况

③ 单击“Register”按钮，跳转到 iOS 开发中心，在这里我们可以下载 Xcode 开发环境，还有一些视频和帮助文档。在右边单击“Join the iOS Developer Program”链接，跳转

到付费开发页面，如图 30.7 所示。

图 30.7　付费开发页面

④ 单击“Enroll Now”按钮，跳转到开发者注册页面，如图 30.8 所示。

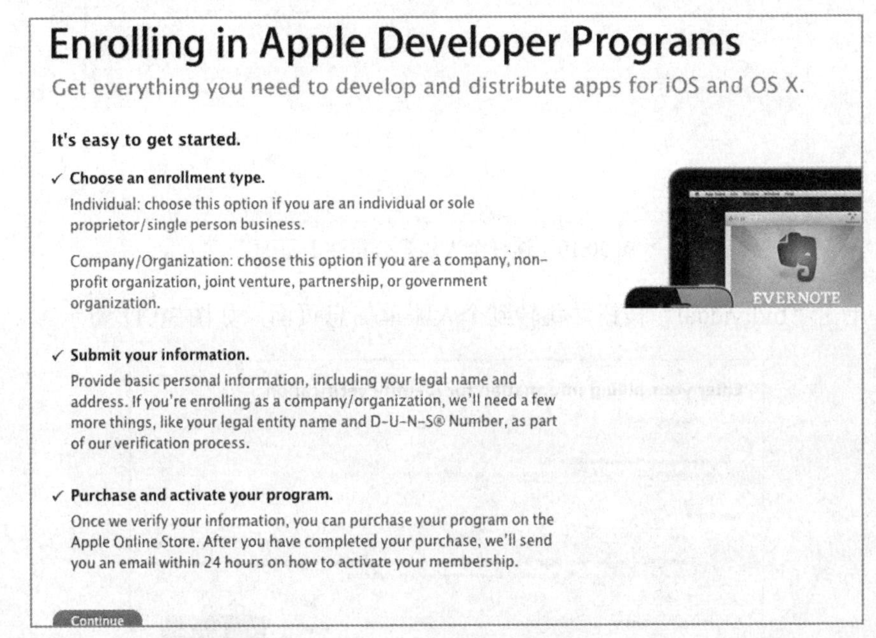

图 30.8　开发者注册页面

⑤ 单击“Continue”按钮，跳转到使用现有的 Apple ID 登录还是创建一个新的 Apple ID 页面，这里我们选择使用现有的 Apple ID 登录，如图 30.9 所示。

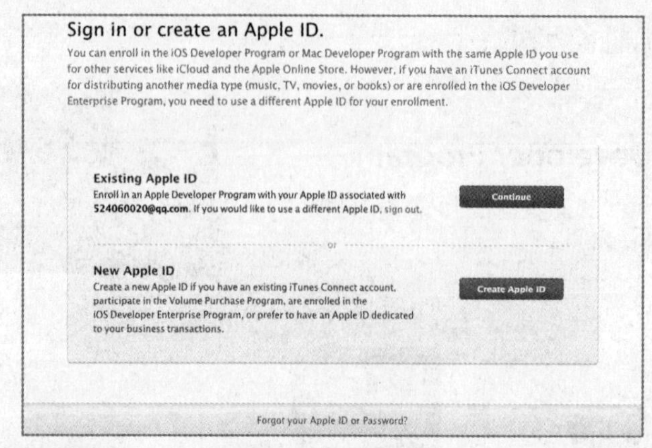

图 30.9　选择使用现有的 Apple ID 登录还是创建一个新的 Apple ID 页面

⑥ 选择个人还是公司注册，页面如图 30.10 所示。

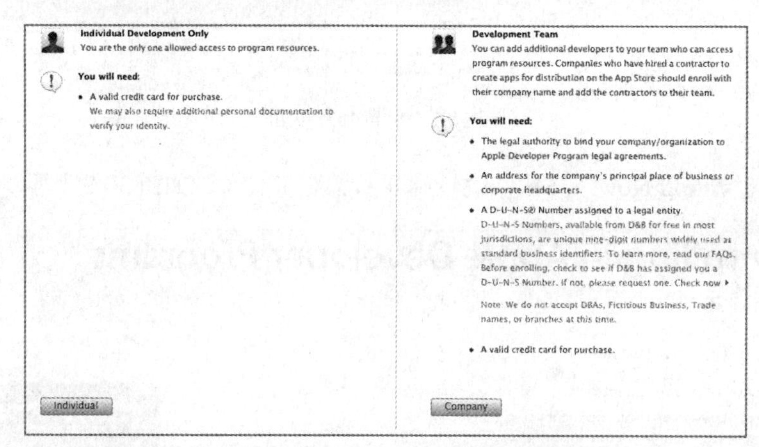

图 30.10　选择个人还是公司注册页面

⑦ 单击“Individual”按钮，跳转到个人账单信息页面，如图 30.11 所示。

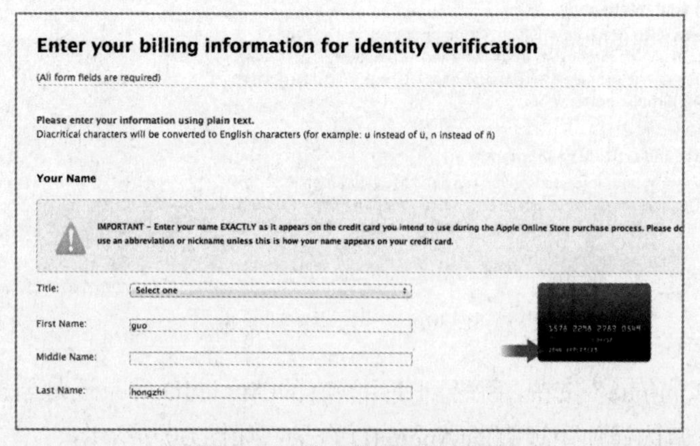

图 30.11　个人账单信息页面

⑧ 信息填写完整后，单击“Continue”按钮，跳转到选择开发程序页面，如图 30.12 所示。

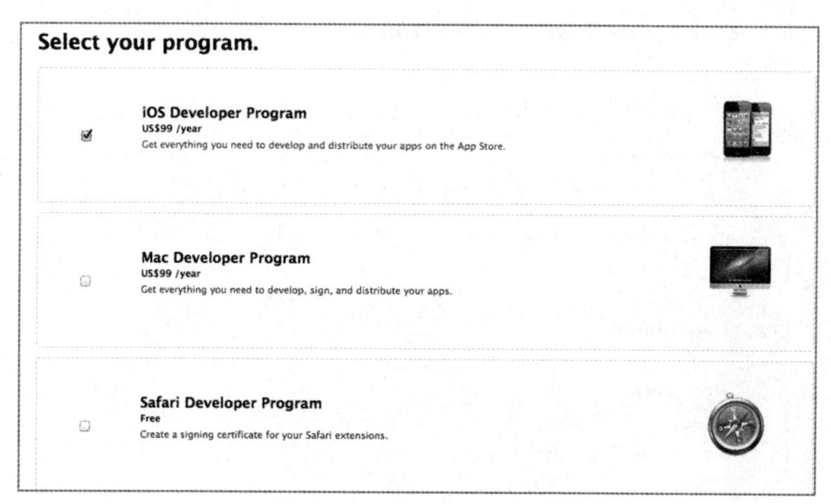

图 30.12　选择开发程序页面

⑨ 单击“Continue”按钮，跳转到信息预览页面，如图 30.13 所示。

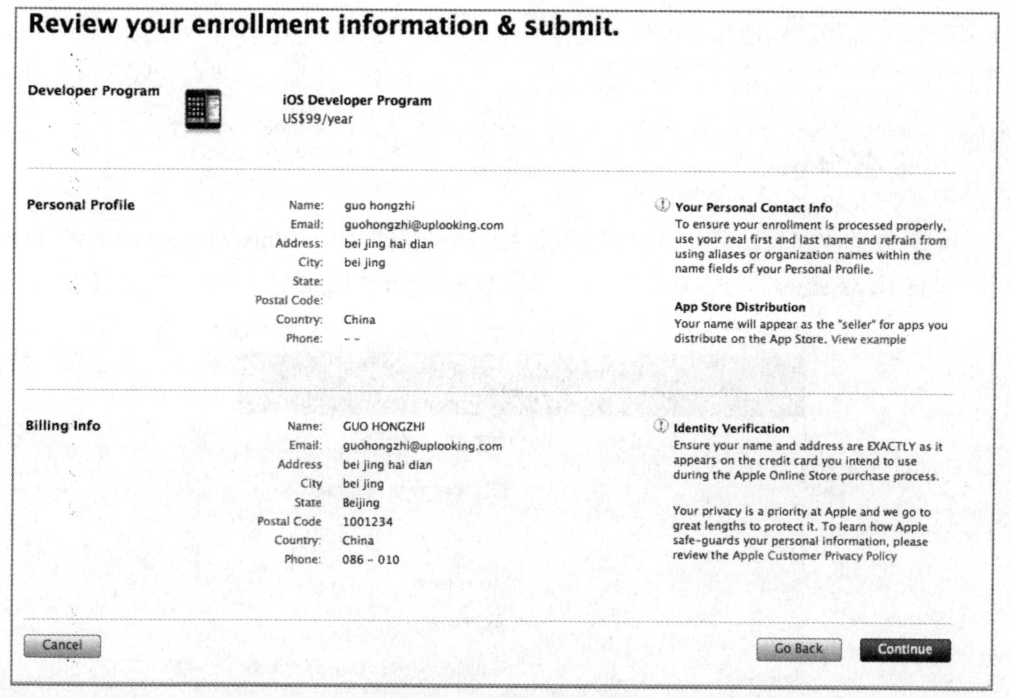

图 30.13　信息预览页面

⑩ 单击“Continue”按钮，进入到程序许可页面，勾选复选框，单击“Agree”按钮

进入付款页面，如图 30.14 所示。

Enter your payment information.

Purchase items

iOS Developer Program $99.00
Membership for one year.

Your order will be charged in U.S. dollars Edit items **Order Total:** $99.00

Payment Information

Credit Card
Enter the number, cardholder's name, and expiration date for your credit card. We accept Visa, Mastercard, Discover, and American Express.

Type: Select one
Number:
Cardholder's Name:
Expires:

图 30.14 付款页面

⑪ 输入你的国际信用卡信息，支付所需金额。信息输入完整后，跳转到激活页面，在里需要打印该页面，并填写信息传真到苹果公司，如果审核通过，我们会收到邮件通知。

30.3 证书申请

① 开发者申请成功后，用我们的注册账号登录开发中心 https://developer.apple.com/。选择“iOS Dev Center”，在右侧有一个“iOS Developer Program”区块，如图 30.15 所示。

图 30.15 开发中心

② 在该区块中选择“Certificates, Identifiers & Profiles”，进行证书、ID 和 Profile 的配置，如图 30.16 所示。

图 30.16　配置证书 ID 和 Profile

③ 单击“iOS Certificates”链接，并单击右侧的“+”按钮，可以添加一个新证书，如图 30.17 所示。

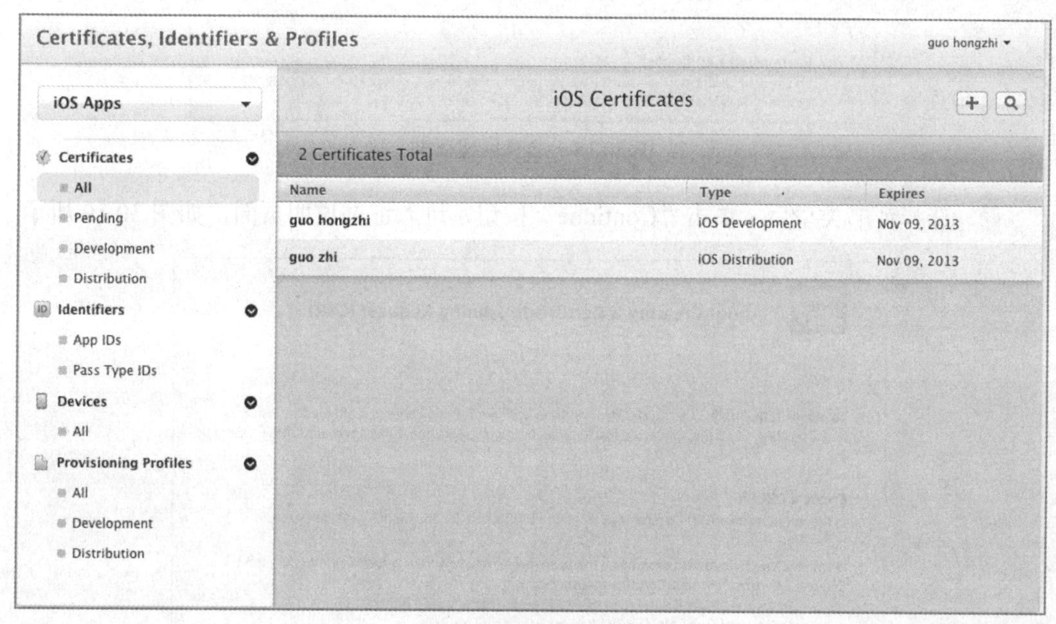

图 30.17　添加新证书

④ 证书分为开发证书和发布证书，如果只是用来开发测试，则创建开发证书；如果应用要发布到 App Store，则需要创建发布证书。单击“+”按钮来创建一个新证书，如图 30.18 所示。

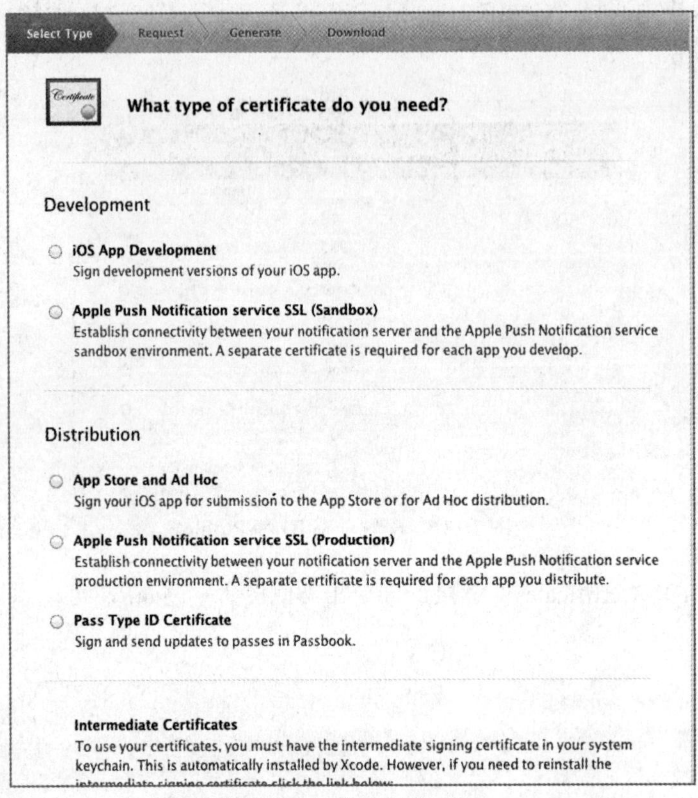

图 30.18　选择创建证书

⑤ 选择证书类型后，单击“Continue”按钮，进入证书说明页面，如图 30.19 所示。

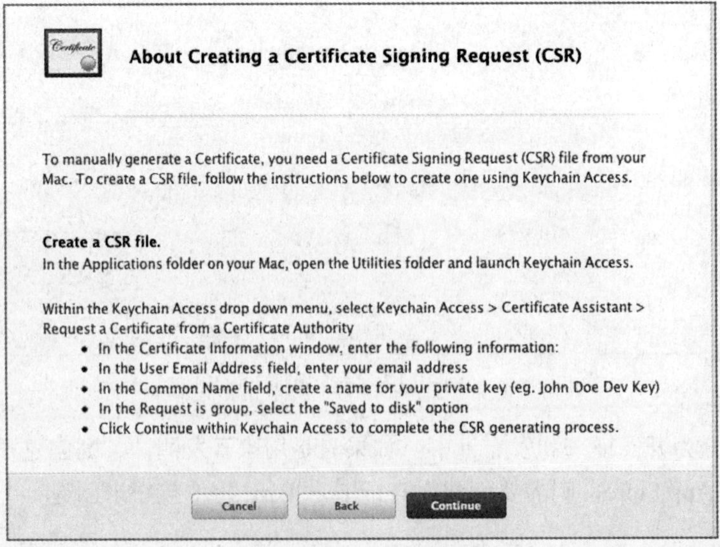

图 30.19　证书说明页面

⑥ 单击“Continue”按钮，进入创建证书页面，如图 30.20 所示。

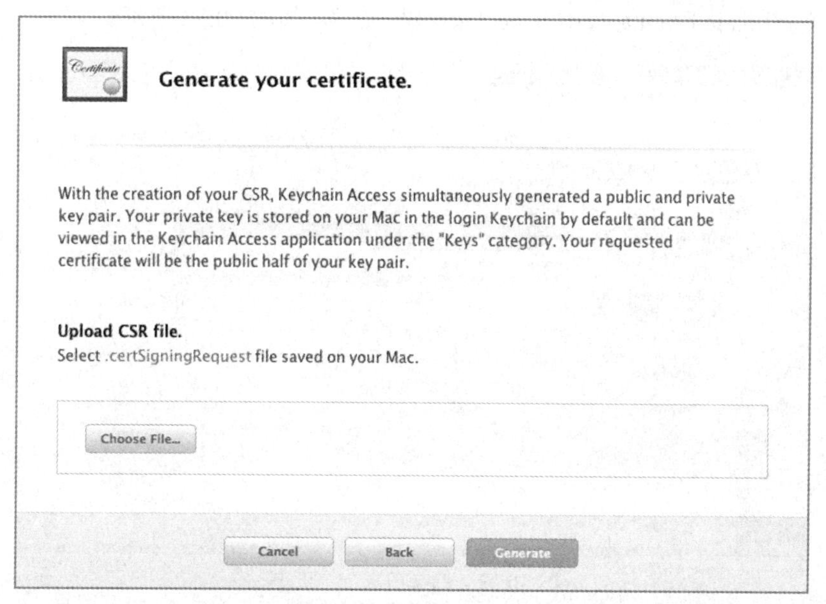

图 30.20　创建证书页面

在这里，我们需要在 Mac 电脑中请求一个证书，操作如下。

① 打开“Applications”，在“Utilities”文件夹中选择“Keychain Access”，打开该应用程序，如图 30.21 所示。

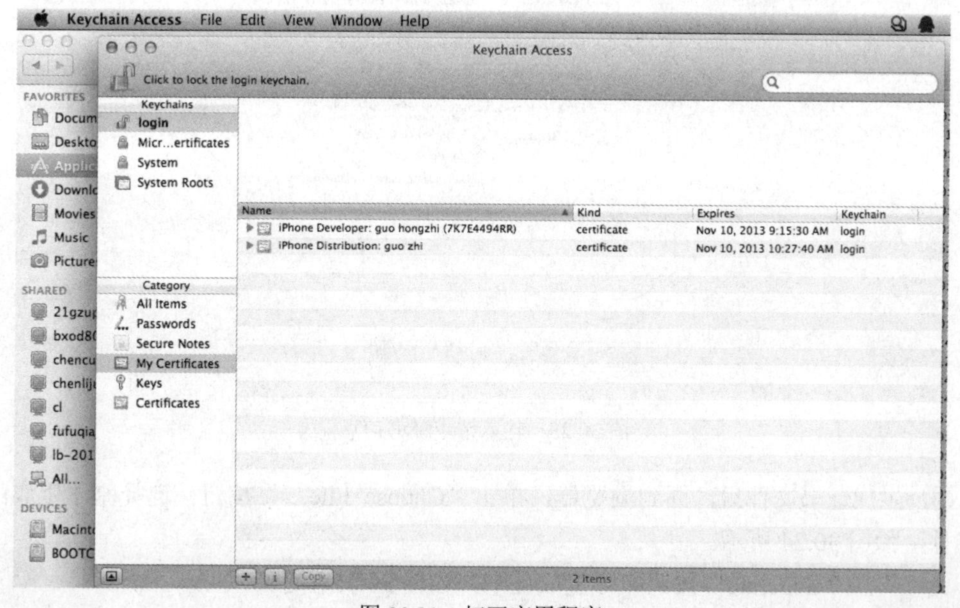

图 30.21　打开应用程序

② 在“Keychain Access”中选择菜单“Keychain Access”→“Certificate Assistent”→“Request a Certificate From a Certificate Authority…”，如图 30.22 所示。

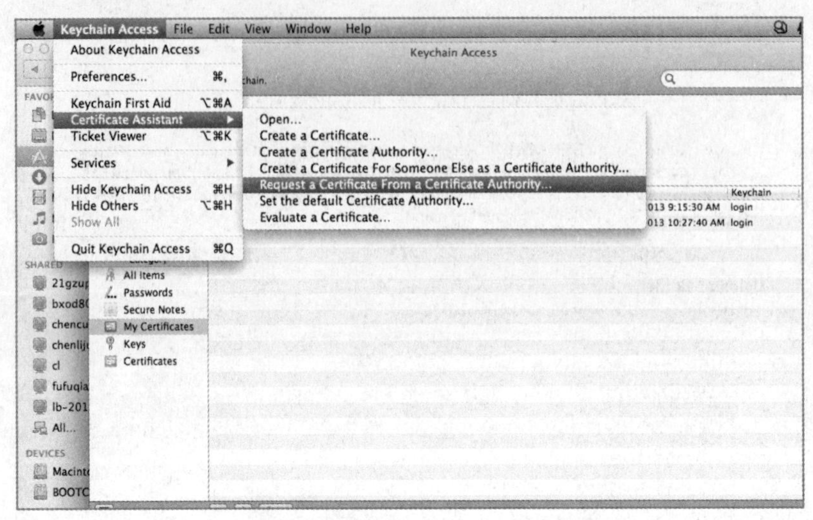

图 30.22　选择请求一个证书

③ 在弹出的对话框中输入 E-mail 和名称后，保存到硬盘，如图 30.23 所示。

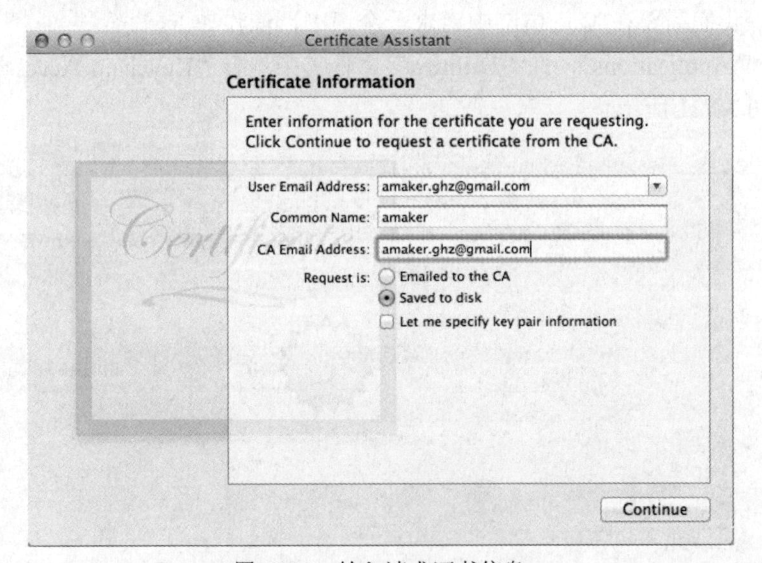

图 30.23　输入请求证书信息

⑦ 生成证书文件后，回到浏览器，单击“Choose File…”按钮，选择刚才生成的证书文件，如图 30.24 所示。

⑧ 单击“Generate”按钮即可生成证书，如图 30.25 所示。

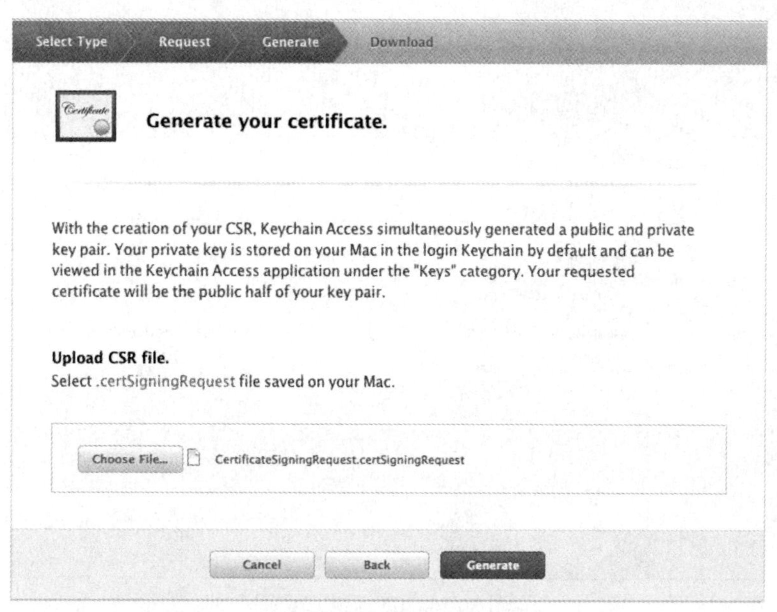

图 30.24　选择证书文件

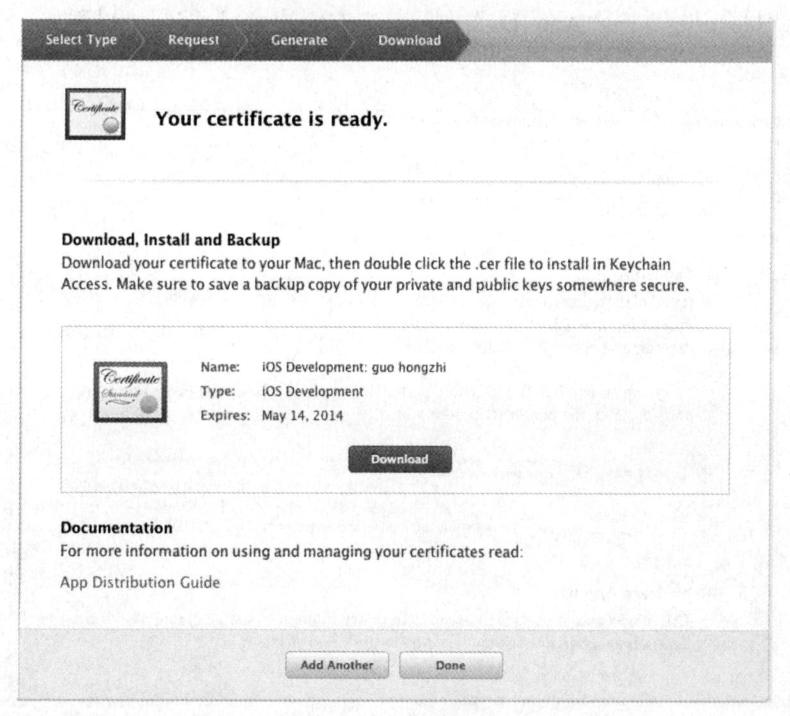

图 30.25　生成证书

⑨ 我们开发的任何一个 App，如果要发布到 App Store，就必须配置一个对应的 ID 标识，ID 标识的配置如图 30.26 所示。

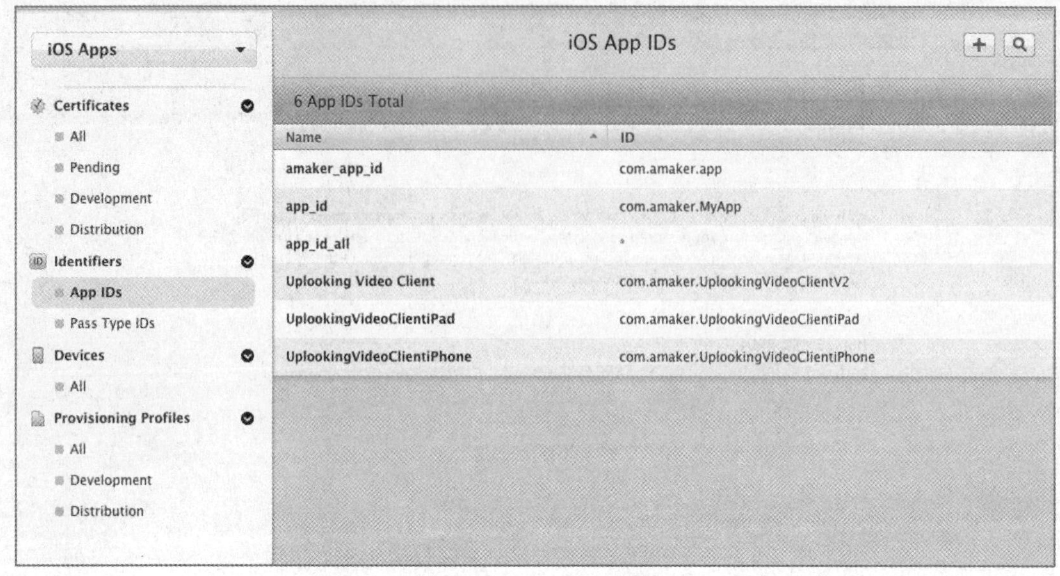

图 30.26　ID 标识的配置

⑩ 在“Identities”→“App IDs”中，单击右侧的“+”按钮可以添加一个 ID 标识，如图 30.27 所示。

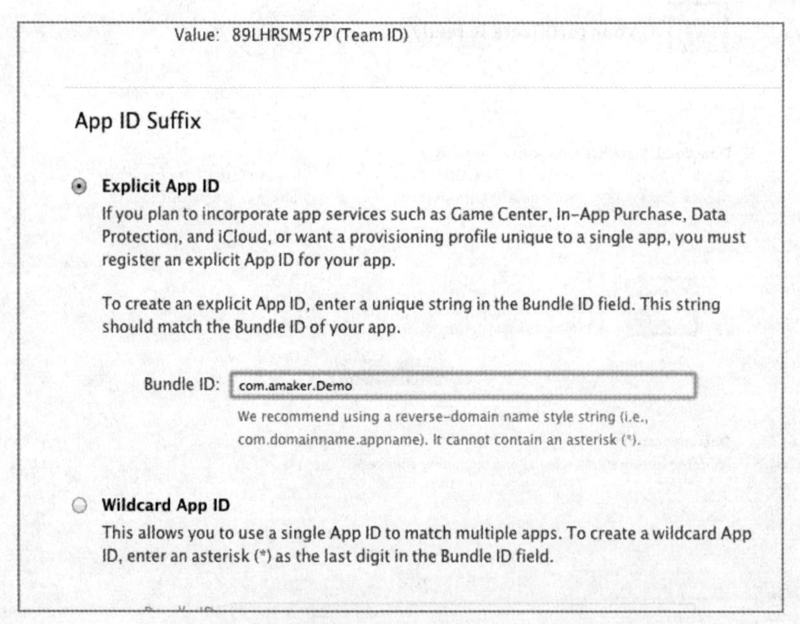

图 30.27　添加 ID 标识

⑪ 这里需要注意的是，Bundle ID 必须和程序的 Bundle ID 一致，单击“Continue”按钮，跳转到 ID 标识确认页面，如图 30.28 所示。

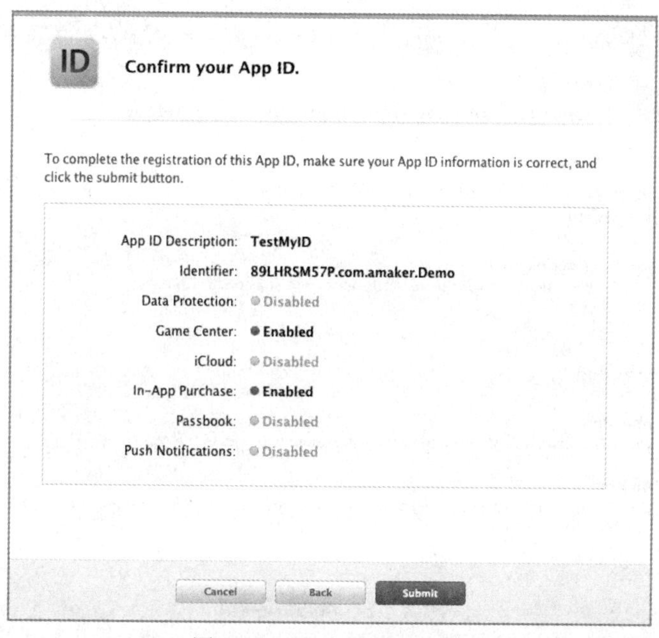

图 30.28 ID 标识确认页面

⑫ 单击“Submit”按钮，ID 表示创建成功。

ID 标识创建成功后，还需要根据 ID 标识创建一个配置 Profile，如图 30.29 所示。

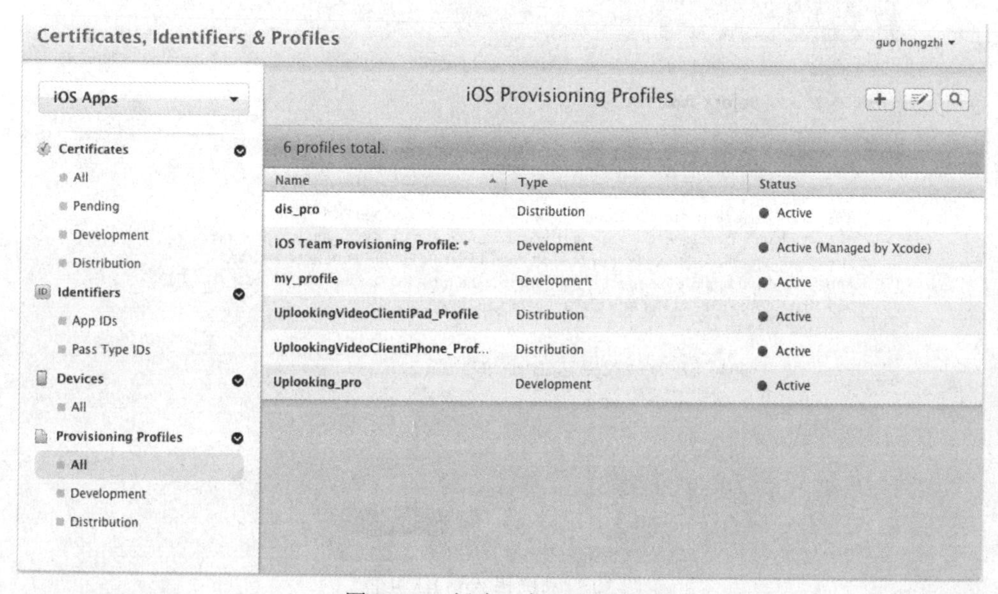

图 30.29 创建一个配置 Profile

⑬ 单击“iOS Provisioning Profiles”右边的“+”按钮可以添加一个配置 Profile，配置 Profile 也分为开发和发布两种类型，如图 30.30 所示。

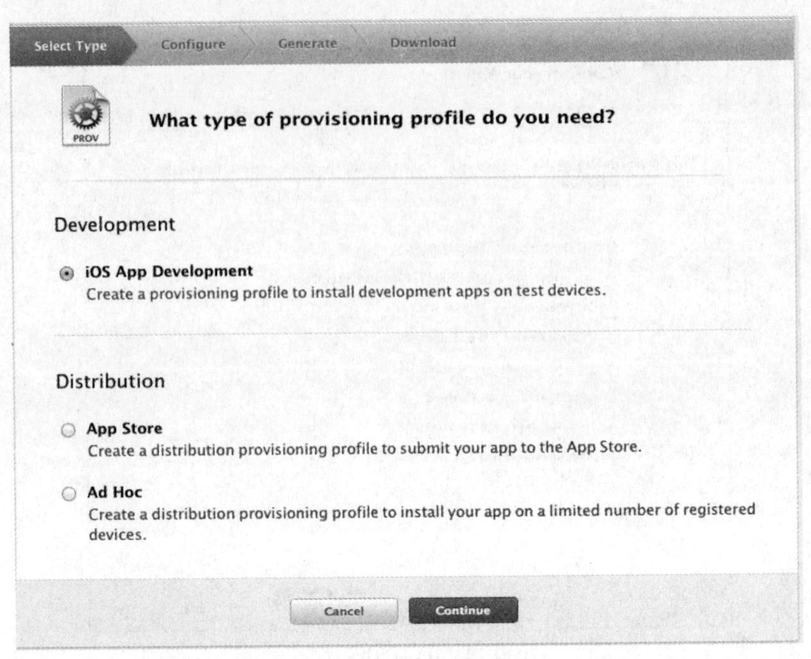

图 30.30　配置 Profile 的类型

⑭ 单击“Continue”按钮，跳转到选择 App ID 页面，如图 30.31 所示。

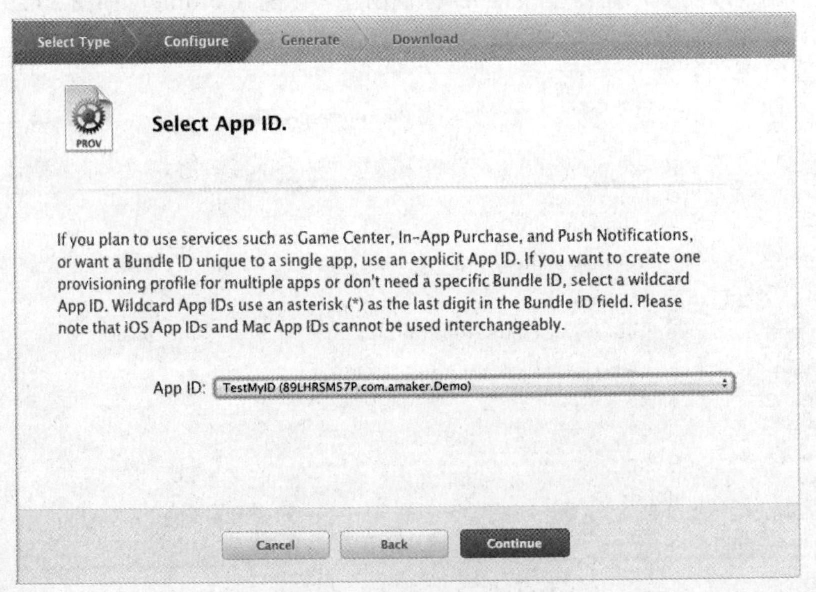

图 30.31　选择 App ID 页面

⑮ 单击“Continue”按钮，跳转到证书选择页面，如图 30.32 所示。

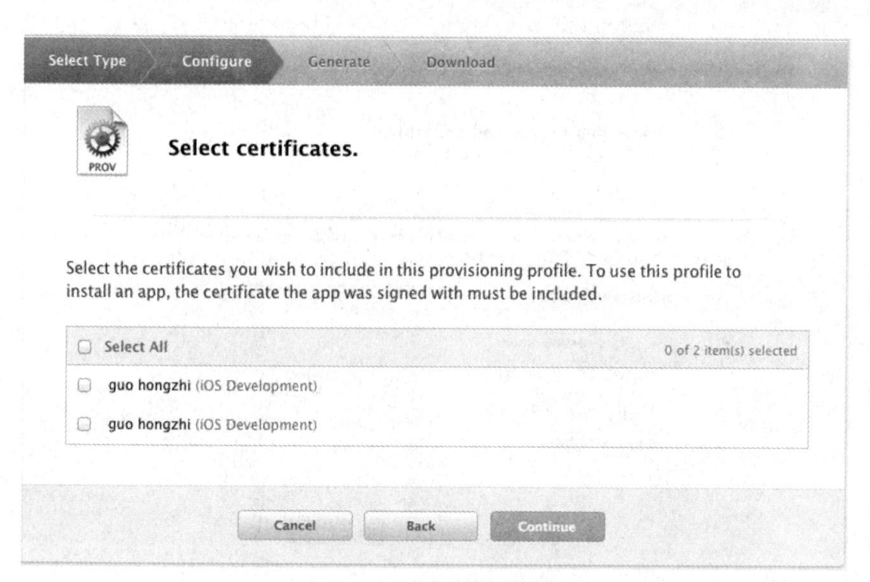

图 30.32　证书选择页面

⑯ 单击“Continue”按钮，跳转到选择设备页面，如图 30.33 所示。

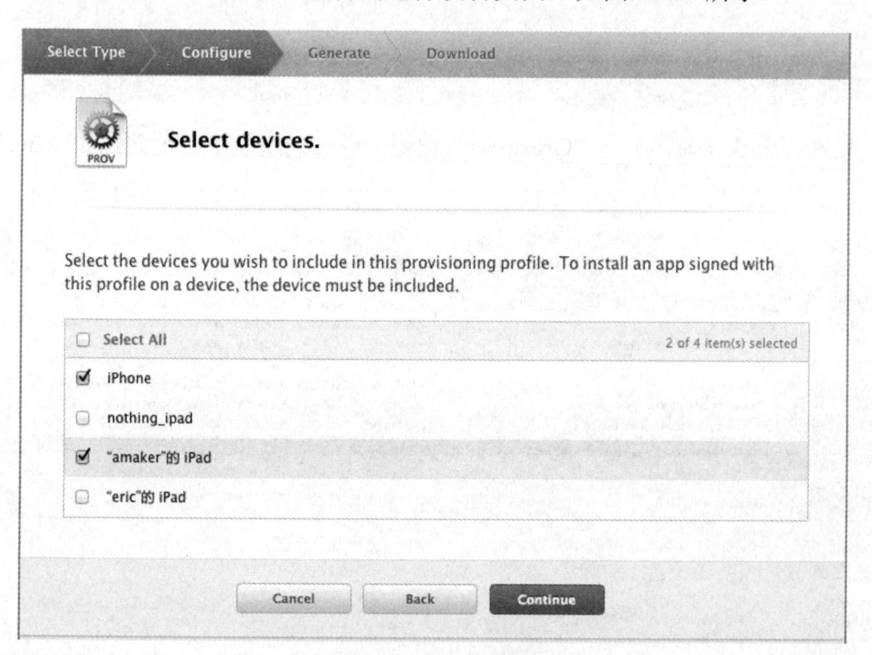

图 30.33　选择设备页面

⑰ 单击“Continue”按钮，输入配置 Profile 名称，如图 30.34 所示。

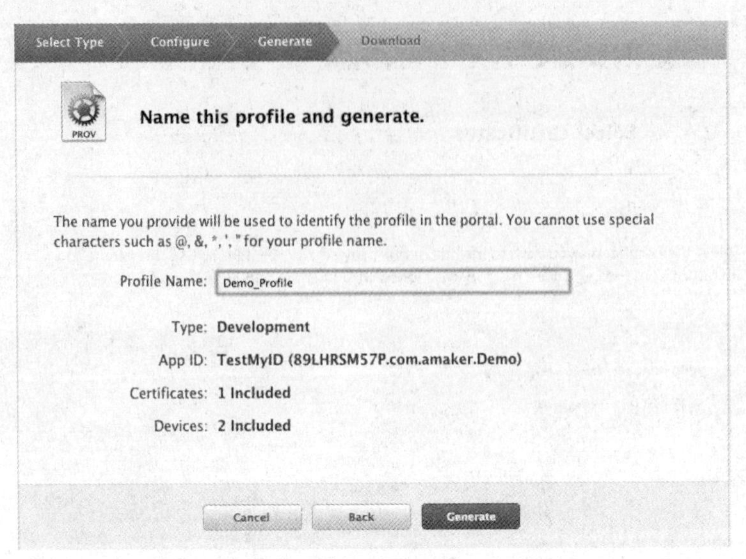

图 30.34　输入配置 Profile 名称

⑱ 单击“Generate”按钮，配置 Profile 创建成功。

30.4 真机调试

① 现在打开 Xcode，单击“Organizer”按钮，进入到组织中心页面，如图 30.35 所示。

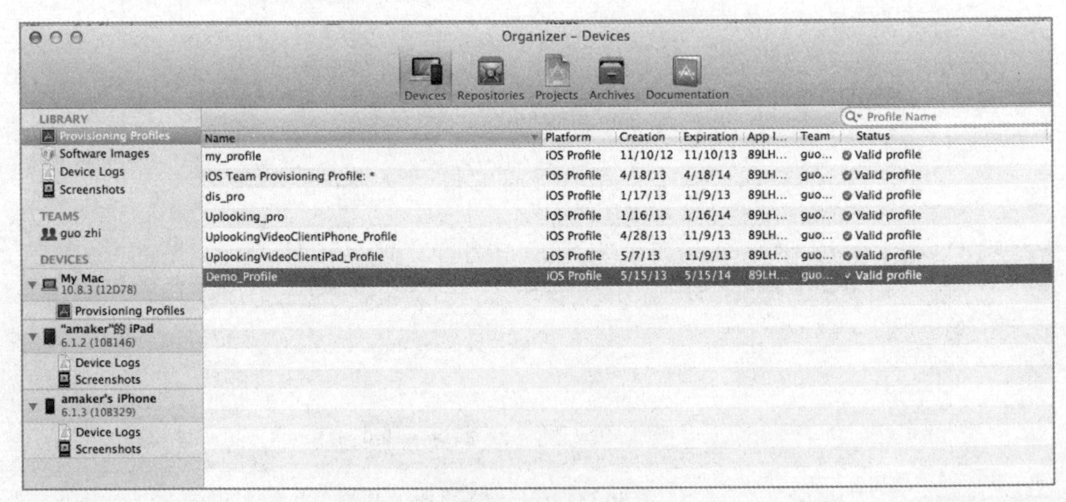

图 30.35　组织中心页面

② 单击“Devices”，选择左边的“Provisioning Profiles”，单击右下角的“Refresh”（刷新）按钮，可以下载我们创建的配置“Demo_proDemo”，如图 30.36 所示。

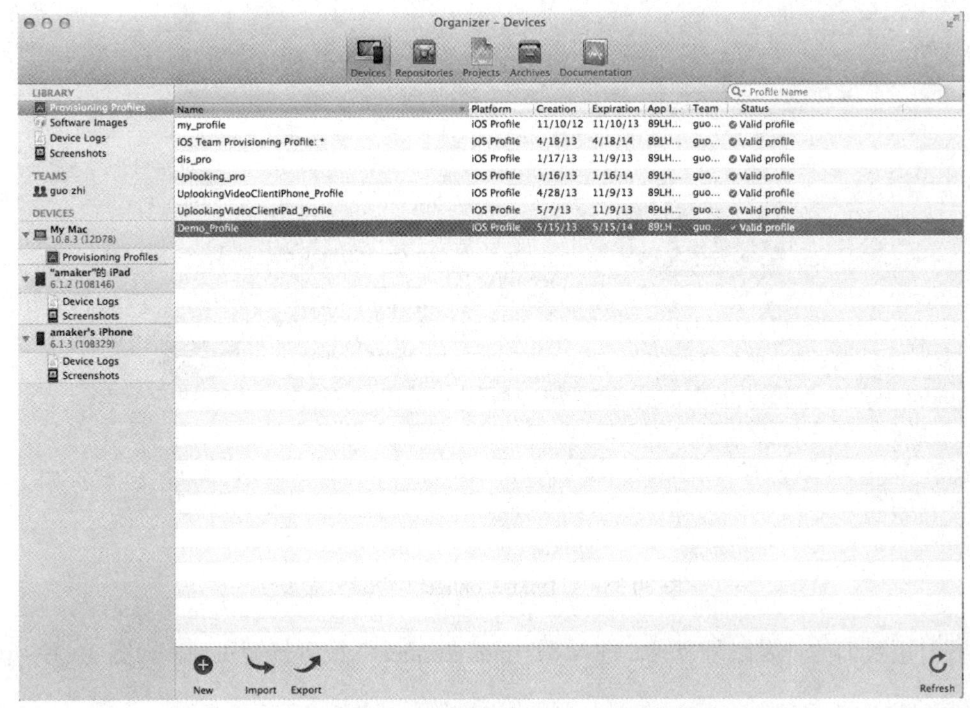

图 30.36　下载配置“Demo_proDemo”

③ 使用数据线连接设备，在 Xcode 运行项目中选择设备名称，就可以在真机中调试程序了，如图 30.37 所示。

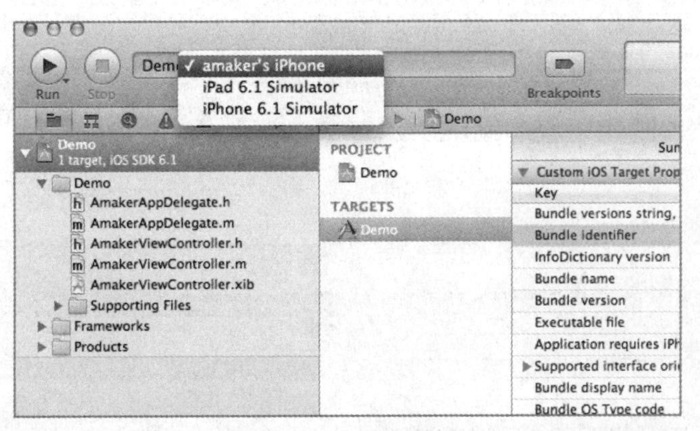

图 30.37　真机调试

30.5 应用提交

① 提交应用需要到 iTunes Connect 网站配置应用信息，地址是 https://itunesconnect.apple.com/WebObjects/iTunesConnect.woa，如图 30.38 所示。

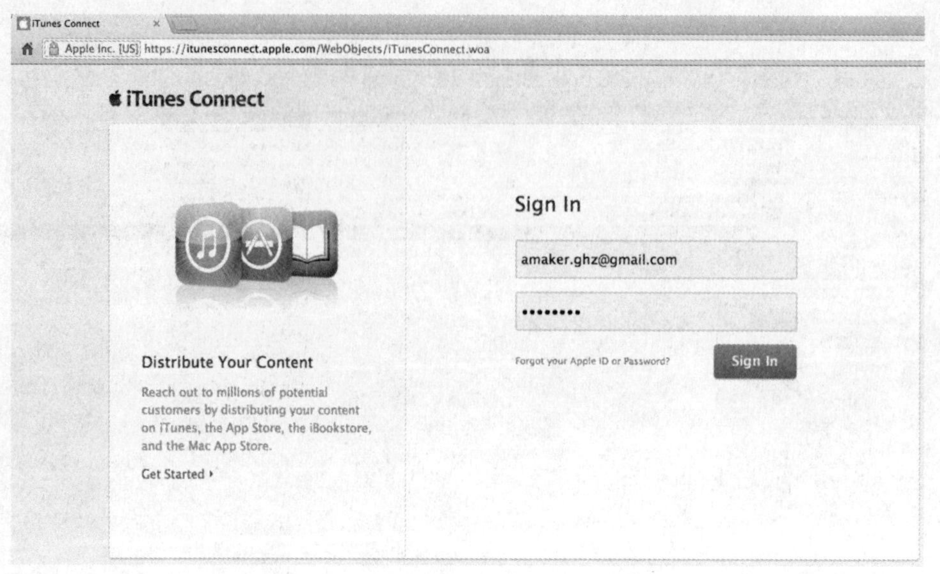

图 30.38 “iTunes Connect”登录页面

② 用我们的开发账号登录，进入“iTunes Connect”配置管理页面，如图 30.39 所示。

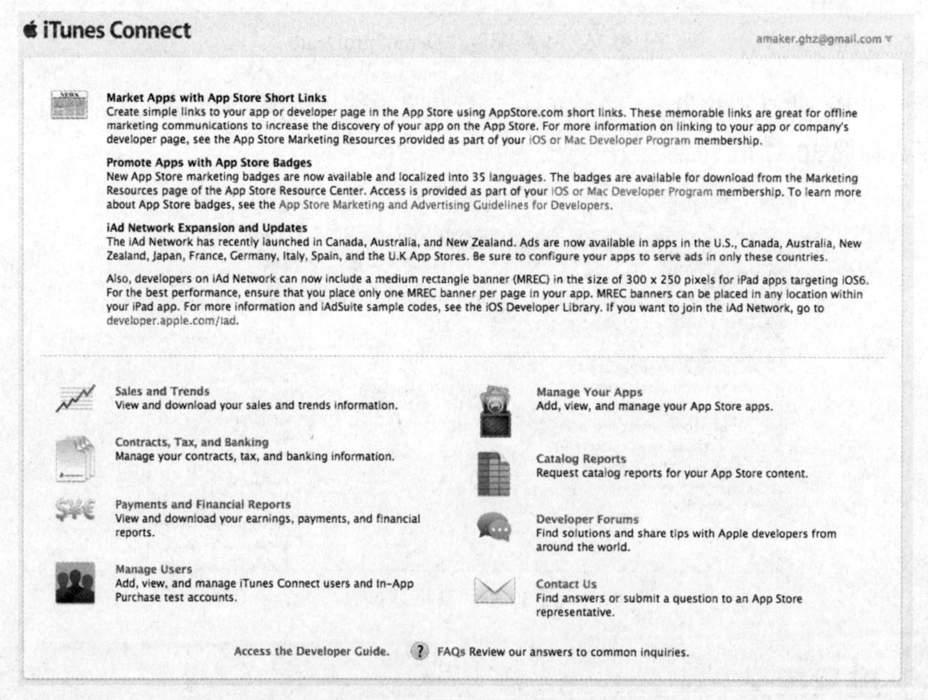

图 30.39 “iTunes Connect”配置管理页面

③ 这里的配置选项很多，有银行账户配置、开发者论坛、应用管理等。我们选择应

用管理“Manage Your Apps”，进入应用管理页面，如图 30.40 所示。该页面显示了我们提交的应用列表，还可以添加新的应用。

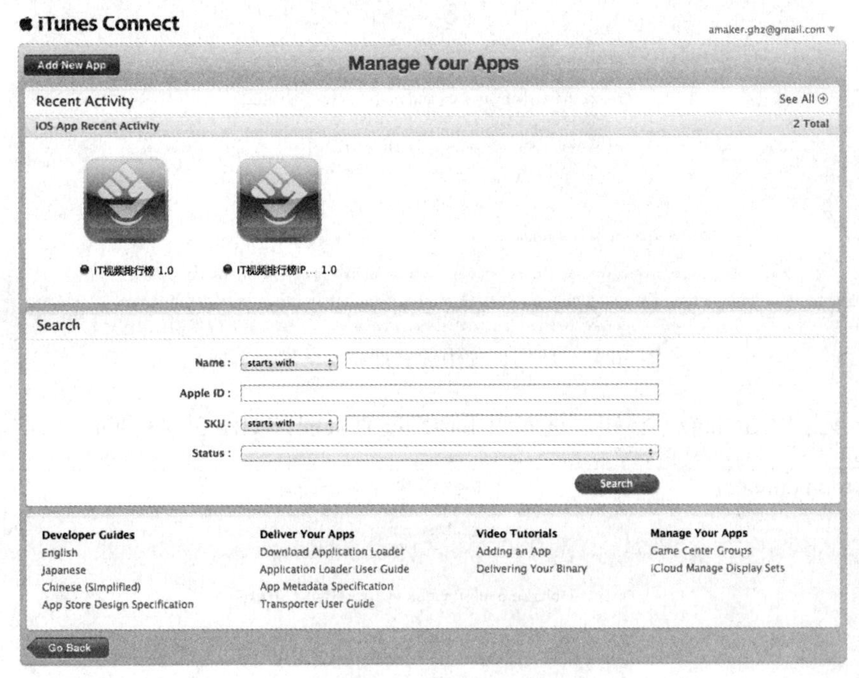

图 30.40　应用管理页面

④ 单击“Add New App”按钮，进入添加新应用配置页面，如图 30.41 所示。

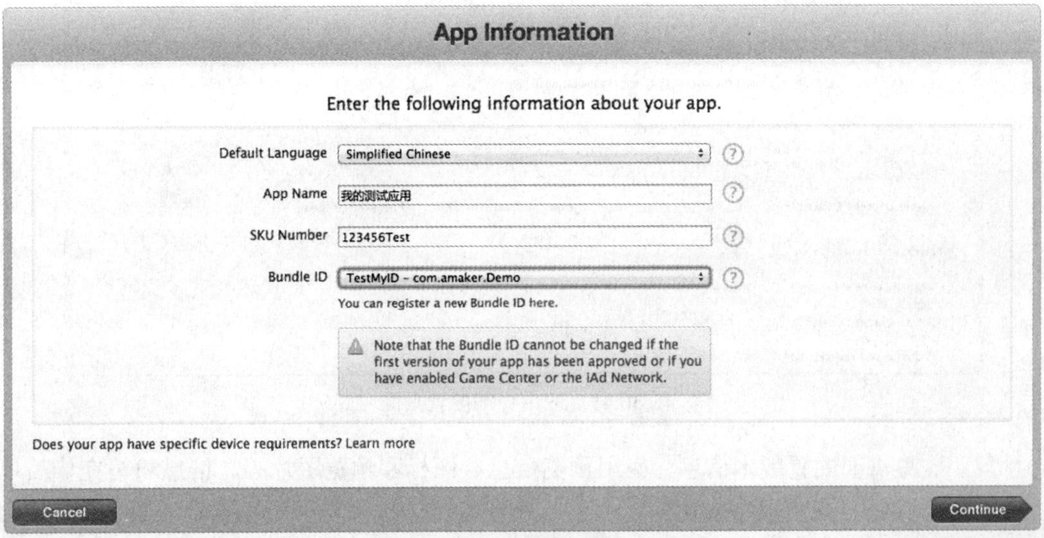

App Information
Enter the following information about your app.
Default Language　Simplified Chinese
App Name　我的测试应用
SKU Number　123456Test
Bundle ID　TestMyID - com.amaker.Demo
You can register a new Bundle ID here.
Note that the Bundle ID cannot be changed if the first version of your app has been approved or if you have enabled Game Center or the iAd Network.
Does your app have specific device requirements? Learn more
Cancel
Continue

图 30.41　添加新应用配置页面

⑤ 单击“Continue”按钮，进入应用可使用的日期和价格配置页面，如图 30.42 所示。

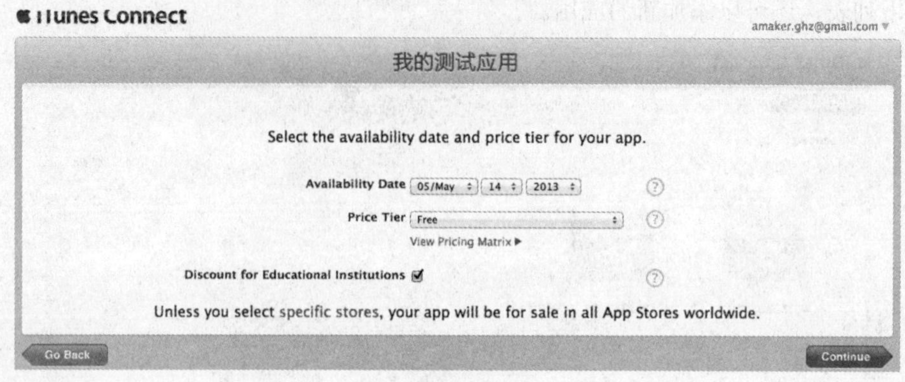

图 30.42　应用可使用的日期和价格配置页面

⑥ 单击“Continue”按钮，进入应用详细配置页面，如图 30.43 所示。

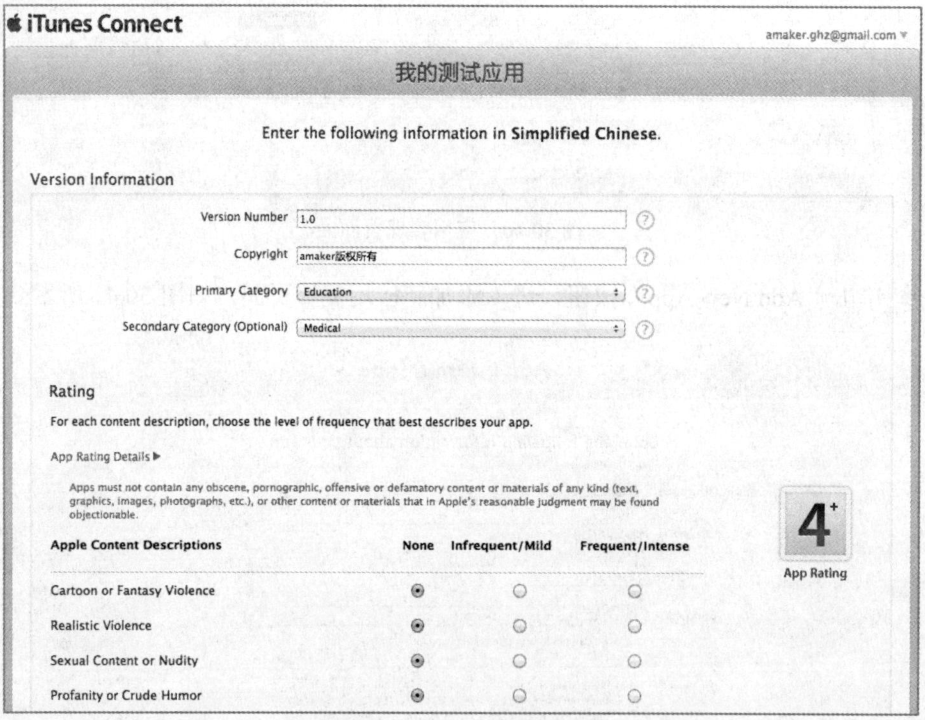

图 30.43　应用详细配置页面

⑦ 这里需要配置版本信息、应用预览信息、图标和预览图片等。信息填写完毕后单击“Save”按钮，应用发布成功。

⑧ 下面回到 Xcode，上传要提供的应用。选择要上传的应用，在菜单栏中选择“Product”→“Archive”进行归档，如图 30.44 所示。

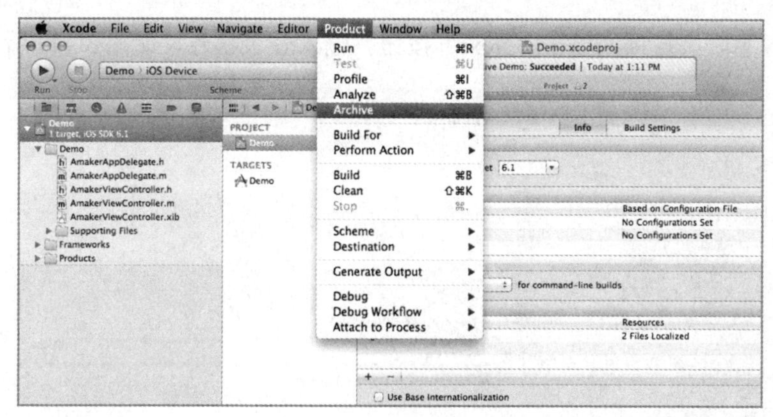

图 30.44　选择归档

⑨ 在归档页面中单击“Distribute”按钮，如图 30.45 所示。打开发布选项对话框，如图 30.46 所示。

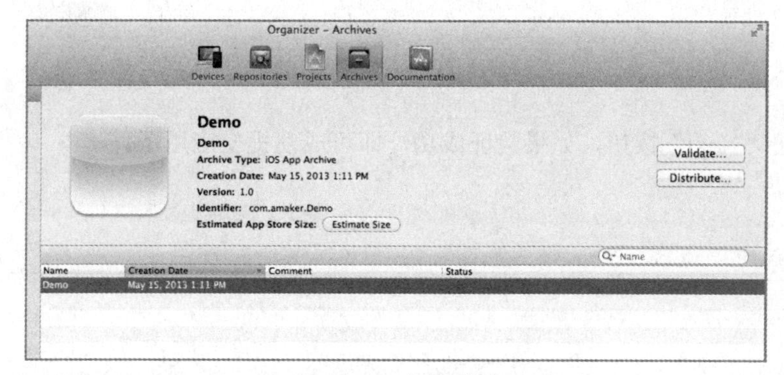

图 30.45　归档页面

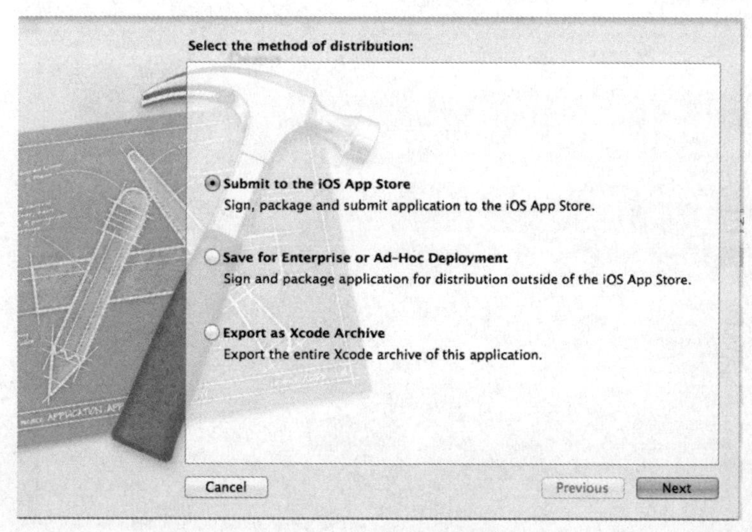

图 30.46　发布选项对话框

⑩ 选择第一个选项，单击“Next”按钮。输入登录账号，如图 30.47 所示。

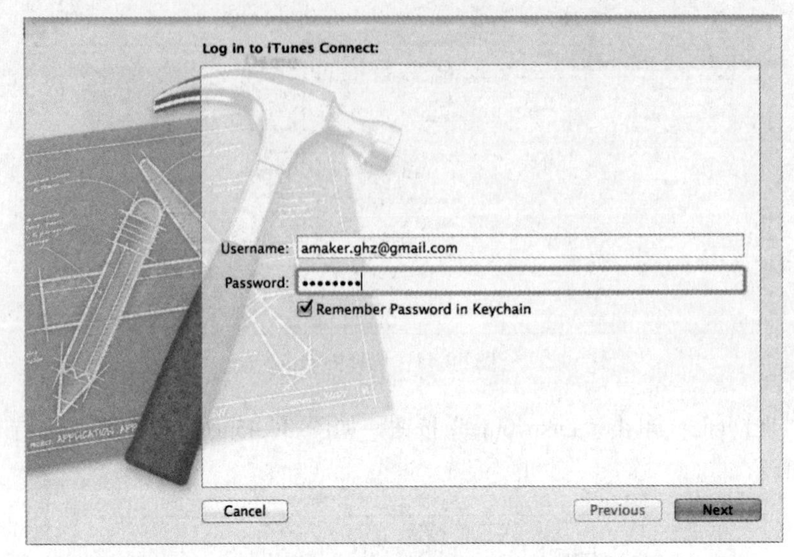

图 30.47　输入登录账号

⑪ 单击“Next”按钮，如果验证成功，即可成功提交应用了。

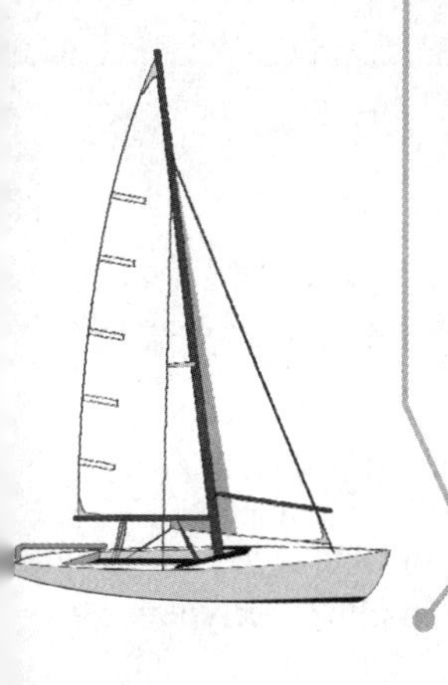

第 31 章　iOS 项目实战——新浪微博客户端

本章内容

- 项目准备工作
- 搭建项目基础框架
- 项目功能概述
- 项目界面结构
- 获得最新微博信息
- 发布微博
- 获得微博详细信息
- 获得微博评论和转发情况
- 发表评论
- 转发微博
- 收藏微博

31.1 项目准备工作

本章我们通过一个新浪微博客户端项目，综合运用前面所学的基础知识，以便对基础知识的理解更深入、使用更灵活。

开发新浪微博客户端，需要使用新浪的微博 Open API 接口，Open API 即开放 API，也称开放平台。所谓的开放 API 是服务型网站常见的一种应用，网站的服务商将自己的网站服务封装成一系列 API（Application Programming Interface，应用编程接口）开放出去，供第三方开发者使用。这种行为就叫做开放网站的 API，所开放的 API 就被称作 Open API

（开放 API）。

现在 Open API 服务非常多，例如，新浪微博、Google 地图、豆瓣网、腾讯、淘宝等，这些 Open API 服务一方面可以给开发者带来服务，另一方面可以给服务平台本身带来流量，可以说是双赢。

使用新浪微博开放平台的步骤如下。

① 需要注册一个微博账号。

可以在如下的地址注册新浪微博账号：http://weibo.com/signup/signup.php?c=&type=&inviteCode=&code=&spe=&lang=zh，如图 31.1 所示。

图 31.1　注册微博账号

② 注册成功后，在 http://open.weibo.com/地址进行登录，如图 31.2 所示。

图 31.2　登录微博

③ 登录成功后，在页面顶部选择“应用开发”→“移动开发”，如图 31.3 所示。

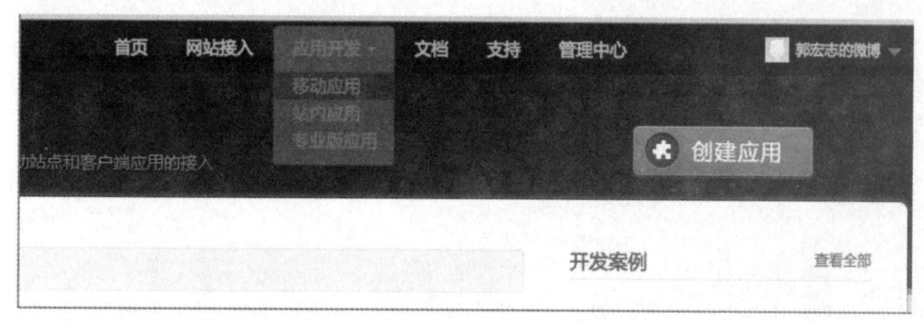

图 31.3　选择“应用开发”→“移动开发”

④ 单击右边的“创建应用”按钮，打开创建新应用页面，填写应用信息，如图 31.4 所示。

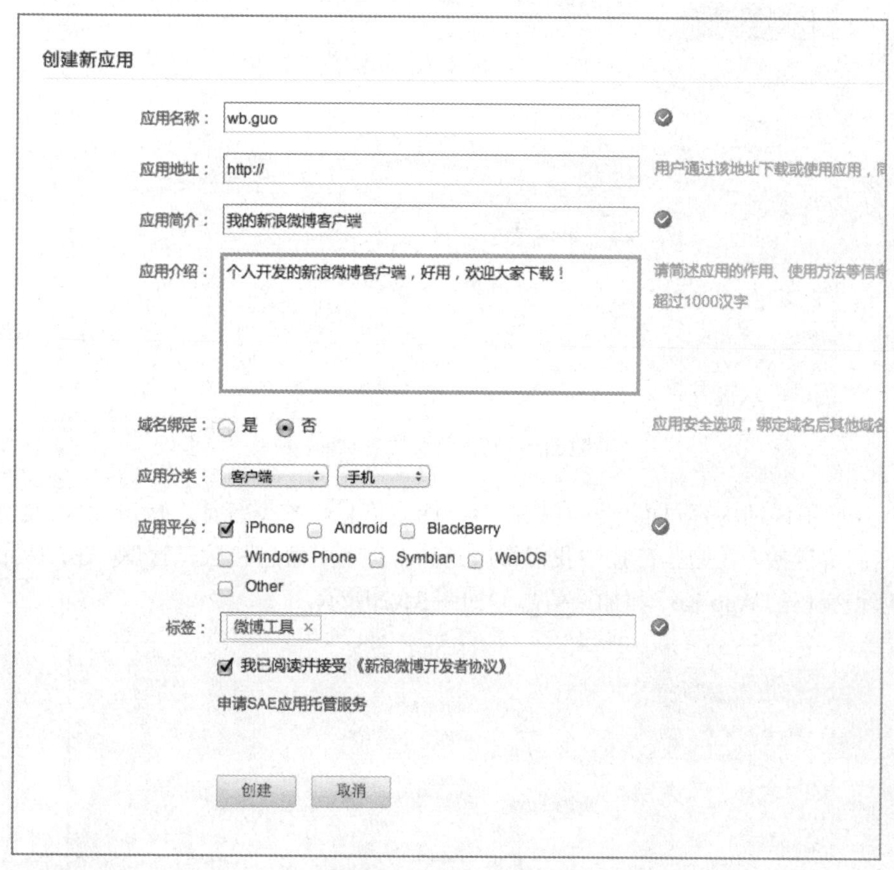

图 31.4　填写应用信息

⑤ 在管理中心可以找到我们创建的应用，如图 31.5 所示。

⑥ 单击应用链接进入应用详细内容页面，可以查看应用的详细内容，如图 31.6 所示。

图 31.5　创建好的应用

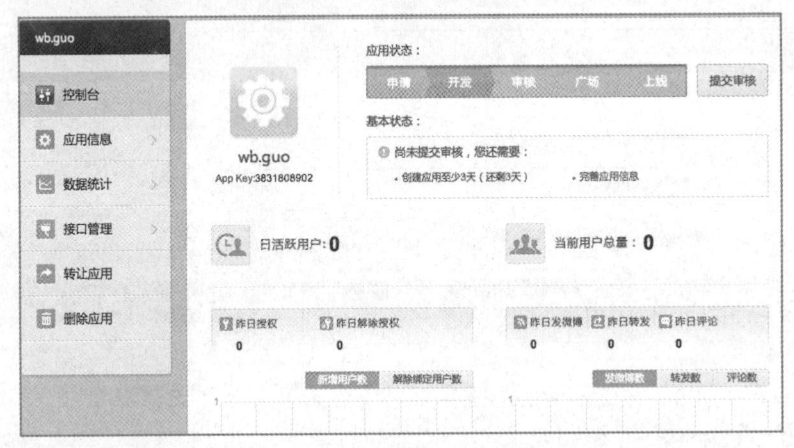

图 31.6　应用详细内容页面

⑦ 在应用详细内容页面中，有控制台、应用信息、数据统计、接口管理、转让应用和删除应用等链接，在这些链接中我们常用到的有：应用信息和接口管理。在“应用信息”中可以获得授权的 App Key 和加密信息，如图 31.7 所示。

图 31.7　应用信息

⑧ 在接口管理中我们可以查询到详细的 API 调用方法，如图 31.8 所示。

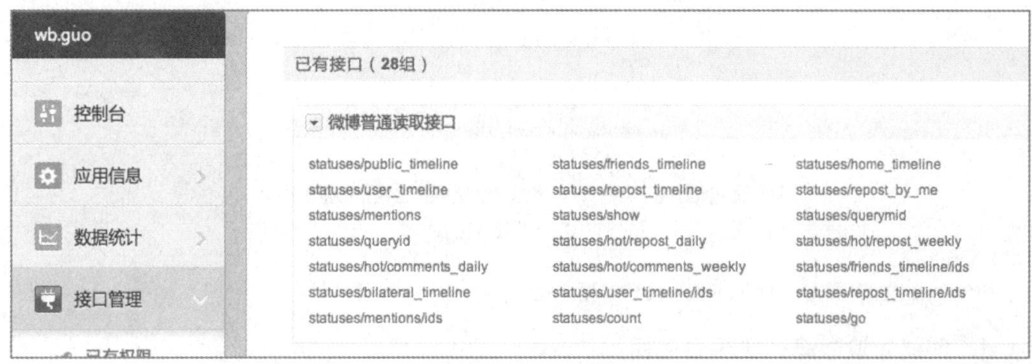

图 31.8　接口管理

通过上述步骤，我们就申请了一个应用，这需要审核，审核通过后就可以使用该接口开发自己的微博客户端了。

31.2 搭建项目基础框架

上一节我们已经申请了一个应用，本节我们介绍如何搭建项目基础框架。要开发新浪微博客户端，官方提供了开发文档和 SDK，我们可以下载开发文档学习开发步骤，并且需要将 SDK 集成到项目中。

下载开发文档的网址是：http://open.weibo.com/wiki/%E7%A7%BB%E5%8A%A8%E5%BA%94%E7%94%A8#.E7.A7.BB.E5.8A.A8SDK.E4.B8.8B.E8.BD.BD，在这里选择 iOS SDK 进行开发文档和 SDK 的下载，如图 31.9 所示。

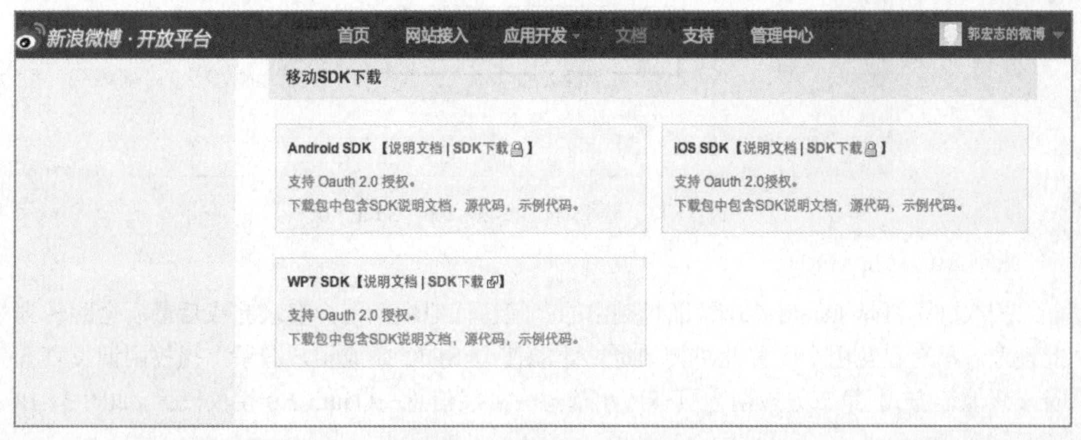

图 31.9　下载开发文档和 SDK

在下载的 SDK 中包括了 SDK 说明文档、源代码和示例代码，如图 31.10 所示。

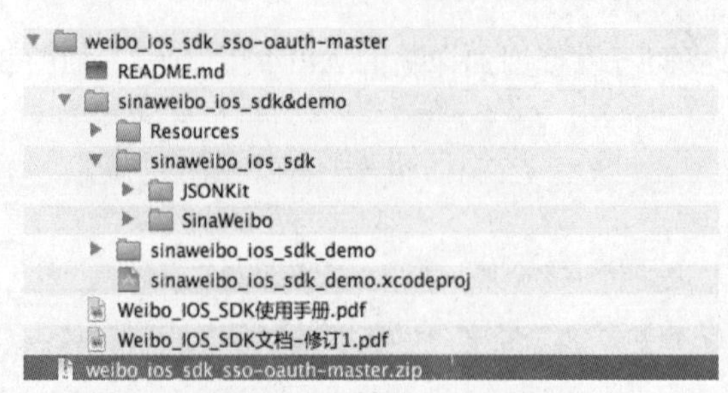

图 31.10　SDK 中的内容

将 SDK 集成到自己的项目中需要执行如下步骤。

1．创建新浪微博开放平台应用

① 获取 app_key、app_secret

第三方开发者需要到新浪微博开放平台 http://open.weibo.com/注册并创建第三方应用，进而获取应用专属 app_key 及 app_secret。App Key 及 App Secret 查看方式：第三方应用主页→应用信息→基本信息→应用基本信息，如图 31.11 所示。

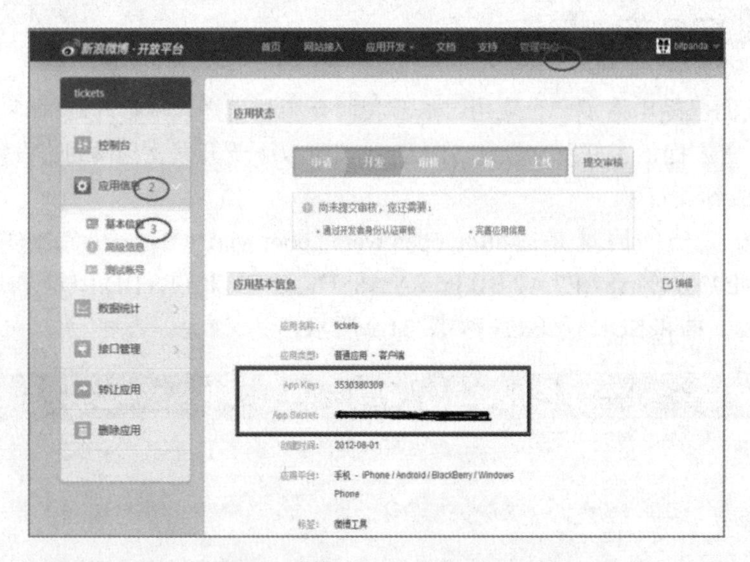

图 31.11　获得 app_key 和 app_secret

② 配置授权回调页

授权回调页是 Oauth 2.0 认证机制中的登录认证地址，用户登录完成后最后会跳转到此地址。只有在应用中配置此跳转地址，才能使用 SDK 完成用户登录。授权回调页查看及设置地址方式：第三方应用主页→应用信息→高级信息→Oauth 2.0 授权设置，如图 31.12 所示。

注：在使用 SDK 时，配置授权回调页是必不可少的；若没有配置，则登录完成后无法检测到授权地址，就无法获取授权的 token 等信息。此地址并非必须得配置成能访问的

地址，只要保证格式正确即可。

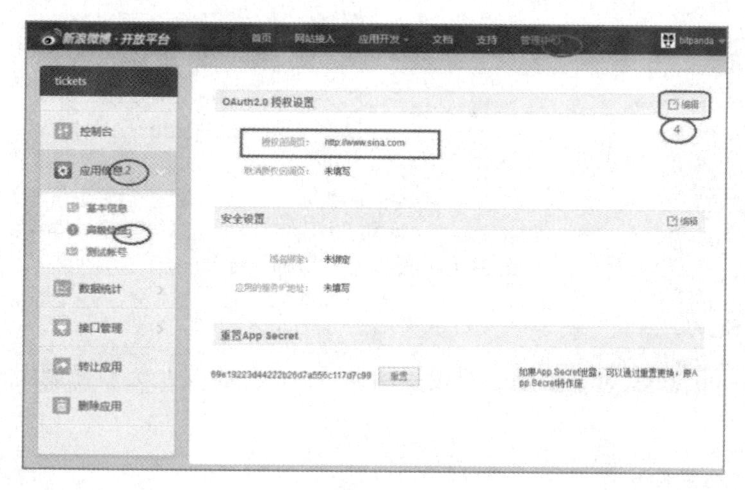

图 31.12　配置授权回调页

2．下载新浪微博 SDK

在新浪微博开放平台文档一页中有 SDK 下载项，找到 iOS SDK 下载链接 https://github.com/mobileresearch/weibo_ios_sdk_sso-oauth，打开后可打包下载，如图 31.13 所示。

单击“ZIP”按钮，下载的 zip 包是一个编译运行的 SDK Demo。SDK 的源码在此 Demo 工程的 src 目录下，包含 JSONKit 和 SinaWeibo 两个包。

3．创建新应用，添加 SDK 源码，配置使用环境

① 第三方应用在本地环境中用 Xcode 新建一个工程。

② 将 src 中的源码引入到工程中，如图 31.14 所示的 SinaWeibo 和 JSONKit。

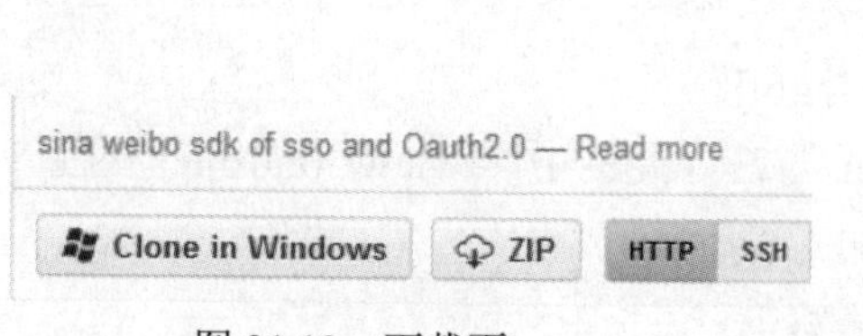

图 31.13　下载页

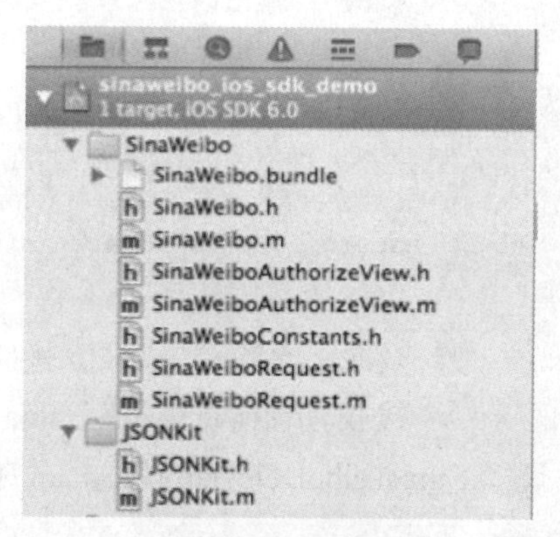

图 31.14　配置 SDK

③ 在工程设置项的“TARGETS”下选中自己的 TARGET，然后在“Info”→“URL Types”中添加 URLSchemes，此值在 SSO 登录回调时使用。本例采用默认格式：

"sinaweibosso."+"自己应用的 App Key"，如图 31.15 所示。

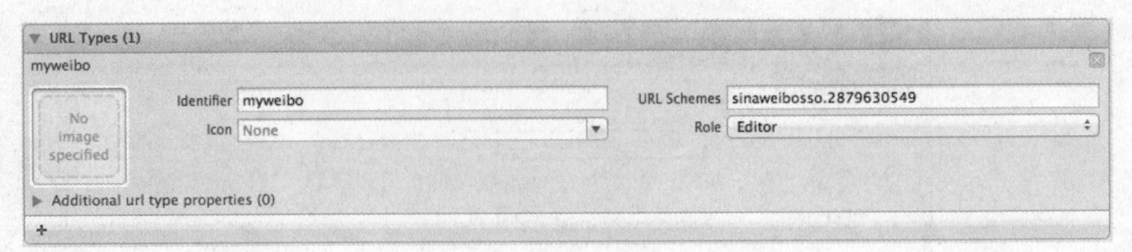

图 31.15　配置 URL Schemes

4．使用 SDK

① 定义 app_key、app_secret 及授权回调页，此处定义是为后面调用 SDK 接口做准备。

```
#define kAppKey             @"28796305491"
#define kAppSecret          @"76b5cd21a6e755840ce92e33f09c44d51"
#define kAppRedirectURI     @"http://www.any-phone.com"
```

② 构造 SinaWeibo 对象。

```
    self.sinaweibo = [[SinaWeibo alloc] initWithAppKey:kAppKey appSecret:
kAppSecretappRedirectURI:kAppRedirectURI andDelegate:self.viewController];
```

参数 kAppKey、kAppSecret、kAppRedirectURI 即上一步定义的值。参数_viewController 作为 SinaWeibo 对象的代理，需要实现 SinaWeiboDelegate 接口。

③ 重写 AppDelegate 的 handleOpenURL 和 openURL 方法。

```
- (BOOL)application:(UIApplication *)application handleOpenURL:(NSURL *)url
{
    return [self.sinaweibo handleOpenURL:url];
}

- (BOOL)application:(UIApplication *)application openURL:(NSURL *)url
sourceApplication:(NSString *)sourceApplication annotation:(id)annotation
{
    return [self.sinaweibo handleOpenURL:url];
}
```

④ 登录。直接调用 logIn 接口：[sinaweibo logIn]。

⑤ 接收登录信息需重写 sinaweiboDidLogIn 方法（此例中，_viewController 对象实现了 SinaWeiboDelegate 接口，故应该在此类中加入以下代码）。

```
-(void)sinaweiboDidLogIn:(SinaWeibo *)sinaweibo{
    NSLog(@"here.......");
    NSLog(@"%msg=%@",sinaweibo);
    [self storeAuthData];
}
- (void)request:(SinaWeiboRequest *)request didFinishLoadingWithResult:(id)result{
```

```
    NSLog(@"result=%@",result);
}
```

5．运行项目

登录界面如图 31.16 所示。

图 31.16　登录界面

31.3 项目功能概述

新浪微博本身的功能非常多，也非常复杂，在我们的项目里主要实现了如下功能。

- 浏览最新微博
- 发布微博
- 获得微博详细信息
- 获得微博评论
- 获得微博转发情况
- 转发微博
- 收藏微博

1．浏览最新微博

通过 URL 地址 https://api.weibo.com/2/statuses/home_timeline.json，可以获取当前登录用户及其所关注用户的最新微博信息，如图 31.17 所示。请求参数如图 31.18 所示。

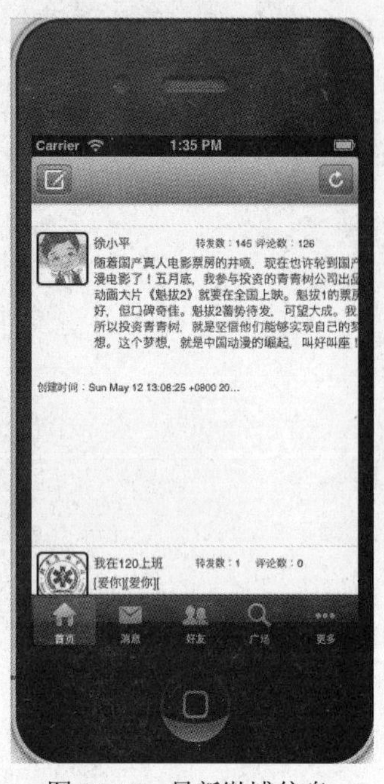

图 31.17　最新微博信息

请求参数

	必选	类型及范围	说明
source	false	string	采用OAuth授权方式不需要此参数，其他授权方式为必填参数，数值为应用的AppKey。
access_token	false	string	采用OAuth授权方式为必填参数，其他授权方式不需要此参数，OAuth授权后获得。
since_id	false	int64	若指定此参数，则返回ID比since_id大的微博（即比since_id时间晚的微博），默认为0。
max_id	false	int64	若指定此参数，则返回ID小于或等于max_id的微博，默认为0。
count	false	int	单页返回的记录条数，最大不超过100，默认为20。
page	false	int	返回结果的页码，默认为1。
base_app	false	int	是否只获取当前应用的数据。0为否（所有数据），1为是（仅当前应用），默认为0。
feature	false	int	过滤类型ID，0：全部、1：原创、2：图片、3：视频、4：音乐，默认为0。
trim_user	false	int	返回值中user字段开关，0：返回完整user字段、1：user字段仅返回user_id，默认为0。

图 31.18　最新微博请求参数

2．发布微博

我们也可以将新鲜事分享到微博平台，通过 URL 地址 https://api.weibo.com/2/statuses/update.json 来发一条新微博，如图 31.19 所示。请求参数如图 31.20 所示。

图 31.19　发一条新微博

请求参数

	必选	类型及范围	说明
source	false	string	采用OAuth授权方式不需要此参数，其他授权方式为必填参数，数值为应用的AppKey。
access_token	false	string	采用OAuth授权方式为必填参数，其他授权方式不需要此参数，OAuth授权后获得。
status	true	string	要发布的微博文本内容，必须做URLencode，内容不超过140个汉字。
visible	false	int	微博的可见性，0：所有人能看，1：仅自己可见，2：密友可见，3：指定分组可见，默认为0。
list_id	false	string	微博的保护投递指定分组ID，只有当visible参数为3时生效且必选。
lat	false	float	纬度，有效范围：-90.0到+90.0，+表示北纬，默认为0.0。
long	false	float	经度，有效范围：-180.0到+180.0，+表示东经，默认为0.0。
annotations	false	string	元数据，主要是为了方便第三方应用记录一些适合于自己使用的信息，每条微博可以包含一个或者多个元数据，必须以json字串的形式提交，字串长度不超过512个字符，具体内容可以自定。

图 31.20　发一条新微博请求参数

3．获得微博详细信息

根据微博 ID 可以获得微博详细信息，包括发送微博的用户信息、评论数、转发数等。通过URL地址https://api.weibo.com/2/statuses/show.json，可以获得微博详细信息，如图31.21所示。请求参数如图 31.22 所示。

图 31.21　微博详细信息

请求参数

	必选	类型及范围	说明
source	false	string	采用OAuth授权方式不需要此参数，其他授权方式为必填参数，数值为应用的AppKey。
access_token	false	string	采用OAuth授权方式为必填参数，其他授权方式不需要此参数，OAuth授权后获得。
id	true	int64	需要获取的微博ID。

图 31.22　微博详细信息请求参数

4．获得微博评论

在微博详细内容的下面可以显示该条微博的评论，通地URL地址https://api.weibo.com/2/comments/show.json，可以获得微博评论，如图 31.23 所示。请求参数如图 31.24 所示。

图 31.23　微博评论

请求参数

	必选	类型及范围	说明
source	false	string	采用OAuth授权方式不需要此参数，其他授权方式为必填参数，数值为应用的AppKey。
access_token	false	string	采用OAuth授权方式为必填参数，其他授权方式不需要此参数，OAuth授权后获得。
id	true	int64	需要查询的微博ID。
since_id	false	int64	若指定此参数，则返回ID比since_id大的评论（即比since_id时间晚的评论），默认为0。
max_id	false	int64	若指定此参数，则返回ID小于或等于max_id的评论，默认为0。
count	false	int	单页返回的记录条数，默认为50。
page	false	int	返回结果的页码，默认为1。
filter_by_author	false	int	作者筛选类型，0：全部、1：我关注的人、2：陌生人，默认为0。

图 31.24　微博评论请求参数

5．获得微博转发情况

在微博详细内容的下面列出了评论和转发内容，可以通过 URL 地址 https://api.weibo.com/2/statuses/repost.json，实现微博转发，如图 31.25 所示。请求参数如图 31.26 所示。

图 31.25　微博转发

请求参数

	必选	类型及范围	说明
source	false	string	采用OAuth授权方式不需要此参数，其他授权方式为必填参数，数值为应用的AppKey。
access_token	false	string	采用OAuth授权方式为必填参数，其他授权方式不需要此参数，OAuth授权后获得。
id	true	int64	要转发的微博ID。
status	false	string	添加的转发文本，必须做URLencode，内容不超过140个汉字，不填则默认为"转发微博"。
is_comment	false	int	是否在转发的同时发表评论，0：否、1：评论给当前微博、2：评论给原微博、3：都评论，默认为0 。

图 31.26　微博转发请求参数

6．发表评论

可以针对一条微博发表评论，发表评论的 URL 地址为 https://api.weibo.com/2/comments/create.json，如图 31.27 所示。请求参数如图 31.28 所示。

图 31.27　发表评论

请求参数

	必选	类型及范围	说明
source	false	string	采用OAuth授权方式不需要此参数，其他授权方式为必填参数，数值为应用的AppKey。
access_token	false	string	采用OAuth授权方式为必填参数，其他授权方式不需要此参数，OAuth授权后获得。
comment	true	string	评论内容，必须做URLencode，内容不超过140个汉字。
id	true	int64	需要评论的微博ID。
comment_ori	false	int	当评论转发微博时，是否评论给原微博，0：否、1：是，默认为0。

图 31.28　发表评论请求参数

7．转发微博

也可以转发一条微博，转发微博的 URL 地址为 https://api.weibo.com/2/statuses/repost.json，如图 31.29 所示。请求参数如图 31.30 所示。

图 31.29　转发微博

请求参数

	必选	类型及范围	说明
source	false	string	采用OAuth授权方式不需要此参数，其他授权方式为必填参数，数值为应用的AppKey。
access_token	false	string	采用OAuth授权方式为必填参数，其他授权方式不需要此参数，OAuth授权后获得。
id	true	int64	要转发的微博ID。
status	false	string	添加的转发文本，必须做URLencode，内容不超过140个汉字，不填则默认为"转发微博"。
is_comment	false	int	是否在转发的同时发表评论，0：否、1：评论给当前微博、2：评论给原微博、3：都评论，默认为0 。

图 31.30　转发微博请求参数

8．收藏微博

可以对喜爱的微博进行收藏，收藏微博的 URL 地址为 https://api.weibo.com/2/favorites/

create.json，如图 31.31 所示。请求参数如图 31.32 所示。

图 31.31　收藏微博

请求参数

	必选	类型及范围	说明
source	false	string	采用OAuth授权方式不需要此参数，其他授权方式为必填参数，数值为应用的AppKey。
access_token	false	string	采用OAuth授权方式为必填参数，其他授权方式不需要此参数，OAuth授权后获得。
id	true	int64	要收藏的微博ID。

图 31.32　收藏微博请求参数

31.4 项目界面结构

本项目的基础 UI 结构采用 UITabbarController+UITableView 的结构，其中 UITabbar Controller 将内容分为首页、消息、好友、广场和更多等分区；在各个分区中一般使用 UITableView 来展现内容。主界面结构如图 31.33 所示。

图 31.33　主界面结构

主界面的实现步骤如下。

① 创建一个项目。

② 创建一个 RootViewController，程序运行到该界面登录，如果登录成功，则跳转到主界面。

③ 创建 HomeViewController、MessageViewController、FriendViewController、PlaceViewController 和 MoreViewController，分别表示首页、消息、好友、广场和更多。在各个控制器的初始化方法中设置 Tab 的标题和图片。

```
- (id)initWithNibName:(NSString *)nibNameOrNil bundle:(NSBundle *)nibBundleOrNil
{
    self = [super initWithNibName:nibNameOrNil bundle:nibBundleOrNil];
    if (self) {
        // Custom initialization
        self.tabBarItem.title = @"首页";
        UIImage *originalImage = [UIImage imageNamed:@"home.png"];
        self.tabBarItem.image = [ImageUtil scaleImage:originalImage andScale:2.0];
    }
    return self;
}
```

这里使用的图片稍微大了一些，定义了一个工具类来实现图片的缩小。

```
#import "ImageUtil.h"
@implementation ImageUtil
+(UIImage*)scaleImage:(UIImage*)img andScale:(float)scale{
    // 缩小 2 倍
    UIImage *scaledImage =
                    [UIImage imageWithCGImage:[img CGImage]
                    scale:(img.scale * scale)
                    orientation:(img.imageOrientation)];
    return scaledImage;
}
@end
```

④ 在 RootViewController 的头文件中，声明 UITabBarController 和其他控制器实例。

```
#import <UIKit/UIKit.h>
#import "SinaWeibo.h"

#import "HomeViewController.h"
#import "PlaceViewController.h"
#import "MessageViewController.h"
#import "FriendViewController.h"
#import "MoreViewController.h"

@interface RootViewController : UIViewController<SinaWeiboDelegate,
SinaWeiboRequestDelegate>
// 登录方法
- (IBAction)login:(id)sender;
// 跳转
- (void)forward;
// UITabBarController 实例
```

```
@property (strong,nonatomic) UITabBarController *myTabController;
// 首页控制器
@property (strong,nonatomic) HomeViewController *homeViewController;
// 广场控制器
@property (strong,nonatomic) PlaceViewController *placeViewController;
// 消息控制器
@property (strong,nonatomic) MessageViewController *messageViewController;
// 好友控制器
@property (strong,nonatomic) FriendViewController *friendViewController;
// 更多控制器
@property (strong,nonatomic) MoreViewController *moreViewController;

@end
```

⑤ 在实现类的 viewDidLoad 方法中实例化这些控制器。

```
- (void)viewDidLoad
{
    [super viewDidLoad];
    SinaWeibo *swb = [self getSinaWeibo];
    [swb logIn];

    // 实例化 UITabBarController
    self.myTabController = [[UITabBarController alloc]init];

    // 实例化主页控制器
    self.homeViewController = [[HomeViewController alloc]initWithNibName:
@"HomeViewController" bundle:nil];
    // 主页导航控制器
    UINavigationController *homeNav = [[UINavigationController alloc]
initWithRootViewController:self.homeViewController];
    // 微博广场控制器
    self.placeViewController = [[PlaceViewController alloc]initWithNibName:
@"PlaceViewController" bundle:nil];
    // 广场导航
    UINavigationController *placeNav = [[UINavigationController alloc]
initWithRootViewController:self.placeViewController];
    // 好友控制器
    self.friendViewController = [[FriendViewController alloc]initWithNibName:
@"FriendViewController" bundle:nil];
    // 好友导航
    UINavigationController *friendNav = [[UINavigationController alloc]
initWithRootViewController:self.friendViewController];
    // 消息控制器
    self.messageViewController = [[MessageViewController alloc]initWithNibName:
@"MessageViewController" bundle:nil];
    // 消息导航
    UINavigationController *messageNav = [[UINavigationController alloc]
initWithRootViewController:self.messageViewController];
    // 更多控制器
    self.moreViewController = [[MoreViewController alloc]initWithNibName:
@"MoreViewController" bundle:nil];
    // 更多导航
    UINavigationController *moreNav = [[UINavigationController alloc]
initWithRootViewController:self.moreViewController];
    // 为 UITabBarController 指定控制器集合
```

```
    self.myTabController.viewControllers = @[homeNav,messageNav,friendNav,placeNav,
moreNav];
}
```

⑥ 定义跳转方法，如果登录成功，则跳转到程序主界面。

```
// 跳转
-(void)forward{
    [self presentViewController:self.myTabController animated:YES completion:nil];
}
```

```
// 登录成功
-(void)sinaweiboDidLogIn:(SinaWeibo *)sinaweibo{
    NSLog(@"%msg=%@",sinaweibo);
    // 保存用户数据到本地
    [self storeAuthData];
    // 跳转到主页
    [self forward];
}
```

31.5 获得最新微博信息

用户登录后，进入系统主界面，在 UITabBarController 的“首页”Tab 中显示了最新微博信息。最新微博信息使用自定义表展示，如图 31.34 所示。

获得最新微博信息的实现步骤如下。

① 导入 ASIHttpRequest 类库，在获得微博信息时，需要加载微博图片。这里我们使用之前讲述过的网络框架 ASIHttpRequest。

① 下载 ASIHttpRequest 类库，地址是：https://github.com/pokeb/asi-http-request/。

② 导入类库文件，如图 31.35 所示。

图 31.34　最新微博信息

图 31.35　导入类库文件

③ 由于ASIHttpRequest不支持ARC特性，所以需要在“TARGETS”下的“Build Phases”中进行如图31.36所示的设置。

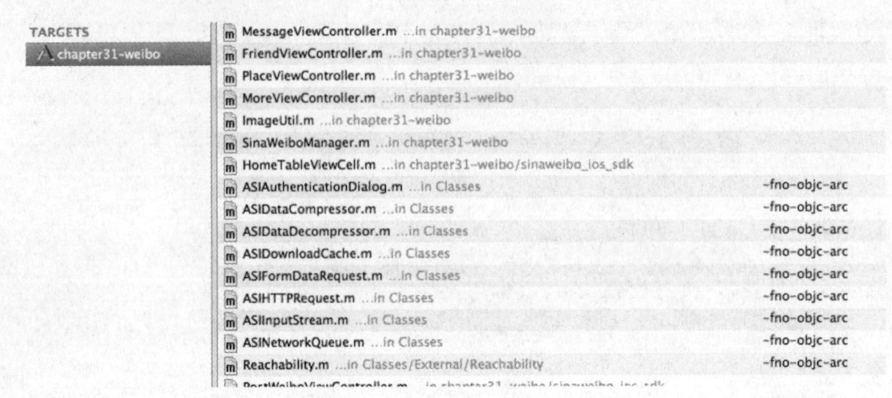

图 31.36 ASIHttpRequest 设置

② 在 HomeViewController 中实现 SinaWeiboRequestDelegate（请求代理协议）、UITableViewDataSource（表格视图数据源协议）和 UITableViewDelegate（表格视图代理协议），并添加所需要的属性，比如表格视图属性、数据源属性、头像属性、图片属性、用户名称、博客内容、转发数、评论数、创建时间、来源、推荐数等。

```
    #import <UIKit/UIKit.h>
    #import "SinaWeibo.h"
    #import "HomeTableViewCell.h"
    #import "WeiboDetailViewController.h"

    @interface HomeViewController : UIViewController<SinaWeiboRequestDelegate,
UITableViewDataSource,UITableViewDelegate>
    // 表格视图属性
    @property(nonatomic,strong)UITableView *tv;
    // 表格视图数据源
    @property(nonatomic,strong)NSMutableArray *tvDataSource;
    // 头像
    @property(nonatomic,strong) IBOutlet UIImageView *profileImageView;
    // 图片
    @property(nonatomic,strong)IBOutlet UIImageView *picImageView;
    // 用户名称、博客内容、转发数、评论数、创建时间、来源、推荐数
    @property(nonatomic,strong)IBOutlet UILabel *usernameLabel,*myTextLabel,
*repostCountLabel,*commentCountLabel,*createAtLabel,*sourceLabel,*attitudeCountLabel;
    // 行高
    @property(nonatomic)float cellHeight;
    @end
```

③ 定义加载微博信息方法，并在 viewDidLoad 方法中调用。

```
    // 加载微博信息
    - (void)loadWeibo {
        // 获得 SinaWeibo 实例
```

```
        SinaWeibo *sinaweibo = [self getSinaWeibo];
        // 发出请求
        [sinaweibo requestWithURL:@"statuses/home_timeline.json"
                params:[NSMutableDictionary dictionaryWithObject:
                sinaweibo.accessTokenforKey:@"access_token"]
                httpMethod:@"GET"
                delegate:self];
    }
```

④ 加载微博信息方法调用后，微博的请求代理方法会被调用，这样我们就可以获得微博信息。

```
    - (void)request:(SinaWeiboRequest *)request didFinishLoadingWithResult:(id)result{
        // 转换为 NSDictionary
        NSDictionary *dic = (NSDictionary*)result;
        // 获得 key 为 statuses 的内容
        NSArray *statuses = [dic objectForKey:@"statuses"];
        NSLog(@"statused=%@",statuses);
        // 清除数据源
        [self.tvDataSource removeAllObjects];
        // 设置数据源
        [self.tvDataSource addObjectsFromArray:statuses];
        // 重新加载表格视图
        [self.tv reloadData];
    }
```

⑤ 在 viewDidLoad 方法中，加载微博信息，实例化表格视图，设置表格视图代理和导航按钮。

```
    - (void)viewDidLoad
    {
        [super viewDidLoad];
        // 加载微博信息
        [self loadWeibo];
        // 表格视图的 frame
        CGRect tvFrame = CGRectMake(0, 0, self.view.frame.size.width, self.view.frame.
size.height);
        // 实例化表格视图
        self.tv = [[UITableView alloc]initWithFrame:tvFrame];
        // 设置代理
        self.tv.dataSource = self;
        self.tv.delegate = self;
        // 将表格视图添加到当前视图
        [self.view addSubview:self.tv];
        // 实例化表格视图数据源
        self.tvDataSource = [NSMutableArray arrayWithCapacity:5];

        // 设置写微博导航按钮
        UIBarButtonItem *writeWeiboBtnItem = [[UIBarButtonItem alloc]
initWithBarButtonSystemItem:UIBarButtonSystemItemCompose target:self action:@selector
(writeWeibo)];
        self.navigationItem.leftBarButtonItem = writeWeiboBtnItem;
```

```
    // 刷新微博导航按钮
    UIBarButtonItem *refreshBtnItem = [[UIBarButtonItem alloc]
initWithBarButtonSystemItem:UIBarButtonSystemItemRefresh target:self action:@selector
(refresh)];
    self.navigationItem.rightBarButtonItem = refreshBtnItem;
}
```

⑥ 自定义一个表格视图单元 HomeTableViewCell，继承 UITableViewCell，实现自定义表格视图行内容。

```
#import <UIKit/UIKit.h>
@interface HomeTableViewCell : UITableViewCell
@end
```

⑦ 在获得表格单元方法中，实例化 UITableViewCell，并获得用户信息、头像 URL，异步加载头像。

```
// 标识 id
static NSString *cid = @"cid";
// 实例化 UITableViewCell
UITableViewCell *cell = [tableView dequeueReusableCellWithIdentifier:cid];
if (cell==nil) {
    cell = [[UITableViewCell alloc]initWithFrame:CGRectZero];
}

// 获得当前行内容
NSDictionary *dic = [self.tvDataSource objectAtIndex:indexPath.row];
// 用户信息
NSDictionary *userDic = [dic objectForKey:@"user"];
// 1. 头像
NSString *profile_image_url = [userDic objectForKey:@"profile_image_url"];
NSURL *photoURL = [NSURL URLWithString:profile_image_url];
__weak ASIHTTPRequest *request = [ASIHTTPRequest requestWithURL:photoURL];
// 异步加载头像信息
[request setDownloadCache:[ASIDownloadCache sharedCache]];
[request setCompletionBlock:^{
    NSData *responseData = [request responseData];
    UIImage *tempImage = [UIImage imageWithData:responseData];
    self.profileImageView = [[UIImageView alloc]initWithImage:tempImage];
    //[self.profileImageView.layer setBorderColor: [[UIColor whiteColor] CGColor]];
    [[self.profileImageView layer] setBorderWidth:2.0f];
    self.profileImageView.layer.cornerRadius = 5;
    self.profileImageView.frame = CGRectMake(5, 5, self.profileImageView.frame.
size.width, self.profileImageView.frame.size.height);
    // NSLog(@"w=%f",self.profileImageView.frame.size.width);
    [cell.contentView addSubview:self.profileImageView];

    [cell setNeedsLayout];
}];
[request startAsynchronous];
```

⑧ 获得用户名称属性，并添加到当前表格视图行。

```
// 2. 用户名称
NSString *username = [userDic objectForKey:@"name"];
self.usernameLabel = [[UILabel alloc]initWithFrame:CGRectZero];
CGRect usernameFrame = CGRectMake(60, 5, 100, 21);
self.usernameLabel.frame = usernameFrame;
self.usernameLabel.text = username;
self.usernameLabel.font = [UIFont systemFontOfSize:12];
[cell.contentView addSubview:self.usernameLabel];
```

⑨ 获得转发数和评论数，并添加到当前表格视图行。

```
// 3. 转发数
NSString *reposts_count = [dic objectForKey:@"reposts_count"];
self.repostCountLabel = [[UILabel alloc]initWithFrame:CGRectZero];
CGRect repostCountFrame = CGRectMake(160, 5, 60, 21);
self.repostCountLabel.frame = repostCountFrame;
self.repostCountLabel.text = [NSString stringWithFormat:@"转发数: %@",reposts_count];
self.repostCountLabel.font = [UIFont systemFontOfSize:10];
[cell.contentView addSubview:self.repostCountLabel];
// 4. 评论数
NSString *comments_count = [dic objectForKey:@"comments_count"];
self.commentCountLabel = [[UILabel alloc]initWithFrame:CGRectZero];
CGRect commentsCountFrame = CGRectMake(220, 5, 60, 21);
self.commentCountLabel.frame = commentsCountFrame;
self.commentCountLabel.text = [NSString stringWithFormat:@"评论数: %@",comments_count];
self.commentCountLabel.font = [UIFont systemFontOfSize:10];
cell.contentView addSubview:self.commentCountLabel];
```

⑩ 获得微博信息。需要注意的是，微博信息是根据实际内容动态改变 UILabel 大小的。

```
// 5. 微博信息
NSString *text = [dic objectForKey:@"text"];
CGSize constraint = CGSizeMake(CELL_CONTENT_WIDTH - (CELL_CONTENT_MARGIN * 2), 20000.0f);
CGSize size = [text sizeWithFont:[UIFont systemFontOfSize:12] constrainedToSize:constraint lineBreakMode:NSLineBreakByWordWrapping];
self.myTextLabel = [[UILabel alloc]initWithFrame:CGRectZero];
self.myTextLabel.frame = CGRectMake(60, 26, size.width-20, size.height);
self.myTextLabel.numberOfLines = 0;
self.myTextLabel.lineBreakMode = NSLineBreakByWordWrapping;
self.myTextLabel.font = [UIFont systemFontOfSize:12];
self.myTextLabel.text = text;
[cell.contentView addSubview:self.myTextLabel];
```

⑪ 异步加载图片，并根据是否有图标的情况，确定创建时间的位置。

```
// 6. 图片
NSString *thumbnail_pic = [dic objectForKey:@"thumbnail_pic"];
if (thumbnail_pic!=nil&&[thumbnail_pic length]>0) {
    NSURL *thumbnail_picURL = [NSURL URLWithString:thumbnail_pic];
    request = [ASIHTTPRequest requestWithURL:thumbnail_picURL];
```

```
        __block UIImage *tempImage;
        [request setDownloadCache:[ASIDownloadCache sharedCache]];
        [request setCompletionBlock:^{
            NSData *responseData = [request responseData];
            tempImage = [UIImage imageWithData:responseData];
            self.picImageView = [[UIImageView alloc]initWithImage:tempImage];
                self.picImageView.frame = CGRectMake(60, size.height+30, tempImage.size.
width, tempImage.size.height);

            [cell.contentView addSubview:self.picImageView];


            // 7. 创建时间
            NSString *created_at = [dic objectForKey:@"created_at"];

            self.createAtLabel = [[UILabel alloc]initWithFrame:CGRectZero];
            self.createAtLabel.frame  =  CGRectMake(5,  size.height+self.picImageView.
frame.size.height+50, 200, 21);
            self.createAtLabel.text = [NSString stringWithFormat:@"创建时间: %@",created_at];
            self.createAtLabel.font = [UIFont systemFontOfSize:10];
            [cell.contentView addSubview:self.createAtLabel];
            self.cellHeight = size.height+self.picImageView.frame.size.height+60;
            [cell setNeedsLayout];
        }];
        [request startAsynchronous];
    }else{
        // 7. 创建时间
        NSString *created_at = [dic objectForKey:@"created_at"];

        self.createAtLabel = [[UILabel alloc]initWithFrame:CGRectZero];
        self.createAtLabel.frame = CGRectMake(5, size.height+50, 200, 21);
        self.createAtLabel.text = [NSString stringWithFormat:@"创建时间: %@",created_at];
        self.createAtLabel.font = [UIFont systemFontOfSize:10];
        [cell.contentView addSubview:self.createAtLabel];
        self.cellHeight = size.height+self.picImageView.frame.size.height+60;
        [cell setNeedsLayout];
    }
```

31.6 发布微博

在需要的时候，我们也可以通过发布微博来分享新鲜事。发布微博需要向服务器提交的信息是 access_token 和微博内容 status。另外，用户需要处于登录状态。实现发布微博的步骤如下。

① 创建一个视图控制器 PostWeiboViewController，实现请求代理协议 SinaWeibo RequestDelegate，并定义一个 UITextView 属性来填写微博内容。

```
#import <UIKit/UIKit.h>
#import "SinaWeiboRequest.h"
```

```
@interface PostWeiboViewController : UIViewController<SinaWeiboRequestDelegate>
// 微博内容
@property (strong, nonatomic) IBOutlet UITextView *postTextView;
@end
```

② 在 viewDidLoad 方法中设置写微博和取消写微博的导航按钮，并使 UITextView 获得焦点，显示键盘。

```
- (void)viewDidLoad
{
    [super viewDidLoad];
    // 设置取消微博导航按钮
    UIBarButtonItem *cancelBtnItem = [[UIBarButtonItem alloc]initWithTitle:@"取消"
style:UIBarButtonItemStylePlain target:self action:@selector(cancel)];
    self.navigationItem.leftBarButtonItem = cancelBtnItem;
    // 设置写微博导航按钮
    UIBarButtonItem *postBtnItem = [[UIBarButtonItem alloc]initWithTitle:@"发送"
style:UIBarButtonItemStylePlain target:self action:@selector(post)];
    self.navigationItem.rightBarButtonItem = postBtnItem;
    // 使 UITextView 获得焦点
    [self.postTextView becomeFirstResponder];
}
```

③ 定义一个 post 方法发布微博，设置提交给服务器的信息，并设置提交方法为 POST。

```
// 发布微博
- (void)post{
    SinaWeibo *sinaweibo = [self getSinaWeibo];
    NSMutableDictionary *params = [NSMutableDictionary dictionaryWithCapacity:5];
    [params setObject:sinaweibo.accessToken forKey:@"access_token"];
    [params setObject:self.postTextView.text forKey:@"status"];

    [sinaweibo requestWithURL:@"statuses/update.json"
                   params:params
                   httpMethod:@"POST"
                   delegate:self];
}
```

④ 实现请求代理方法，获得请求返回结果。

```
// 实现请求代理方法，获得返回结果
- (void)request:(SinaWeiboRequest *)request didFinishLoadingWithResult:(id)result{
    // NSLog(@"result=%@",result);
    NSDictionary *dic = (NSDictionary*)result;
    NSArray *statuses = [dic objectForKey:@"statuses"];
    NSLog(@"statused=%@",statuses);
}
```

⑤ 程序运行结果如图 31.37 所示。

图 31.37　发布微博

31.7 获得微博详细信息

选中微博列表中的一条微博，会显示此条微博的详细信息，比如发微博的用户信息，包括头像、用户名称，以及微博详细内容和图片。另外，还有针对该微博的评论和转发，如图 31.38 所示。

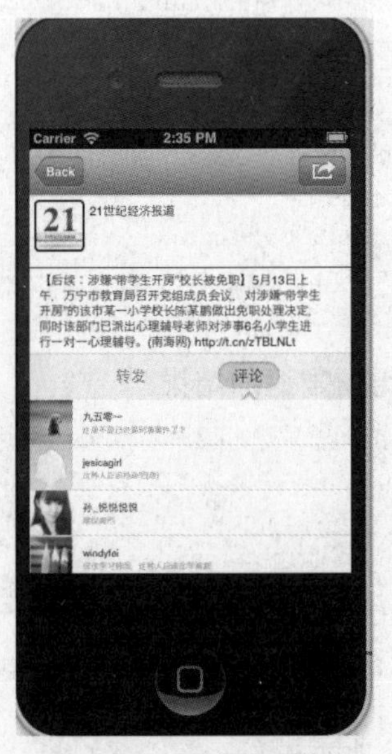

图 31.38　微博详细信息

获得微博详细信息的实现步骤如下。

① 定义一个微博详细视图控制器类 WeiboDetailViewController，该类实现了请求代理协议 SinaWeiboRequestDelegate、表格视图数据源协议 UITableViewDataSource、表格视图代理协议 UITableViewDelegate 和动作列表协议 UIActionSheetDelegate。

```
#import <UIKit/UIKit.h>
#import "SinaWeiboRequest.h"

@interface WeiboDetailViewController : UIViewController<SinaWeiboRequestDelegate,
UITableViewDataSource,UITableViewDelegate,UIActionSheetDelegate>
```

② 添加用户名称、微博内容、头像和图片等属性。

```
// 头像
@property(nonatomic,strong) IBOutlet UIImageView *profileImageView;
// 图片
@property(nonatomic,strong)IBOutlet UIImageView *picImageView;
// 用户名称、微博内容
@property(nonatomic,strong)IBOutlet UILabel *usernameLabel,*myTextLabel;
```

③ 在 viewDidLoad 方法中获得用户信息，包括头像和用户名称，以及微博信息。

```
    // 用户信息
    NSDictionary *userDic = [self.weiboContentDic objectForKey:@"user"];
    // 1. 头像
    NSString *profile_image_url = [userDic objectForKey:@"profile_image_url"];
    NSURL *photoURL = [NSURL URLWithString:profile_image_url];
    __weak ASIHTTPRequest *request = [ASIHTTPRequest requestWithURL:photoURL];

    [request setDownloadCache:[ASIDownloadCache sharedCache]];
    [request setCompletionBlock:^{
        NSData *responseData = [request responseData];
        UIImage *tempImage = [UIImage imageWithData:responseData];
        self.profileImageView = [[UIImageView alloc]initWithImage:tempImage];

        //[self.profileImageView.layer setBorderColor: [[UIColor whiteColor] CGColor]];
        [[self.profileImageView layer] setBorderWidth:2.0f];
        self.profileImageView.layer.cornerRadius = 5;
        self.profileImageView.frame = CGRectMake(5, 5, self.profileImageView.frame.
size.width,  self.profileImageView.frame.size.height);
        // NSLog(@"w=%f",self.profileImageView.frame.size.width);
        [self.view addSubview:self.profileImageView];

        [self.view setNeedsLayout];
    }];
    [request startAsynchronous];
    // 2. 用户名称
    NSString *username = [userDic objectForKey:@"name"];
    self.usernameLabel = [[UILabel alloc]initWithFrame:CGRectZero];
    CGRect usernameFrame = CGRectMake(60, 5, 100, 21);
    self.usernameLabel.frame = usernameFrame;
```

```
    self.usernameLabel.text = username;
    self.usernameLabel.font = [UIFont systemFontOfSize:12];
    [self.view addSubview:self.usernameLabel];

    // 3. 分割线
    CGRect lintViewFrame = CGRectMake(0, 70, 320, 1);
    UIView *lineView = [[UIView alloc]initWithFrame:lintViewFrame];
    lineView.backgroundColor = [UIColor blackColor];
    [self.view addSubview:lineView];

    // 4. 微博信息
    NSString *text = [self.weiboContentDic objectForKey:@"text"];
    CGSize constraint = CGSizeMake(320 - (10 * 2), 20000.0f);
    CGSize size = [text sizeWithFont:[UIFont systemFontOfSize:12] constrainedToSize:
constraint lineBreakMode:NSLineBreakByWordWrapping];
    self.myTextLabel = [[UILabel alloc]initWithFrame:CGRectZero];
    self.myTextLabel.frame = CGRectMake(10, 75, size.width-20, size.height);
    self.myTextLabel.numberOfLines = 0;
    self.myTextLabel.lineBreakMode = NSLineBreakByWordWrapping;
    self.myTextLabel.font = [UIFont systemFontOfSize:12];
    self.myTextLabel.text = text;
    [self.view addSubview:self.myTextLabel];
```

以上是微博详细信息的部分内容，有关微博评论和微博转发将在后续章节中讲述。

31.8 获得微博评论和转发

在微博详细信息中显示了微博评论列表和微博转发列表，本节介绍微博评论列表的实现。实现步骤如下。

① 在上一节的基础上，在微博详细信息头文件中声明评论与转发表格视图和数据源，以及其他属性。

```
// 评论列表和转发列表的容器视图
@property(nonatomic,strong)UIView *containerView;
// 评论列表
@property(nonatomic,strong) UITableView *commentTv;
// 转发列表
@property(nonatomic,strong) UITableView *repostTv;
// 当前列表
@property(nonatomic,strong) UITableView *currentTv;
// 评论数据源
@property(nonatomic,strong) NSMutableArray *commentDataSource;
// 转发数据源
@property(nonatomic,strong) NSMutableArray *repostDataSource;
// 当前微博内容
@property(nonatomic,strong)NSDictionary *weiboContentDic;
// 当前微博 id
@property(nonatomic,strong)NSString *sid;
```

② 在viewDidLoad方法中初始化导航按钮、表格视图和表格视图数据源，并设置代理。

```
    [super viewDidLoad];
    // 隐藏 TabBar
    self.tabBarController.tabBar.hidden = YES;

    // 显示转发、评论、收藏弹出框
    UIBarButtonItem *action = [[UIBarButtonItem alloc]initWithBarButtonSystemItem:
UIBarButtonSystemItemAction target:self action:@selector(showActionSheet)];
    self.navigationItem.rightBarButtonItem = action;

    // 评论数据源
    self.commentDataSource = [NSMutableArray arrayWithCapacity:5];
    // 转发数据源
    self.repostDataSource = [NSMutableArray arrayWithCapacity:6];

    self.commentTv = [[UITableView alloc]initWithFrame:CGRectZero];
    self.commentTv.dataSource = self;
    self.commentTv.delegate = self;

    self.repostTv = [[UITableView alloc]initWithFrame:CGRectZero];
    self.repostTv.dataSource = self;
    self.repostTv.delegate = self;

    // 用户信息
    NSDictionary *userDic = [self.weiboContentDic objectForKey:@"user"];
    // 1. 头像
    NSString *profile_image_url = [userDic objectForKey:@"profile_image_url"];
    NSURL *photoURL = [NSURL URLWithString:profile_image_url];
    __weak ASIHTTPRequest *request = [ASIHTTPRequest requestWithURL:photoURL];

    [request setDownloadCache:[ASIDownloadCache sharedCache]];
    [request setCompletionBlock:^{
        NSData *responseData = [request responseData];
        UIImage *tempImage = [UIImage imageWithData:responseData];
        self.profileImageView = [[UIImageView alloc]initWithImage:tempImage];

        //[self.profileImageView.layer setBorderColor: [[UIColor whiteColor]CGColor]];
        [[self.profileImageView layer] setBorderWidth:2.0f];
        self.profileImageView.layer.cornerRadius = 5;
        self.profileImageView.frame = CGRectMake(5, 5, self.profileImageView.frame.
size.width, self.profileImageView.frame.size.height);
        // NSLog(@"w=%f",self.profileImageView.frame.size.width);
        [self.view addSubview:self.profileImageView];

        [self.view setNeedsLayout];
    }];
    [request startAsynchronous];
    // 2. 用户名称
    NSString *username = [userDic objectForKey:@"name"];
    self.usernameLabel = [[UILabel alloc]initWithFrame:CGRectZero];
    CGRect usernameFrame = CGRectMake(60, 5, 100, 21);
    self.usernameLabel.frame = usernameFrame;
    self.usernameLabel.text = username;
```

```
    self.usernameLabel.font = [UIFont systemFontOfSize:12];
    [self.view addSubview:self.usernameLabel];

    // 3. 分割线
    CGRect lintViewFrame = CGRectMake(0, 70, 320, 1);
    UIView *lineView = [[UIView alloc]initWithFrame:lintViewFrame];
    lineView.backgroundColor = [UIColor blackColor];
    [self.view addSubview:lineView];

    // 4. 微博信息
    NSString *text = [self.weiboContentDic objectForKey:@"text"];
    CGSize constraint = CGSizeMake(320 - (10 * 2), 20000.0f);
    CGSize size = [text sizeWithFont:[UIFont systemFontOfSize:12] constrainedToSize:
constraint lineBreakMode:NSLineBreakByWordWrapping];
    self.myTextLabel = [[UILabel alloc]initWithFrame:CGRectZero];
    self.myTextLabel.frame = CGRectMake(10, 75, size.width-20, size.height);
    self.myTextLabel.numberOfLines = 0;
    self.myTextLabel.lineBreakMode = NSLineBreakByWordWrapping;
    self.myTextLabel.font = [UIFont systemFontOfSize:12];
    self.myTextLabel.text = text;
    [self.view addSubview:self.myTextLabel];

    __block SDSegmentedControl *sc;
```

③ 加载微博图片，并根据图片位置动态设置评论和转发列表的位置，加载评论和转发数据。

```
    // 5. 图片
    NSString *thumbnail_pic = [self.weiboContentDic objectForKey:@"thumbnail_pic"];
    if (thumbnail_pic!=nil&&[thumbnail_pic length]>0) {
        NSURL *thumbnail_picURL = [NSURL URLWithString:thumbnail_pic];
        request = [ASIHTTPRequest requestWithURL:thumbnail_picURL];
        __block UIImage *tempImage;
        [request setDownloadCache:[ASIDownloadCache sharedCache]];
        [request setCompletionBlock:^{
            NSData *responseData = [request responseData];
            tempImage = [UIImage imageWithData:responseData];
            self.picImageView = [[UIImageView alloc]initWithImage:tempImage];
            self.picImageView.frame = CGRectMake(60, size.height+80, tempImage.size.
width, tempImage.size.height);
            [self.view addSubview:self.picImageView];

            // 6. 转发和评论 根据文字和图片高度计算分段组件的位置
            CGRect scFrame = CGRectMake(0, size.height+self.picImageView.frame.size.
height+80, 320, 44);
            NSArray *items = @[@"转发",@"评论"];
            sc = [[SDSegmentedControl alloc]initWithItems:items];
            sc.backgroundColor = [UIColor clearColor];
            sc.frame = scFrame;
            [self.view addSubview:sc];
            [sc addTarget:self action:@selector(change:) forControlEvents:
UIControlEventValueChanged];
```

```
            // 容器视图
            CGRect  containerFrame  =  CGRectMake(0,  size.height+self.picImageView.
frame.size.height+80+44, 320, 300);
            self.containerView = [[UIView alloc]initWithFrame:containerFrame];
           // self.containerView.backgroundColor = [UIColor redColor];
            [self.view addSubview:self.containerView];

            // 评论列表
            CGRect commentTvFrame = CGRectMake(0, 0, 320, 300);
            self.commentTv.frame = commentTvFrame;
            //[self.containerView addSubview:self.commentTv];

            // 转发列表
            CGRect repostTvFrame = CGRectMake(0, 0, 320, 300);
            self.commentTv.frame = repostTvFrame;
            //[self.containerView addSubview:self.commentTv];
            [self.containerView addSubview:self.repostTv];

        }];
    [request startAsynchronous];
    }else{
        // 如果没有图片，则根据文字高度计算分段组件的位置
        CGRect scFrame = CGRectMake(0, size.height+80, 320, 44);
        NSArray *items = @[@"转发",@"评论"];
        sc = [[SDSegmentedControl alloc]initWithItems:items];
        sc.backgroundColor = [UIColor clearColor];
        sc.frame = scFrame;
        [self.view addSubview:sc];
        [sc addTarget:self action:@selector(change:) forControlEvents:
UIControlEventValueChanged];

        // 容器视图
        CGRect containerFrame = CGRectMake(0, size.height+80+44, 320, 300);
        self.containerView = [[UIView alloc]initWithFrame:containerFrame];
        self.containerView.backgroundColor = [UIColor redColor];
        [self.view addSubview:self.containerView];

        // 评论列表
        CGRect commentTvFrame = CGRectMake(0, 0, 320, 300);
        self.commentTv.frame = commentTvFrame;
        //[self.containerView addSubview:self.commentTv];

        // 转发列表
        CGRect repostTvFrame = CGRectMake(0, 0, 320, 300);
        self.repostTv.frame = repostTvFrame;
        [self.containerView addSubview:self.repostTv];
    }
    // 6. 加载转发和评论数据
    NSString *sid = [self.weiboContentDic objectForKey:@"idstr"];
    NSLog(@"sid=%@",sid);
    [self loadComment:sid];
    [self loadRepost:sid];

    // 设置当前微博 id
    self.sid = sid;
```

这里我们使用了一个开源的分段组件，下载地址是 https://github.com/rs/SDSegmentedControl。

④ 根据当前列表的实例，设置表的行数。

```
    // 表的行数
    - (NSInteger)tableView:(UITableView *)tableView numberOfRowsInSection:(NSInteger)
section{
        // 评论列表
        if ([tableView isEqual:self.commentTv]) {
            NSLog(@"count=%d",[self.commentDataSource count]);
            return [self.commentDataSource count];
        }
        // 转发列表
        if ([tableView isEqual:self.repostTv]) {
            NSLog(@"count=%d",[self.repostDataSource count]);
            return [self.repostDataSource count];
        }
        return 0;
    }
```

⑤ 根据当前列表实例，设置表的行单元格数据。

```
    // 表行
    - (UITableViewCell *)tableView:(UITableView *)tableView cellForRowAtIndexPath:
(NSIndexPath *)indexPath{
        // 评论行
        if ([tableView isEqual:self.commentTv]) {
            static NSString *cid = @"cid";
            UITableViewCell *cCell = [tableView dequeueReusableCellWithIdentifier:cid];
            if (cCell==nil) {
                cCell = [[UITableViewCell alloc]initWithStyle:
UITableViewCellStyleSubtitle reuseIdentifier:cid];
            }

            NSDictionary *dic = [self.commentDataSource objectAtIndex:indexPath.row];
            NSDictionary *userDic = [dic objectForKey:@"user"];
            // 用户名称
            NSString *name = [userDic objectForKey:@"name"];
            cCell.textLabel.text = name;
            cCell.textLabel.font = [UIFont systemFontOfSize:10];
            // 用户头像
            NSString *profile_image_urlStr = [userDic objectForKey:@"profile_image_
url"];

            NSURL *profile_image_url = [NSURL URLWithString:profile_image_urlStr];
            __weak ASIHTTPRequest *request = [ASIHTTPRequest requestWithURL:profile_
image_url];
            __block UIImage *tempImage;
            [request setDownloadCache:[ASIDownloadCache sharedCache]];
            [request setCompletionBlock:^{
                NSData *responseData = [request responseData];
                tempImage = [UIImage imageWithData:responseData];
                cCell.imageView.image = tempImage;
                [cCell setNeedsLayout];
```

```
            }];
            [request startAsynchronous];
            //评论内容
            NSString *text = [dic objectForKey:@"text"];
            cCell.detailTextLabel.text = text;
            cCell.detailTextLabel.font = [UIFont systemFontOfSize:8];

            return cCell;
        }
        // 转发行
        if ([tableView isEqual:self.repostTv]) {
            static NSString *rid = @"rid";
            UITableViewCell *rCell = [tableView dequeueReusableCellWithIdentifier:rid];
            if (rCell==nil) {
                rCell = [[UITableViewCell alloc]initWithStyle:
UITableViewCellStyleSubtitle reuseIdentifier:rid];
            }

            NSDictionary *dic = [self.repostDataSource objectAtIndex:indexPath.row];
            NSDictionary *userDic = [dic objectForKey:@"user"];
            // 用户名称
            NSString *name = [userDic objectForKey:@"name"];
            rCell.textLabel.text = name;
            rCell.textLabel.font = [UIFont systemFontOfSize:10];
            // 用户头像
            NSString  *profile_image_urlStr  =  [userDic  objectForKey:@"profile_image_
url"];

            NSURL *profile_image_url = [NSURL URLWithString:profile_image_urlStr];
            __weak ASIHTTPRequest *request = [ASIHTTPRequest requestWithURL:profile_
image_url];
            __block UIImage *tempImage;
            [request setDownloadCache:[ASIDownloadCache sharedCache]];
            [request setCompletionBlock:^{
                NSData *responseData = [request responseData];
                tempImage = [UIImage imageWithData:responseData];
                rCell.imageView.image = tempImage;
                [rCell setNeedsLayout];
            }];
            [request startAsynchronous];
            //评论内容
            NSString *text = [dic objectForKey:@"text"];
            rCell.detailTextLabel.text = text;
            rCell.detailTextLabel.font = [UIFont systemFontOfSize:8];

            return rCell;
        }

        return nil;
    }
```

⑥ 实现分段组件事件方法，实现转发和评论之间的相互切换。

```
    // 分段切换事件
    -(void)change:(UISegmentedControl*)sender{
        int index = sender.selectedSegmentIndex;
```

```
    [self.currentTv removeFromSuperview];
    switch (index) {
        case 0:
            [self.containerView addSubview:self.repostTv];
            self.currentTv = self.repostTv;
            break;
        case 1:
            [self.containerView addSubview:self.commentTv];
            self.currentTv = self.commentTv;
            break;
        default:
            break;
    }
}
```

⑦ 下面是加载评论和转发方法的实现。

```
// 加载评论
- (void)loadComment:(NSString*)sid {
    SinaWeibo *sinaweibo = [self getSinaWeibo];
    NSMutableDictionary *param = [NSMutableDictionary dictionaryWithCapacity:3];
    [param setObject:sinaweibo.accessToken forKey:@"access_token"];
    [param setObject:sid forKey:@"id"];

    [sinaweibo requestWithURL:@"comments/show.json"
                  params:param
                  httpMethod:@"GET"
                  delegate:self];
}
// 加载转发
- (void)loadRepost:(NSString*)sid {
    SinaWeibo *sinaweibo = [self getSinaWeibo];
    NSMutableDictionary *param = [NSMutableDictionary dictionaryWithCapacity:3];
    [param setObject:sinaweibo.accessToken forKey:@"access_token"];
    [param setObject:sid forKey:@"id"];
    [sinaweibo requestWithURL:@"statuses/repost_timeline.json"
                  params:param
                  httpMethod:@"GET"
                  delegate:self];
}
```

⑧ 获得请求结果，根据 URL 结尾判断是哪个请求，包括评论、转发和收藏。

```
// 获得请求结果
- (void)request:(SinaWeiboRequest *)request didFinishLoadingWithResult:(id)result{
    // 判断是评论还是转发
    if ([request.url hasSuffix:@"comments/show.json"]){
        NSDictionary *dic = (NSDictionary*)result;
        NSArray *commnts = [dic objectForKey:@"comments"];
        NSLog(@"comments=%@",commnts);
        [self.commentDataSource removeAllObjects];
        [self.commentDataSource addObjectsFromArray:commnts];
        [self.commentTv reloadData];
    // 转发
    }else if([request.url hasSuffix:@"statuses/repost_timeline"]){
        NSDictionary *dic = (NSDictionary*)result;
```

```
        NSArray *reposts = [dic objectForKey:@"reposts"];
        NSLog(@"reposts=%@",reposts);
        [self.repostDataSource removeAllObjects];
        [self.repostDataSource addObjectsFromArray:reposts];
        [self.repostTv reloadData];
    // 收藏
    }else if([request.url hasSuffix:@"favorites/create.json"]){
        NSDictionary *dic = (NSDictionary*)result;
        NSDictionary *status = [dic objectForKey:@"status"];
        NSString *favor = [status objectForKey:@"favorited"];
        if ([favor boolValue]) {
            [SGInfoAlert showInfo:@"收藏成功!" bgColor:nil inView:self.view vertical:
100];
           //  NSLog(@"收藏成功! ");
        }else{
            // NSLog(@"收藏失败! ");
            [SGInfoAlert showInfo:@"收藏失败!" bgColor:nil inView:self.view vertical:
100];
        }
    }else{

    }
}
```

⑨ 程序运行结果如图 31.39 所示。

图 31.39 获得微博评论和转发

31.9 发表评论

可以针对某条微博发表评论，评论、转发和收藏通过 UIActionSheet 提供接口，点击

“评论”按钮跳转到评论界面，输入评论内容，点击导航栏上的“发送”按钮可以发表评论，如图 31.40 所示。

发表评论的实现步骤如下。

① 实现 UIActionSheet，点击微博详细信息右侧的导航按钮，可以弹出 UIActionSheet 列表，点击“评论”按钮跳转到评论界面。

```
    // 显示转发、评论、收藏弹出框
    -(void)showActionSheet{
        UIActionSheet *actions = [[UIActionSheet alloc]initWithTitle:nil delegate:
selfcancelButtonTitle:@"取消" destructiveButtonTitle:@"转发" otherButtonTitles:@"评论",
@"收藏",nil];
        [actions showInView:self.view];
    }
```

图 31.40 发表评论

② 实现 UIActionSheetDelegate 的协议方法。

```
    - (void)actionSheet:(UIActionSheet *)actionSheet clickedButtonAtIndex:(NSInteger)
buttonIndex{
        NSString *title = [actionSheet buttonTitleAtIndex:buttonIndex];
        if ([title isEqualToString:@"转发"]) {
            [self forwardToRepost];
        }
        if ([title isEqualToString:@"评论"]) {
            [self forwardToComment];
        }
        if ([title isEqualToString:@"收藏"]) {
            [self doFavor];
        }
    }
```

③ 定义一个评论视图控制器 CommentViewController，实现请求代理协议 SinaWeibo RequestDelegate，并设置评论内容输入框属性和微博 id 属性。

```
#import <UIKit/UIKit.h>
#import "SinaWeibo.h"
#import "SinaWeiboRequest.h"

@interface CommentViewController : UIViewController<SinaWeiboRequestDelegate>
// 评论内容输入框
@property (strong, nonatomic) IBOutlet UITextView *commentTextView;
// 当前微博 id
@property(strong,nonatomic) NSString *sid;
@end
```

④ 在 viewDidLoad 方法中添加导航按钮，并使输入框获得焦点。

```
- (void)viewDidLoad
{
    [super viewDidLoad];
    // Do any additional setup after loading the view from its nib.
    UIBarButtonItem *right = [[UIBarButtonItem alloc]initWithTitle:@"评论" style:
UIBarButtonItemStyleBordered target:self action:@selector(comment)];
    self.navigationItem.rightBarButtonItem = right;
    [self.commentTextView becomeFirstResponder];
}
```

⑤ 点击“评论”按钮发表评论，并获得评论响应结果。

```
// 发表评论
- (void)comment {
    SinaWeibo *sinaweibo = [self getSinaWeibo];
    NSMutableDictionary *param = [NSMutableDictionary dictionaryWithCapacity:3];
    [param setObject:sinaweibo.accessToken forKey:@"access_token"];
    [param setObject:self.sid forKey:@"id"];
    [param setObject:self.commentTextView.text forKey:@"comment"];
    [sinaweibo requestWithURL:@"comments/create.json"
                   params:param
                   httpMethod:@"POST"
                   delegate:self];
}

// 获得请求结果
- (void)request:(SinaWeiboRequest *)request didFinishLoadingWithResult:(id)result{
    NSDictionary *dic = (NSDictionary*)result;
    // NSArray *commnts = [dic objectForKey:@"comments"];
    NSLog(@"dic=%@",dic);
}
```

31.10 转发微博

转发微博和评论类似，使用 UIActionSheet 提供接口，点击“转发”按钮跳转到转发界面，输入转发信息转发微博，如图 31-41 所示。

图 31.41　转发微博

转发微博的实现步骤如下。

① 定义一个转发微博的视图控制器类 RepostViewController，并定义转发内容属性和微博 id 属性。

```
#import <UIKit/UIKit.h>
#import "SinaWeibo.h"
#import "SinaWeiboRequest.h"
// 实现请求代理协议
@interface RepostViewController : UIViewController<SinaWeiboRequestDelegate>
// 转发内容文本视图
@property (strong, nonatomic) IBOutlet UITextView *repostTextView;
// 微博 id
@property(strong,nonatomic) NSString *sid;
@end
```

② 在 viewDidLoad 方法中添加导航按钮，并使 UITextView 获得焦点。

```
- (void)viewDidLoad
{
    [super viewDidLoad];
    // 转发导航按钮
    UIBarButtonItem *right = [[UIBarButtonItem alloc]initWithTitle:@" 转 发 "
style:UIBarButtonItemStyleBordered target:self action:@selector(repost)];
    self.navigationItem.rightBarButtonItem = right;
    // 使内容框获得焦点
    [self.repostTextView becomeFirstResponder];
}
```

③ 点击“转发”按钮转发微博，并获得响应结果。

```
// 转发
- (void)repost {
    SinaWeibo *sinaweibo = [self getSinaWeibo];
    NSMutableDictionary *param = [NSMutableDictionary dictionaryWithCapacity:3];
    [param setObject:sinaweibo.accessToken forKey:@"access_token"];
    [param setObject:self.sid forKey:@"id"];
    [param setObject:self.repostTextView.text forKey:@"status"];
    [sinaweibo requestWithURL:@"statuses/repost.json"
                    params:param
                httpMethod:@"POST"
                  delegate:self];
}

// 获得请求结果
- (void)request:(SinaWeiboRequest *)request didFinishLoadingWithResult:(id)result{
    NSDictionary *dic = (NSDictionary*)result;
   // NSArray *commnts = [dic objectForKey:@"comments"];
    NSLog(@"dic=%@",dic);
}
```

31.11 收藏微博

可以将喜欢的微博收藏起来，使用 UIActionSheet 提供操作接口，点击“收藏”按钮实现收藏。收藏方法的代码如下：

```
// 收藏
-(void)doFavor{
    SinaWeibo *sinaweibo = [self getSinaWeibo];
    NSMutableDictionary *param = [NSMutableDictionary dictionaryWithCapacity:3];
    [param setObject:sinaweibo.accessToken forKey:@"access_token"];
    [param setObject:self.sid forKey:@"id"];

    [sinaweibo requestWithURL:@"favorites/create.json"
                   params:param
                   httpMethod:@"POST"
                   delegate:self];
}
```

根据请求返回的结果判断收藏成功还是失败。

```
// 收藏
    }else if([request.url hasSuffix:@"favorites/create.json"]){
        NSDictionary *dic = (NSDictionary*)result;
        NSDictionary *status = [dic objectForKey:@"status"];
        NSString *favor = [status objectForKey:@"favorited"];
        if ([favor boolValue]) {
            [SGInfoAlert  showInfo:@" 收 藏 成 功 !"  bgColor:nil  inView:self.view
vertical:100];
          //  NSLog(@"收藏成功! ");
```

```
            }else{
                // NSLog(@"收藏失败！");
                [SGInfoAlert showInfo:@"收藏失败！" bgColor:nil inView:self.view vertical:
100];
            }
        }
```

这里我们使用了一个开源的弹出框组件 SGInfoAlert，下载地址是 https://github.com/sagiwei/SGInfoAlert，示例程序运行结果如图 31.42 所示。

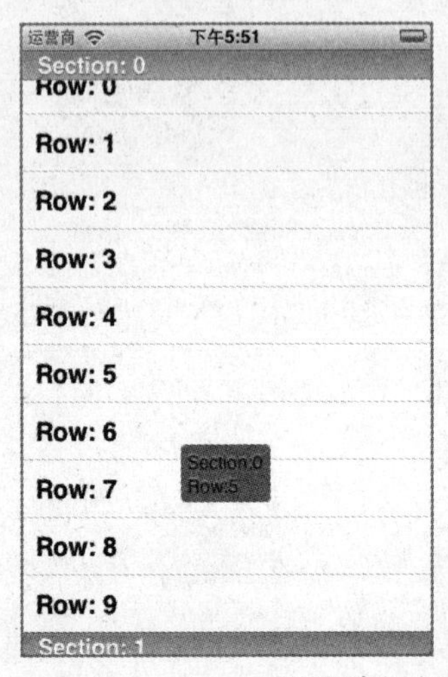

图 31.42　SGInfoAlert 示例程序运行结果

到这里，微博项目就全部结束了。其实新浪微博的功能还有很多，但是操作流程都是类似的，即发出请求，获得响应结果，并将结果显示在界面上。